聯經文庫

氣候創造歷史

許靖華——著　甘錫安——譯

Climate made history

聯經文庫

氣候創造歷史

2012年7月初版　　定價：新臺幣450元
2017年1月初版第七刷

著者　許靖華
譯者　甘錫安
總編輯　胡金倫
總經理　羅國俊
發行人　林載爵

編輯　沙淑芬
校對　方策
封面設計　沈佳德

出版者　聯經出版事業股份有限公司
地址　台北市基隆路一段180號4樓
編輯部地址　台北市基隆路一段180號4樓
叢書主編電話　(02)87876242轉212
台北聯經書房　台北市新生南路三段94號
電話　(02)23620308
台中分公司　台中市北區崇德路一段198號
暨門市電話　(04)22312023
郵政劃撥帳戶第0100559-3號
郵撥電話　(02)23620308
印刷者　世和印製企業有限公司
總經銷　聯合發行股份有限公司
發行所　新北市新店區寶橋路235巷6弄6號2F
電話　(02)29178022

行政院新聞局出版事業登記證局版臺業字第0130號

本書如有缺頁，破損，倒裝請寄回台北聯經書房更換。　ISBN 978-957-08-4030-8 (平裝)
聯經網址 http://www.linkingbooks.com.tw
電子信箱 e-mail:linking@udngroup.com

國家圖書館出版品預行編目資料

氣候創造歷史/許靖華著．甘錫安譯．初版．
初版．臺北市．聯經．2012年7月（民101年）．
384面．14.8×21公分（聯經文庫）
ISBN 978-957-08-4030-8（平裝）
[2017年1月初版第七刷]

1.全球氣候變遷　2.地球暖化

328.8018　　101012994

Climate made history

目次

Climate
made history

關於本書——
將繪畫風格融入寫作

科學家經常講自己的一套語言，但一般大眾往往不容易理解這種語言。其實我們不一定非得使用科技行話或數學不可，以日常生活語言傳達的科學往往也很合乎科學要求。有些人認為完整的科學概念和淺顯易讀兩者不可能兼得，因為如果要顧及淺顯易讀，就必須犧牲科技詞彙的精確性。這點我不同意。為一般大眾寫過三本科學書之後，我仍在繼續努力。我學音樂的兒子安德魯說過，我們科學家的職責是尋求真理，畫家、雕塑家或作曲家也是一樣。藝術家或許有值得我們學習之處，我也可以試著以藝術家作畫的方式來寫作。

畫畫時首先要考量的是畫布大小。畫布的尺寸可能依直覺選擇，也可能是隨意決定。我寫作的習慣是將一本書分成十二章。出版社也很喜歡這樣，我們簽的合約是將我的想法分成十二章，每章為二十頁左右，因此我有十二張畫布可以發揮。

在尺寸限制下，畫像或訊息必須呈現不同形式的清晰和簡潔。必須具備相關的經濟性，同時必須淺顯易懂。添加趣聞或明顯無關的東西可以緩和過度集中的精神，和林布蘭《夜巡》中黑色背景襯托出光的訊息一樣不可或缺。

插圖能更容易地將訊息傳達出來，但本書完全沒有插圖。我接受了一位編輯的建議：參閱圖解或插圖容易讓讀者分心，而且不應該企圖以插圖取代差勁的文字。達爾文深知這一點，因此在他的《物種原始》一書中，除了一張圖表之外沒有其他插圖。

本書並不是包羅萬象、針對所有人撰寫的一本書，不過如果大眾有興趣更深刻的了解一些常識，就很適合看這本書。我採用日常生活語言，盡量少用人名、科學名詞或數學符號。人名可能是必要的。對唐、宋、元、明、清朝歷史熟悉程度不及一般中國學童的外國讀者，可能會覺得有幾章不大好懂，而對外國語言學了解不多的中國讀者，因此同樣也會對個別繁衍族群和語言的散播感到困惑。讀者或許可以先跳過看不懂的章節，等日後對民族、地方、語言、歷史、科學和宗教等許多領域普遍有興趣以後再回頭閱讀。

優異的學術水準需要依據參考文獻。我有責任為一般讀者提供充足的氛圍，但是步調要有所改變，必須有緊有鬆。我也有責任為學術界的同僚提供腳註。

選定主題之後，我必須尋求達成目標的方法。主題素材可說包羅萬象，從一般常識到「不可知的」都涵括在內。我的朋友艾爾・屈維斯（Al Traverse）讀了德文譯本，他告訴我說，我應該寫四本書，第一本是散文集《氣候創造歷史》——也就是本書德文版的書名。第二本是學術著作，探討「印歐人的起源」。第三本表達我對人類演化和史前史重建工作的個人意見。最後一本則是談論氣候變遷、政治和宗教的散文集。書的內容很廣，而我個人的經歷也很複雜，我表達了一個國籍為瑞士和美國，但居住在英國的中國人的感想。我不可能以相同的方式寫四本不同的「書」，因此我開始向視覺藝術大師學習，嘗試以四種不同的風格寫四部「不同的」書。

四本書中的第一部是針對學歷史的學生而寫。工業革命之前，國家經濟的主要基礎是農業。邊緣地區遭遇惡劣氣候，將造成農作物欠收和農村居民移出。這是本書前三章的主題。我曾經認為，全球暖化對人類而言說不定反而是好事，但仔細讀過中世紀最適期的歷史後，我的想法很快就改變了。沒錯，良好的氣候帶來豐收，但豐衣足食不一定會帶來和平。糧食供給增加造成人口增加壓力，進而導致軍事擴張。全球暖化反而顯露出人類最惡劣的天性——貪婪，造成歷史的大不幸。

這裡採取的寫作風格是印象派。歷史事實都是有些含糊，顯而易見的東西也不必多所著墨。在中國水墨畫風格中，簡單幾筆就能傳達出意象。由於讀者應該已經很清楚史實，所以不需要詳細講述。相反地，誇張地描寫人物和主觀地詮釋事件，效果或許會比較好。我試著在最初兩章中提出一點，就是人類在走投無路時會鋌而走險，人民會造反、劫掠、會因為需求而發動戰爭。距今最近的兩次小冰川期中，就曾出現這樣的危急之秋。當然，在這些時期還發生了許多事，但這兩章特別著重在氣候對人類遷徙的影響。

第三章的撰寫方式類似莫內繪製最後的睡蓮，這些畫作看來模糊迷濛，似乎缺乏焦點。我必須提到許多民族和許多地方：阿布達比的巨石建造者、阿拉伯的貝都因人、寧夏的西夏人、西藏的羌人、亞洲中部的塞爾柱和奧圖曼土耳其人、金人、遼人、還有西伯利亞和蒙古的蒙古人、俄羅斯的斯拉夫人、阿勒曼尼人、法蘭克人、德國的薩克遜人、瑞典、挪威和丹麥的維京人等等。我介紹了他們的征服歷程，範圍遍及數十個國家和民族的歷史，時間則橫跨五、六個世紀。

這樣不會太混亂嗎？

沒錯，這一章看起來很混亂，因為征服時代本身就是一段混亂時期。人類受貪婪所驅策，每個人都投入行動。如果記不住這麼多名稱、這麼多地方，或是這麼多事件也沒有關係，我只想傳達一個訊息，就是氣候最好的這六百年，也是充滿貪婪和征服的戰爭時期。

選擇以歷史作為主題，無疑是讓自己身陷險境。每個人都知道一點歷史，某些人對某些事物的了解可能比我多出許多。為了淺顯易懂，偶爾我會放縱一下，在事實顯得枯燥時來點不一樣的變化。我也可能有錯誤之處，但我應該已經成功傳達了豐衣足食和需求具有循環性的印象。

要解決在科學上相當複雜、在政治上也相當敏感的印歐人起源、尼安德塔人演化、以及美洲原住民史前史這些爭議，印象主義是行不通的。四本書中的第二部書「氣候與史前史」介紹片段的事實，同時呈現許多想法。在這裡我使用另一種技巧，就如修復人員準備復原拜占庭馬賽克作品，但保留下來的馬賽克碎片極少，必須聰明地猜測。我們對亞利安人、尼安德塔人、甕棺墓地人、阿納薩齊人、馬雅人或印加人所知太少。維科列夫斯基或丹尼肯可能會讓想像力不受控制地自由奔馳。但科學家有語言學、考古學、人類學、遺傳學和古氣候學的發現所加諸的限制——這些碎片都是一片保留下來的馬賽克碎片。然而修復人員有一項優勢，就是整體性。由於是一個整體，因此每片馬賽克碎片都屬於同一張畫，而且只有一張畫。儘管不完整，但它們一定互相吻合，才能組成一張畫，也就是一個典範。這個典範就是氣候和人類遷徙的關聯。

撰寫四本書中的第三本時，我必須大膽採取主觀方式，探討歷史理論和氣候理論。氣候變遷的範圍是否遍及全球？氣候對「新世界」造成了什麼衝擊？而對其他地區，尤其是氣候變遷對農業經濟影響不那麼明顯的地區，氣候又有什麼衝擊。在提出個人主觀詮釋時，我自作主張模仿表現主義派畫家。一個人看到拜占庭的瑪麗亞或哥德的聖母像時，看到的不是每個部分比例都不對的拙劣畫像，只會看到虔誠、平靜、愛，不是言語所能描述。我不應該自稱自己的文字作品已經達到這種主觀感受的最高境界，只是想傳達一個訊息。本書有一種主觀性，認為氣候是驅動機制；有一種主觀性，認為全球暖化對人類原本應該是好事，但貪婪可能瀰漫全世界；有一種主觀性，認為「大地之母蓋亞會給予我們必要的東西」；有一種主觀性，認為太陽神掌管人類的最終命運。

參與公眾資訊服務之後，我覺得我應該可以在最後一章添加幾則軼聞，表達一些個人觀點，同時描寫一位偶像。第四部書是我近五十年職業生涯即將告一段落時的總結。我和宋朝理學家一樣，發現了主宰宇宙、生命、社會、個人身體與心靈的共通定律。當我們得以一窺上帝廣闊無邊的智慧時，氣候學的政治和科學似乎都顯得無關緊要了。

我並沒有為了背離我的知識的表面樣貌而沈迷於這種與視覺藝術對照的快樂。我寫作時已經預料到讀者可能不滿意，以及可能招致批評，只能寄望讀者手下留情。

許多人在本書撰寫過程中提供了大力協助。我要特別感謝我的家人的耐心，他們有不少晚餐時間花在跟我反覆爭辯上。另外，我還想特別感謝凱爾特、季許(Daniel Gish)、馬格利斯(Lynn Margulis)和其他幾位曾經讀過全部或部分初稿的朋友致謝，他們的指教使這本書更加盡善盡美。

許靖華

前言

一九九六年夏初，我在結束長假返回蘇黎世時，我的秘書拿給我一疊信件，其中有一位英國學生寄來的幾封長信，信中問了許多問題：

「生態滅絕」是否真的可能發生？

我們是否正目睹一場規模大到難以想像的生物界大浩劫？

孟加拉是否很快就會變成水下國家？

沙烏地阿拉伯是否會在二一〇〇年之前完全無水可用？

我們是否會接受ＩＰＣＣ的預測，認為全球暖化將帶來造成嚴重洪水、乾旱和暴風雨？

我們是不是快沒有時間了？

蓋亞是否能拯救我們？

當時我不在瑞士，沒辦法回信。這位年輕人顯然相當心急，甚至在最後一封信裡提到願意付費取得服務。我覺得這個傢伙八成是瘋了，還是他想成立某種奇怪的宗教？因為好奇，我回了他一封信，表示可以受聘當他的顧問。後來我就接到電話：

「許先生，請問您的顧問費用怎麼算？」

「通常是一天一千美元。」

「我願意付這個費用，但我還在唸書，可以給我個折扣嗎？」

「你想知道些什麼？你是在某個宗教教派工作的狂熱份子嗎？」

「喔不是的，我把希望都寄託在蓋亞上，而且我看過您在《地質雜誌》上寫的文章。」

他說的是我針對詹姆斯・洛夫洛克的構想所提出的解釋：地球女神蓋亞一直在照料我們這個行星，讓它適合居住。當然，地球一直都會適合居住，但不一定適合智人居住。

經過冗長的討論之後，這位亟欲求知的年輕人博得我的同情，我很想為他做些什麼，後來我問：

「你為什麼問了這三十七個問題？你打算怎麼用我的答案？」

「因為我很害怕。我只想知道我們是不是快沒有時間了。或許現在我們得做點什麼，或許現在我必須做點什麼！」

「這樣的話，年輕人，你確實有理由擔心，但也不需要杞人憂天。我能理解你有很好的理由想當個環保行動人士。我很樂意幫忙，我可以回答你的三十七個問題，你也不用付錢給我，我是個教授，現在已經退休了，而且我不會跟學生收錢。我只是不確定什麼時候找得到時間。除此之外，恐怕我必須寫一本書才能充分解答。」

「您為什麼不寫一本書？」

「沒錯，只要我找得出時間，有何不可？」

「但是您必須找出時間。您必須讓我們知道人類是否面臨滅絕。」

「不是的，人類並沒有面臨滅絕。世界末日或許哪天會到來，但在你我有生之年應該不會到來。」

「溫室災難不是生態滅絕嗎？我上星期剛剛聽過一段演講。那位教授說，燃燒化石燃料會使地球變得無法居住。他認為人類會在未來幾十年內滅絕，除非我們下定決心徹底改變。」

「他講得完全是無稽之談。我們只是剛脫離小冰川期，目前的全球暖化現象是自然趨勢。而且最重要的是，全球性地球暖化對我們是好事。」

「我好像更糊塗了，請把您的書寫好吧！」

一九九五年十二月，一位訪客從英國前來造訪，而且顯得相當急切。他說服了我，讓我認為我應該投身公眾服務，也就是寫一本書以及參與生態運動。我跟他說我沒有時間，而且我也不想當行動派人士。我很清楚意識型態的危險之處。進化論在德國助長了邪惡的意識型態蔓延，引發了第一次和第二次世界大戰，共產主義則造就了共產極權統治。

他認為我可以寫暢銷書賺大錢。這一點聽起來很有吸引力，但我很快就打消了這個念頭。要寫作暢銷書，作者必須犧牲一些東西：他必須迎合大眾，但我並不擅於此道。不行，我不想寫「普及型書籍」。現在我的目標是針對想一窺人類智慧傳承的一般大眾，寫一本淺顯易讀的專門論著。我對人類的歷史很有興趣，而且一直想學歷史或考古學，但我還是因為孝順而遵照父親指示，選擇了比較有用的東西：地質學。但直到從大學教職退休之後，我才發現，我的專業經驗就是為了破解人類過去的謎團。

我們都想了解我們的過去。我們從何處來？我們稱為「民族」的個別繁衍族群的起源是什麼？我們如何學習說話？人類如何從「露西」演化成現代的智人？我一直很好奇，而在畢生投身研究氣候學之後，我才找到答案：氣候創造歷史。

我們是第一批人類的後代，他們可能居住在非洲某地。幾百萬年後，直立人族群散播到「舊世界」所有的大陸。基因突變在非洲造成了第一批智人，並於十萬年前遷徙到中東地區。他們可能是史上第一種會講話的動物，而且將語言教給世界各地的原有居民，也在世界各地和不同族群的直立人混血繁衍後代。他們跟尼安德塔人混血的後代是克羅馬儂人，後來又演化成歐洲北部的第一批印歐人。在世界其他地方，混血族群是歐洲的非印歐人族群，例如巴斯克人、伊特魯斯坎人、高加索人等。印度的前阿萊亞斯族群、中國的「山頂洞」北京人、東南亞、大洋洲、澳洲地區的原住民、亞洲北部的部族後來成為使用烏拉爾—阿爾泰語系、漢藏語系、以及美洲—印第安語系各種語言的民族。

我撰寫此書原本的目的是引用歷史，主張近年來的全球暖化不是人類造成，詳讀歷史就能發現它的循環形態。史前史與歷史上的人口遷徙，其起因也都是氣候的週期性變化。全球冷化時期，邊緣可耕作地區的民族(例如印歐人、日耳曼人、亞洲北部人、阿薩納齊族群等)都必須到其他地區尋找更肥沃的土地。而在全球暖化時期，人口過剩和貪婪反而成為征服和殖民的動機，包括巴比倫人、埃及人、腓尼基人、羅馬人和中國的漢族，接下來是維京人、阿拉伯人、土耳其人、蒙古人，最後則是十九世紀和二十世紀的歐洲帝國主義。

我不認為歷史上的氣候變遷完全是溫室效應所造成，而且發現它與太陽有關。在自省的時刻，在宗教和人性中潛藏的善尋求慰藉。我們是智人，應該懂得控制我們的聰明才智。

跨越地質學、古氣候學、考古學、人類學、語言學、遺傳學和天文學各個領域時，我必須仰賴各領域的專家驗證我的理解。我專精的領域一直是地質學和古氣候學，因此得力於其他專家甚多，尤其是讀過本書全部或部分手稿的彼得・詹姆士（考古學）、羅伯・艾克哈特（體質人類學）、威廉・王和維克多・梅爾（語言學）、林・馬格利斯和阿弗瑞德・屈維斯（遺傳學）以及查爾斯・裴瑞（天文學）等。

我希望撰寫一本淺顯易讀的專門著作，但各章之間互相獨立。如果只對這個議題的某些部分有興趣，而不打算全面了解，或許可以只讀某幾章，略過其他章節。研究歷史的人或許不需要知道蓋亞和太陽，而自然科學家或許不會對人類遷徙的可怕詳情感到興趣。探討氣候學的科學、政治與宗教的最後一章，是適合所有人閱讀的散文。這是我的座右銘：生命是對上帝的服務，死亡則是收穫。

許靖華

| 第一章 |

小冰川期的大饑荒

崇禎六年至十六年間，全國大旱，遍地饑荒。人民在飢餓下相食。

——《明史》

台灣某座湖中黑色泥土裡兩道白色的沙塵，促使我開始研究過去的氣候。較上面一道的年代是十六—十七世紀，來自曾經是中國穀倉的黃土盆地。當時遠東地區寒冷乾旱，飢餓的農民朝北京蜂擁而至。當時在歐洲正值小冰川期，阿爾卑斯山冰川向前推進，歐洲北部夏季潮濕，冬季非常寒冷。各地農作物欠收，華倫斯坦的鐵騎蹂躪歐洲中部。這是一段極為艱苦的饑荒時期。

大鬼湖中的沙塵

我進大學時本來想念歷史，但因為父親要我學比較有用的科目而改變主意。因此我讀了自然科學，但一直對歷史很有興趣。成年之後，我因為工作的關係經常出差，手邊一定會帶一兩本造訪過國家的歷史書籍，另外我也經常讀歷史小說當作消遣。我對成為歷史學者已經不抱希望，但命運將改變這一切。我退休後來到台灣，在因緣際會之下，我竟然找到了專業和業餘興趣之間的關聯。

一九四八年我從上海前往美國，那時候我從來沒有到過台灣。我們這些年輕學生不是共產黨員，就是共產主義的支持者。毛澤東成立中華人民共和國後，我們都想為人民服務，但我回不了中國。當時韓戰已經爆發，正值所謂的「麥卡錫時代」。我們這些敵對外國人可能會協助中國製造原子彈，不能容許我們離開美國。我們的確也不可能回去，因為美國總統頒布行政命令，規定不准發給來自中國的科學家和工程師出境許可。韓戰停戰之後，我才得以回到中國，但為時已晚，我已經在美國定居了。

我第一次回去的機會是一九七七年文化大革命之後，後來我每年夏天都回中國。我在台灣的朋友也很想跟我碰面，但我都拒絕了，因為我不想跟蔣介石的追隨者扯上關係。一九八九年天安門事件之後，我的想法開始改變，不想再為腐敗的政府服務。我加入一群志同道合的海外華人，將我們的愛國心投注在為台灣的華人服務。

我寫信給在台灣的朋友，說我要去台灣。他知道我在史前氣候學方面有相當經驗，安排我擔任台灣全球氣候變遷計畫的技術顧問。我於一九九四年七月來到台灣，準備前往台灣大學就任新工作。不過，不需要我負責教學或研究工作，我的職責只是跟研究人員討論，給他們一些想法。

我的女老闆是位史前植物學家。她研究沉積物成分中的花粉，探討台灣的氣候變遷。不過，研究成果的精確程度受到研究方法本身特性的限制。海相沉積岩分析可解析的最小時間單位只能達到十萬年或一萬年。因此，史前植物學家只能看到持續這麼長時間的重大變化。她知道我們以紋泥(也就是湖中每年的沉積層)當作氣候的編年史時，就向我們尋求協助。她一位學生研究的正是湖內沉積物，或許我可以提供一些意見給他。

他來找我，給我看了大鬼湖的鑽心樣本照片，跟我說：

「高雄一所大學的陳教授給了我們這些鑽心。他負責分析地質化學成分，我負責研究沉積物。」

我看了照片，鑽心看來沒什麼不尋常。這座湖位於海拔二千公尺以上，沉積物主要是黑泥，成分是來自周圍森林的岩屑和植物碎片。不過真正吸引我注意的東西，是裡面有兩層薄薄的沉積物，看起來相當顯眼，因為這兩層沉積物不是黑色，而是接近雪白的白色。

我問道：「這是什麼？」

他說：「我不知道，陳教授叫它『兩道白帶』。」

「它為什麼是白色的？」

「不知道，劉教授研究過黑泥中的花粉。黑泥來自森林，但白帶裡面沒有花粉。」

「不是從森林裡來的，會是從哪來的？」

「不知道，陳教授說是從外地來的。」

「他這麼說是什麼意思？」

「意思是這不是台灣本地的東西，而是從大陸來的。」

「它怎麼跑到海拔這麼高的湖裡？走上來的嗎？」

「當然不是，它必須先越過台灣海峽。」

「它是游泳過來的嗎？」

「當然不可能，即使游泳過來，也不可能從海邊走上來。」

「那麼它是飛過來的囉？」

這位年輕人猶豫了一下，回答道：

「不知道，可能是這樣。」

「那它是怎麼飛的？」

「應該是風吹過來的。」

「什麼樣的沉積物會被吹過來？」

「是風吹沙嗎？」這位學生總算想到了。

「你有沒有聽過『黃土』這種東西？」

「聽過，黃土是中國北部黃土高原的沉積物。」

「這種白色沉積物可能是黃土。你應該進行一下分析，告訴我這兩道白帶的成分是不是黃土。你應該知道，黃土顆粒是均勻的石英與長石角形細粒，平均直徑大約是十微米。」

這位精力充沛的年輕人開始工作。他發現大鬼湖中的白色沉積物確實含有非常均勻的石英與長石角形細粒，平均直徑大約是十微米。但他再跟我見面時斬釘截鐵地說：

「這一定不是黃土！」

「為什麼？」

「陳教授說不是。」

「他為什麼這麼說？」

「他要我去看基礎教科書中關於黃土的礦物組成，黃土不只含有石英和長石，還有百分之三十的方解石。」

方解石這種礦物的化學成分是碳酸鈣，和水壺裡的水燒乾後留在壺底的鍋垢成分相同。黃土是被方解石黏結起來的風吹沙；方解石也是沉積物中的水分蒸發後殘留在沙塵間細縫的殘餘物。吹進大鬼湖中的沙塵沒有黏結在一起，因為泥沙細粒空隙間的水沒有蒸發。既然沒有蒸發的殘餘物，也就不會有方解石黏結物。接著我向這位困惑的學生解釋，黃土高原上黏結起來的沙塵和大鬼湖中沒有黏結的沙塵，兩者之間有何不同。他還是半信半疑，陳教授是台灣科學界頗受尊崇的科學家，他說的怎麼可能有錯[1]？

李希霍芬(Ferdinand von Richthofen)在十九世紀曾到過中國北方各地，遍地厚厚的黃土使他大感驚訝。由於方解石將沙塵黏結在一起，侵蝕作用得以在黃土地帶切削出陡峭的懸崖。當地人在懸崖下挖掘洞穴當作居所。舉例來說，毛主席革命時期就在延安住過所謂的窯洞。

那麼這種黃土是怎麼生成的？

我曾經目睹過黃土沉降。有一年春天我在北京暫住，日正當中時突然一片漆黑。強烈沙塵暴來襲，黃土沙塵在風暴中大量落下。

這些風吹沙是從哪裡來的？

它來自西北方的戈壁。

戈壁是蒙古南部的一片岩石荒漠，「戈壁」在蒙古語中就是「岩石荒漠」的意思。這片岩石荒漠從蒙古一路延伸到中國西北部的新疆省，荒漠裡的石塊是風稜石，表面有一層黑色的荒漠岩漆。

戈壁是一片不毛之地，連能在塔克拉馬干沙漠中存活的檉柳都沒辦法生長。沒有植物的主要原因是戈壁沒有土壤和泥土，也沒有沙和水。來自中亞地區高壓中心的西北風非常強勁，較

1 國立中山大學的陳鎮東教授說錯了，但他立刻更正錯誤，認可了大鬼湖中「兩道白帶」的成因是風，並在《科學月刊》中發表〈大鬼湖的秘密〉第二九卷（台北），頁二二四—二三〇，三〇六—三一一，四一二—四一八。

細小的沉積細粒都被吹走，只留下碎石，形成放眼望去一片石塊的特殊景觀。

戈壁的南邊和東南邊，是甘肅省和寧夏省的沙漠地帶。荒漠之所以成為荒漠，是因為氣候乾旱，而沙漠則是荒漠的一種，是一片平地上散布著沙丘，沙丘的沙則是風吹來的。中國西北部沙丘的沙來自戈壁。風速開始減慢時，所攜帶的沙粒隨之掉落。

大沙漠的南邊和東南邊是黃土高原。這裡的黃土沙塵也是風吹來的。中國北方的黃土來自戈壁和鄰近的沙漠。風速進一步減慢時，所攜帶的細沙粒(所謂粉沙)隨之掉落。

許多沙塵隨著風速逐漸降低而掉落在中國北方。沙塵可能會被帶到更南邊的地方嗎？它有沒有可能到達台灣？

中國南部和台灣都沒有黃土層。黃土高原南邊是中國南部的紅土地帶。這種黏土大致上是當地的風化作用所形成，不過有些混雜在紅土中的細小沙塵顆粒可能來自戈壁。一般說來，西北風由戈壁吹來時，攜帶的沙塵顆粒大小和黏土相仿，也會被帶到同溫層噴射氣流中，送到太平洋、北美洲和北極圈。格陵蘭冰川的冰塊樣本中，就出現過來自中亞地區的風吹沙土。來自戈壁的沙塵在中國南方則少到難以化驗出來。

來自戈壁的沙塵在台灣沉積物中同樣少到難以化驗出來。為了偵測沙塵，科學家在台灣海濱設置稱為「沉積物收集器」的特殊設備，用來收集浮質。浮質的成分包含風吹沙，以及濺起的海水和工業污染等。只有在春季西北風非常強時才會出現沙塵，沙塵則是來自中國西北方的戈壁地帶。

大鬼湖的兩道白帶中含有很多黃土顆粒，代表氣候狀況相當反常。顯然在那數十到數百年間，西北風強得異乎尋常，大量來自戈壁的沙塵被攜帶到遠遠超過中國北方，跨越台灣海峽，最後落在大鬼湖底。

當時西北風為什麼會那麼強？這又是什麼時候的事？

明朝的覆亡

一九九四年十月，台灣的國家全球變遷計畫舉行年會，陳教授和我在會中見面。我恭喜他發現這兩道白帶，並問他是否測定過這兩道白帶的年代。

「有的，我們試過碳十四法，目前只有初步結果。」

他給我看了結果。圖形中有很多雜訊，但有兩個清楚的訊號。兩道白帶的沙塵分屬兩段時期，分別是西元四二〇—五二〇年和一三五〇—一八〇〇年。

後面這個年代立刻引起我的注意。我在瑞士得知，歐洲的小冰川期開始於西元一三〇〇年，結束於十九世紀某個時期[2]。小冰川期的平均氣溫比現在低一度以上。當時在中國和台灣是否也有小冰川期？是否有全球冷化現象？

我們在中國長大的人都知道，強烈西北風通常伴隨著寒冷的天氣一同出現。上面那道白帶中的沙塵是不是那個時候跨越台灣海峽？參考中國歷史很快就可得到答案。十七世紀初，李自

2 關於小冰川期這個主題的相關文獻相當多，例如暢銷書*Climate-Our Future*, U. Schotterer（Kummerly & Frey, Bern, 1990, 175 pp）.

成率領造反的農民攻進北京，明朝就此告終[3]。崇禎皇帝自縊身亡，李自成登上大位。不過他沒能享受到革命的成果。來自中國東北的滿洲人趕走李自成，取得中國的統治權。清朝從此延續近三百年，直到孫中山於一九一二年革命成功為止。

導致李自成革命的政治情勢是歷史事實。當時中央與地方政府普遍腐敗，但在明朝接連幾位昏君統治下，政府已經腐敗了一百多年，明朝最後一位皇帝其實還算是例外。他還算是聰明勤奮，同時盡全力維護國家的法律和秩序。因此，明朝覆亡的直接原因並不是政府腐敗，而是連續八年大旱。明史中有一條記載這麼寫著：

> 崇禎六年至十六年間，全國大旱，遍地饑荒。人民在飢餓下相食。

中原地區一向是穀物生產中心。中國北方氣候乾旱，正常雨量不到八百公釐，不足以發展稻米文化，因此小麥是北方的主要作物。連年乾旱可能使農作物產量減少到形成災害。最糟的狀況正如歷史上的記載，中原地區連續三年一滴雨都沒下。沒有降雨就沒有收成，連年沒有收成，饑荒也就隨之而來。跟巴黎市民為自由、平等、博愛起而革命不同的是，中國農民雖然同樣起而革命，但他們的理由是飢餓。

3 Aldo Matteucci看過初稿，認為其中人名太多。他的意見很好，因此我刪除了本章中絕大部分人名，只留下李自成、崇禎和乾隆，個別人名在文明史上其實並不重要。

八年大旱中，大批飢餓的群眾聚集在一起。造反的農民猛攻一座座城池，打開公家穀倉。流匪四處流竄，搶奪劫掠。組織鬆散的農民暴動就如三國時代的黃巾之亂一樣，原本應該相當容易鎮壓。不過後來李自成出現，開始將農民組織起來，帶領農民打進北京。但李自成的勝利不是最終的勝利，反而是結束。滿洲人入關，李自成手下的軍隊酒足飯飽，沒有人願意犧牲生命保衛這個篡位者。他們只想回家，因此紛紛離去。李自成的大軍連決戰都沒開始便告瓦解。

明朝末年的農民造反不僅限於中國中部，其他地區也有所謂的「盜賊」。歷史學家認為，這些盜賊是使中國另一處穀倉—四川省人口減少的主要原因。這些盜賊也被弭平之後，滿洲人發現這個省份已然空空如也，只剩下少數居民。氣候改善讓四川得以恢復耕作時，才開始有人由南方人口過剩的省份移居進來。

明朝滅亡於小冰川期最寒冷的時期，中原地區已經成為沙塵盆地[4]。部分沙塵被強烈西北風攜帶越過台灣海峽之後落下，成為大鬼湖上層白帶中的沉積物。

當時歐洲又是什麼狀況？

小冰川期

冰川向前推進時，前端會將經過之處的所有東西推到移動的冰塊前方。冰川「退去」時，

4 中國歷史上有許多關於氣候的記載。我參考的摘要取自劉紹民，《中國歷史上氣候之變遷》（台北：臺灣商務印書館，一九八〇），頁二五九。

其實冰塊並沒有後退。冰流仍在繼續向前移動，但在較為溫暖的時期，前端融化的速度比冰向前推進的速度快。前端的冰塊融化後，留下的碎片堆形成一道由所謂「端磧石」（end moraine）構成的牆。科學家研究連續的端磧石後，即可斷定冰川已經「退去」。

冰川退去的證據可證明二十世紀中葉以來明顯的全球暖化現象。阿爾卑斯山上的端磧石位置顯示，不久之前，各地山中的冰川曾經相當深入山谷。冰磧石的年代測定也證明，十七世紀時歐洲中部氣候最冷的歷史證據相當正確。歐洲冰川前進幅度最大的時期，正好也是中國明朝末年最乾旱的一段時間。

李自成造反前後數百年，中國發生饑荒和農民造反。歐洲科學家也發現了小冰川期中冰川在阿爾卑斯山區重複前進的證據[5]。其中最重要的資料來自瑞士的阿雷奇冰川（Grosser Aletchgletscher）、戈爾內冰川（Gornergletscher）、格林德瓦冰川（Grindelwaldgletscher）、隆河冰川（Rhonegletscher），以及法國白朗峰地區的冰川。舉例來說，隆河冰川在西元一三五〇年前進的幅度超過其後數年。另外還有相當明確的證據，證明瑞士與法國阿爾卑斯山區冰川在小冰川期最高峰（西元一六〇〇—一六五〇年）的前進幅度。高加索地區中部的冰川在西元一六四〇—一六八〇年間擴大。中歐地區的冰川分別在西元一七七〇—一七八〇年和一八一五—一八二〇年這幾年間再度前進，當時也是義大利阿爾卑斯山冰川面積最大的時期。小冰川期最後一次冰川

---

[5] 「全新世冰川撤退」是歐洲科學基金會 *European Paleoclimate and Man* 第十六號計畫出版的特刊（G. Fischer Verleg, Stuttgart, 1997, 182 pp）。本特刊中包含許多近一萬年間氣候史上的詳盡摘要。

大幅前進是西元一八五〇年，距今相當接近。從那個時候到現在，阿爾卑斯山區東部冰川面積縮小了大約一八五平方公里(相當於原先冰川覆蓋面積的百分之四十)。

科學驗證了歷史。舉例來說，格林德瓦冰川的異常前進，就記載在當地方志中。現在還有人談論當年茂密的阿爾卑斯山草地被冰川覆蓋這件事，距離現在不算太久[6]。

斯堪地那維亞地區的冰川在十五—十八世紀也向前推進。大片農地和無數農莊被冰川摧毀或損壞。當地受災最慘重的時期是西元一六八〇—一七五〇年，其他地方則晚至西元一八八〇—一八九〇年這十年間[7]。

我的鄰居華特赫恩是位退休教師，他知道我對氣候變遷很有興趣，給了我一張他閱讀古代方志時抄下的中世紀歐洲氣候異常現象的年代與記錄。

一一八六年　一月果樹開花，二月結出核桃大的蘋果，五月小麥收成，八月葡萄收成。

一二三二年　七月和八月，雞蛋放在太陽下的沙中可以燜熟。

一二八八年　聖誕節時樹木開花，人可在溪中游泳。

一二八九年　草莓於一月十四日開花。

一三二二年　東海和亞得里亞海結冰。

6 U. Schotterer 1990. *Climate—Our Future*, Bern: Kummerly & Frey, 175 pp.

7 歐洲科學基金會，一九九七。*European Paleoclimate and Man*. G. Fischer Verleg, Stuttgart, 1997, 182 pp.

一三四二年　非常潮濕、大洪水、人可划船越過科隆城牆。

一三八七年　又乾又熱，人可涉水渡過科隆附近的萊因河。
旱年，六月底到九月底沒有下雨，十月樹木第二次開花。

一五二九年　櫻桃樹於十二月十一日開花。

一五三〇年　果樹於二月開花，穀物於三月開花

一五三九年　紫羅蘭於一月六日開花

一六〇七／〇八年　葡萄酒在桶中結冰，五月十五日可在但澤港中溜冰。六月十五日，法國有葡萄被霜凍傷。

一七三九／四〇年　十月二十四日與六月十三日，荷蘭須德海結冰。

這些正史之外的記載基本上跟十二及十三世紀歐洲地區異常溫暖、十三世紀末又突然變冷的現象相當一致。科學證據也顯示小冰川期開始於西元一三〇〇年。十四世紀剛開始幾十年極為寒冷。不過並不是整整六個世紀氣溫都一直很低，而是起起落落。舉個例子，中歐古代地方志記載的天氣異常現象中，就提到十五世紀和十六世紀初氣候比較溫暖。菲斯特(Pfister)指出，主要的連續寒冷冬季開始於一五五〇年代，接著就是小冰川期的最高峰[8]。蘭姆也指出，英國在

8 C. Pfister（1981），"An analysis of the Little Ice Age Climate in Switzerland and its consequences for agricultural production," In *Climate and History: Studies in past climates and their impact on Man*, edited by T.M.L. Wigley, M.J. Ingram, and G. Farmer, Cambridge University Press, pp. 214-248.

十六世紀初比較溫暖，十八世紀前半也是一段比較溫暖的時期[9]。

歐洲的高山湖泊每年都會結冰，但低地湖泊極少結冰。舉例來說，蘇黎世湖大概每三十年左右才會結冰一次。距現在最近的一次結冰是一九六三年。那年特別冷，康斯坦斯湖也結冰了，這種狀況相當罕見。不過湖泊結冰在小冰川期的一開始幾世紀比較常見。舉例來說，這座湖在一五七三年嚴寒的冬天曾經完全結冰。一條長長的隊伍可走過結冰的湖面，帶著門徒聖約翰的彩繪像到湖對面的城市。

在小冰川期中，歐洲北部和西北部經歷許多年寒冷又多風暴的日子。英國和法國當時在葡萄酒製造方面競爭得很激烈，但全球冷化結束了這場競爭。一四三一年，嚴寒天氣甚至還為法國葡萄園帶來一場浩劫。勃魯蓋爾(Pieter Brueghel)的著名作品中描繪有人在結冰的運河上玩遊戲，這是十七世紀初荷蘭冬天的嚴寒景象，但現在這些運河已很少結冰。勃魯蓋爾並沒有過度誇大，有人發現當時的地方志中已有記錄，歐洲北部著名的水道經常結冰。舉例來說，一六八三——一六八四年冬天有許多個星期，查爾斯二世和廷臣就從倫敦的一邊走過結冰的泰晤士河到另一邊[10]。小冰川期的歷史紀錄一直延續到十九世紀。十九世紀前半有幾十年相當冷，例如一八一二年拿破崙在俄國慘敗那個值得紀念的冬天。

9 H.H. Lamb, 1981, "An approach to the study of the development of climate and tis impact in human affairs," In *Climate and History: Studies in past climates and their impact on Man*, edited by T.M.L. Wigley, M.J. Ingram, and G. Farmer, Cambridge University Press, pp. 291-309.

10 Ponte, Lowell, 1976, *The Cooling*, Englewood Cliffs, NJ: Prentice Hall, 306 pp.

小冰川期全球平均氣溫僅降低略微超過攝氏一度。例如一五五〇年到一六五〇年間，英格蘭中部的平均氣溫比現在低一．五度。這樣的溫度變化雖然看來似乎不起眼，卻對歐洲的社會結構造成巨大的影響。

歐洲和中國一樣，寒冷與飢餓經常一同出現。烏雲密布時更冷，潮濕的夏季幾乎也永遠那麼冷[11]。由於經常下雨，農人沒辦法把草曬乾。潮濕的草逐漸腐爛，牲口在接續潮濕夏季之後而來的冬季沒有東西可吃。畜牧農民在小冰川期面臨極大的困境。

天氣寒冷潮濕，在歐洲就等於農作物欠收。在小冰川期最冷的時期，由於春天冰雪覆蓋時間過長，或是秋天霜雪來得太早，使得瑞士收成非常差[12]。生長季節時間不夠長，收成當然就不會好。一六九〇年代，嚴寒連續八年摧毀蘇格蘭北部的農作物[13]。可以想見，歐洲冷化同時帶動食物價格上揚。舉例來說，英國的牲畜價格在西元一五五〇年後寒冷潮濕的一世紀間上漲到六倍之多，穀物的價格在小冰川期最高峰則為七到八倍[14]。

農業社會中，受收成影響的不只是財富，還有健康。饑荒時不是所有人都會餓死，但飢民

11 Lamb, op. cit., Fig. 11.2.
12 Pfister, 1981, pp. 235-238.
13 Ponte, op. cit., p. 78.
14 此處及以下關於氣候對農業社會造成衝擊的相關討論，取自D.B. Grigg的研究。他於一九八〇年發表的作品*on Population growth and Agrarian change – An historyical perspective*（Cambridge University Press, Cambridge, 1980, 340 pp）提出統計數據，說明氣候與農業生產的直接關聯，以及與農業社會的間接關聯。

對疾病的自然抵抗力會因而降低。氣候對社會的影響反映在人口統計數字上。西元一〇〇〇—一三〇〇年間，歐洲人口持續成長。舉例而言，中歐城市人口在十三世紀中成長到兩倍或三倍。小冰川期開始後，十四世紀前半人口數量大幅減少。西元一三四七—一三五〇年的大瘟疫據稱奪走歐洲四分之一人口的生命。在這場傳染病浩劫之前，還有西元一三一五—一三一七年間因欠收而帶來的大饑荒。另外，一三四二—一三四七年則是這個千禧年間最潮濕最冷的夏季。大瘟疫後復原的速度相當緩慢，人口成長率也不算高。最後，小冰川期的最高峰到來，人口成長趨於停滯。事實上在十六和十七世紀，歐洲人口數量不升反降。

英國零工的日薪變化，也反映了氣候和人口的變化。十二和十三世紀收成好、農作物價格低，但由於當時人口成長迅速，勞力過剩，所以實際薪水也低。到了十四世紀，特別是黑死病大流行後，農作物價格上升。儘管人口減少，但實際薪水依然很低，原因是收成不佳，勞力需求不高。十五世紀和十六世紀初，農作物收成較佳，因此價格持平或下降。不過人口成長的速度不夠快，勞動力短缺，因此薪水上漲。接著小冰川期狀況最壞的時期到來，人口略微減少，但農作物價格大幅上漲。工人雖然賺到高薪，但相對購買力不高，十七世紀前半，實際薪水降到最低點。一八〇〇年開始，實際薪水開始穩定上升。薪水上升的主要原因是儘管人口增加，但工業化社會的生產力提高。

歐洲濱海國家人民在小冰川期可到海外謀生。舉例而言，北美地區的殖民地大多就是建立於十七世紀：

卡羅萊納州：一六六三年、康乃迪克州：一六三五年、德拉瓦州：一六三八年、緬因州：一六二二年、馬利蘭州：一六三二年、麻薩諸塞州：一六二九年、新罕布夏州：一六二二年、紐約州：一六二三年、新斯科細亞：一六〇四年、新澤西州：一六六四年、賓夕法尼亞州：一六八一年、羅得島：一六三六年、魯珀特蘭德：一六七〇年、維吉尼亞州：一六〇七年、新法蘭西：一六〇八年、路易斯安那：一六八二年。

英國人移民表面上的原因是宗教動機，實際上的理由卻是經濟因素[15]。在經濟蕭條時期，即使人口成長十分緩慢甚至減少，英國人口仍然過剩，失業相當普遍。有一份遞交給英國國會，支持殖民美洲的請願書中提到英國的能力與狀況：

> 證諸人口過多的現勢而言更屬必然，並為大眾普遍接受之想法。人口過剩將剝奪國民獲取充分營養與就業的權益[16]。

過剩其實只是相對說法。促成移居的人口壓力來自食物供應短缺，而不是人口成長過快。移居美洲的人主要是想獲得充其量只能算是不甚穩定的生活，移民公司則主要是想投下資金賺

---

15 Beer, G.L., 1959. *The Origins of the British Colonial System*, Gloucester, Mass.: Peter Smith, 438 pp.

16 "Petitions to the British Parliament," cited by Beer, G.L., 1959, p. 41.

取利潤。西班牙、葡萄牙、法國、荷蘭和北歐各國，也紛紛在南北美洲、亞洲和澳洲建立殖民地。

號召民眾移居北美洲遇到很大的困難，因此出現了各種移民鼓勵辦法。舉例來說，倫敦市就投下大筆金錢，讓一些民眾遷居到維吉尼亞州。除了支付費用之外，還採取了其他非常手段。流浪漢被抓起來，送到殖民地擔任軍警單位實習人員，青少年罪犯和成人罪犯只要願意前往海外，就可獲得緩刑。

殖民者同樣遇到很大的困難。許多人到了北美洲後連第一個嚴寒的冬天都活不過。第一個降生在「失落的殖民地」北卡羅萊納州的白人小孩維吉尼亞戴爾出生於一五八七年，和第一個殖民地的其他人一同葬身於此。維吉尼亞州的殖民先鋒同樣受疾病和飢餓所苦。他們從一種不幸的生活跳進另一種不幸的生活，兩種生活的共同點是「挨餓」。如果這些移民知道自己是在小冰川期狀況最壞的時期在殖民地建立新家園的話，他們大概不會想離開原來的家。

歐洲中部的人沒有前往海外，但他們即將面臨更糟的命運。他們在三十年戰爭中遭到軍人劫掠，許多人餓死。德國人口在戰爭中減少了一半以上。這樣的趨勢在威斯特法里亞和約後有些反轉的趨勢，但歐洲人口快速增加和經濟大幅躍進則要等到工業革命後才真正開始。

一六四八年是歐洲歷史上的里程碑，威斯特法里亞和約於當年簽訂，三十年戰爭結束。我從席勒的「華倫斯坦」讀到關於這場戰爭的故事。一開始是布拉格只做了一百天的「冬季國王」。接著是哈布斯堡皇帝的天主教軍隊來到，屠殺新教徒。接踵而來的是丹麥國王，他和萊因河地區的新教徒貴族統治者結盟，聯手打贏戰役，最後華倫斯坦出現，贏得這場戰爭。他的事業結束之後卻遭到罷免。接著是來自瑞典的新教徒常勝戰士古斯塔夫阿道夫，然後又是華倫斯坦執政，瑞典軍隊被阻擋在呂岑(Lutzen)，這位「白雪國王」在戰鬥中喪生。席勒的劇本在華倫斯坦遭到謀殺而死後結束，但三十年戰爭又持續了十五年。法國天主教國王也加入戰局，協助信奉新教的瑞典人，同時新教的克莉絲汀娜女王前往羅馬，改信天主教。席勒的劇本相當引人入勝，也相當複雜難解。

我到蘇黎世戲劇院觀賞布萊希特(Berthold Brecht)的勇氣媽媽(Mutter Courage)之後，才真正體會到三十年戰爭的重要程度。這齣戲的主題是和平主義者悲嘆戰爭的殘酷。戰爭中沒有勝利者，只有輸家，人民就是唯一的輸家。

真的沒有勝利者嗎？

有的，唯一的勝利者是華倫斯坦的軍隊。

中世紀時，歐洲的戰爭是由以此為業的傭兵所執行。國王和皇帝必須借錢招募軍隊。權力極大的神聖羅馬帝國與日耳曼諸國的皇帝查爾斯五世，也必須向奧格斯堡(Augsburg)的銀行家傅格借錢。三十年戰爭爆發後，這位奧國皇帝破產，不得不違約拖欠借款。

他為什麼沒錢？

他確實沒錢，因為徵收來的稅款不足支應。稅收不足則是因為連續數年欠收。農民生活困苦，皇帝也不好過。沒有收成就沒有稅收，沒有錢就養不起軍隊。哈布斯堡皇帝於一六二四年戰敗。接著站上舞台的是華倫斯坦，他是軍人也是冒險家，從小貴族努力往上爬，最後成為弗里德蘭(Friedland)和梅克倫堡(Mecklenburg)地方的公爵。華倫斯坦成功是因為他有個很聰明的辦法：這位大元帥不需要自己準備錢，只要下令准許軍隊征服後劫掠就行了。

在正常狀況下，劫掠者部隊要壯大聲勢只能靠吸收流寇。小冰川期讓華倫斯坦取得機會。所謂的「有產階級」是少數勉力生活的殷實農民，「無產階級」則是遍地飢餓的農民。到了必須為了生存而採取各種手段時，「無產階級」必須取得劫掠「有產階級」的許可。

糧食收成不佳，農民沒有全都坐以待斃。華倫斯坦沒有向皇室拿一分錢，由僅有二萬四千人的軍隊開始發展。他的戰功逐漸擴大，越來越多農民自願前來加入軍隊，為了取得搶劫和掠奪的許可。軍隊開到，搶走可憐農民的財物之後又走了。這位戰勝的將軍到達德國北部，新教徒怕得畏縮不前。當時已經沒有土地可以征服，也沒有新的領土可以劫掠。停戰之後，流竄的士兵沒有了獎勵，公爵沒辦法支付薪水給軍隊，皇帝也沒有錢。華倫斯坦的軍隊在他成功後隨即瓦解，跟當時在中國的李自成一樣。華倫斯坦被罷免很可能並非政治陰謀所導致，而是經濟上必然的結果。

飢餓的農民逃離餓死的命運，成為軍閥手下的士兵，實際上他們是為了謀生而打仗。十七世紀前半這段時期格外艱苦，但在此之前已有過艱苦時期，未來也還有苦日子要過。理查二世在位時發生了「農民暴動」，英國則爆發了玫瑰戰爭。英國和法國間發生了百年戰爭，中世紀卡斯提爾晚期和布列塔尼初期四處動盪不安[17]。路德德國有農民造反，由貝利欣根（Gotz von

[17] 請參閱A. Macke and D.M.G. Sutherland In *Climate and History: Studies in past climates and their impact on Man*, edited by T.M.L. Wigley, M.J. Ingram, and G. Farmer, Cambridge University Press, pp. 356-376, 379-403.

Berlichingen）在背後支持。瑞士聯邦（Swiss Confederation）則有農民戰爭對抗貴族階級，各種戰爭不一而足。法國大革命尚未到來。小冰川期這六個世紀間，出現了許多飢餓的農民和以劫掠為業的士兵。

中國既有大旱又遇嚴寒

中國的狀況和歐洲完全相同。只要到中國歷史博物館看看，就可體會到在貧困時期，農民叛亂是無可避免的一件事。歐洲的小冰川期是否導致全球氣候冷化？長達六百年的惡劣氣候是否也籠罩了中國？在這數百年間，乾旱和饑荒是否不是例外，而是常態？

即使不是氣象專業人員，答案也十分顯而易見。我們都知道西伯利亞高氣壓團移動到中國時，天氣會變得非常寒冷。如果氣壓不降低，「好天氣」就會持續下去。晴天對北歐人是好事，但根據我在中國西南方農村長大的經驗，「好天氣」在中國反而是「壞天氣」。

中國中部與沿海地區的降雨來自東南季風或颱風。高氣壓團持續停留在中原地區上空時，來自熱帶太平洋的鋒面不是轉向北方的日本與韓國，就是轉向西邊的南中國海和越南。

我跟台灣的朋友談到關於明朝末年氣候乾旱，當時中國可能非常寒冷這個想法時，他告訴我用不著猜測，這點有書面紀錄可查。我收到一份台灣地理學家撰寫的一般氣候紀錄[18]。

這份書面紀錄並非含糊不清。小冰川期的影響範圍確實遍及全球。明朝最後四十年，也就

18 劉紹民，《中國歷史上氣候之變遷》，頁二一五九。

是西元一六〇〇—一六四三年，是中國歷史上最冷的一段時間。舉例來說，中國西南部的雲南省向以氣候溫和著稱，一六〇一年卻遭到強烈暴風雪侵襲。廣東省位於亞熱帶，但一六一八年十二月卻下了八天的雪。中國的編年史分別於一六二〇年、一六二三年、一六二四年、一六二九年、一六三一年、一六三二年和一六四九年記載在中國南方各地出現不尋常的暴風雪。研究古代沉積物中花粉紀錄的科學家估計，這段時間的年平均氣溫低了一．五到二度[19]。

小冰川期在中國大約開始於十三世紀末。元朝末年歷史中有許多次關於異常寒冷天氣的記載：

一二八〇年　五月降霜（中國北部）
一二九〇年　六月與八月農作物遭到霜害（中國北部）
　　　　　　六月農作物遭到霜害（中國中部）、八月下雪，馬與牲畜凍死（中國北部）
一三〇二年　九月初農作物遭到霜害（中國北部）
一三〇三年　五月與六月農作物遭到霜害（中國中北部）
一三〇六年　三月出現強烈暴風雪（中國北部）
一三一一年　八月降霜
一三一七年　七月農作物遭到霜害（中國中北部）

19 同上，頁一三四。

一三二八年　七月出現暴風雪，牲畜與士兵凍死（中國北部）柑橘收成受損（湖南省）太湖結冰厚達一公尺（中國東部）

一三三一年　五月出現暴風雪，牲畜凍死（中國中北部）四月積雪厚達二公尺，九成牲畜凍死，造成饑荒（中國北部）

一三三九年　淮河凍結（中國東部）

一三四六年　十月初出現冰雪（中國北部）

一三五〇年　四月積雪超過一公尺，有人凍死（中國北部）

一三六三年　三月積雪厚達二公尺（中國南部昆明）

一三六七年　六月農作物遭到霜害（中國北部）
五月農作物遭到霜害（中國北部）

根據估計，當時中國的年平均氣溫比現在低了攝氏一度以上。寒冷氣候一直延續到明朝初年：

一三八二年　中國南部下雪

一四四三年　四月降霜（中國南部）

一四五〇年　二月積雪厚達三公尺（中國東部）

一四五三年　春季連續下雪四十天（中國南部）冬天各地積雪厚達一到二公尺（中國東部）、中國

東海有浮冰，有人凍死與餓死

一四七四年　五月降霜（中國南部）

一四七七年　八月降霜（中國中北部）

一四九三年　五月農作物遭到霜害（中國北部）

一四九八年　七月嚴寒（中國南部），人與鳥類凍死

一四九九年　中國南部冬季嚴寒，溪流結冰

一五〇二年　中國南部冬季嚴寒，溪流結冰

一五〇六年　亞熱帶海南島降雪

一五〇九年　中國南部降雪

一五一三年　太湖結冰（中國東部）

當時的年平均氣溫比現在低一到一．五度，但一四五八和一四六九這兩年溫暖無雪，在連續二百年的嚴寒中穿插喘息的機會。十六世紀後半出現了比較長的溫暖時期：

一五五七年　冬季無雪

一五六〇年　冬季無雪

一五六一年　冬季無雪（中國北部），穀類枯萎

一五六二年　五月降雪（中國南部）、收成不佳

一五七二年　中國北部沒有結冰
一五七八年　八月農作物遭到霜害（中國中部）
一五八五年　冬季無雪

氣候好轉沒有持續很長的時間。十六世紀末，嚴寒再度降臨：

一五八七年　八月降霜
一五八八年　七月降霜，九月降雪（中國北部）
一五九五年　五、六月間降雪四十天（中國東部）
一五九六年　五月降雪（中國北部）
夏季出現暴風雪，八月農作物遭到霜害（中國南部）

和前面列出的這些紀錄同樣寒冷難耐的時間，一直延續到所謂的「八年大旱」，終於導致叛變的農民打進北京。

在歐洲的紀錄中，小冰川期開始於一二八〇年，中國比歐洲早了二十年左右。另外，最高峰來臨前的連續嚴寒冬季，在兩個地方的開始時間也不相同。在歐洲中部開始於一五五〇年代，但中國則晚了三、四十年。但另一方面，我們從這兩個地方可以看出，「舊世界」出現了為期六百年的全球冷化現象。

小冰川期帶來饑荒，主要原因是長達數百年的嚴寒冬季。儘管如此，降雨模式在寒冷時也大不相同：歐洲北部相當潮濕，中國中部則十分乾旱。但有一點相同的是，這兩種狀況都對耕作非常不利。霜過早出現會破壞農作物，乾旱帶來的災害則更加嚴重。中國在一二八八、一三二五、一三二八、一三三一、一三三三、一三五二這幾年乾旱又寒冷，饑荒導致許多地方出現農民叛亂。可以想見地，元朝最後一個皇帝被趕回蒙古，叛亂農民的首領於西元一三六八年登上大位。

小冰川期仍然持續下去。在明朝皇帝統治下，中國人並沒有享受到像漢朝和唐朝那樣的太平盛世。乾旱經常出現，農作物欠收也成了常事。一四五八、一四六五、一四七六、一四七八、一四七九、一四八三—一五〇四年，以及一五〇六—一五二一年的饑荒中都傳出人吃人事件，大批飢民遷移到其他地方。一五〇九年的狀況尤其危險，中國處處有農民叛亂，接連不斷的動亂延續近二十年之久。十六世紀有一段時期比較溫暖，情況似乎稍有緩和，但接踵而至的是小冰川期最寒冷的數十年。一六一八年、一六二二—一六二九年，以及一六三三—一六四三年的饑荒極為悲慘：餓死的人倒在路邊，人吃人經常可見。李自成手下走投無路的農民已經約束不了，明朝於一六四三年覆亡。這個朝代起於旱災，同樣也終於旱災。

十八世紀清朝開國後幾位君主手中，中國恢復和平富庶的生活。乾隆在位六十年間，中國人口增加將近一倍。

人口增加當然和綠色革命有關，將森林開墾成農地，用來種植穀物。歷史學家也指出，小冰川期中這段溫暖時期，與歐洲在十八世紀時的溫暖時期大致相同。

饑荒、農民叛亂和小冰川期

法國著名歷史學家布勞岱(Fernand Braudel)指出：「十四世紀與十六世紀，歐洲各地發生多次農民叛亂」[20]。在歐洲，叛亂造成國家獨立行動。瑞士於一二九一年起而對抗奧地利哈布斯堡皇室，一四一二年成為實際上的獨立國家，並於一六四八年正式獨立。尼德蘭省份聯盟也於一五七七年開始對抗西班牙哈布斯堡皇室，於一六四八年獲得勝利。在中國，這幾百年間的農民叛亂分別推翻了元朝和明朝兩個朝代。在歐洲，「饑荒時代」在三十年戰爭期間達到最高峰，最後造成日耳曼帝國興起。歐洲人開始大規模移居海外其他大陸。後來中國引進玉米和馬鈴薯之後，饑荒危機也只算暫時緩和。等到工業革命之後，人口壓力才算終於解除，接下來則是一直持續至今的全球暖化。

我們現在知道了大鬼湖底上面那道白帶形成時，中國與歐洲當時的狀況。下面那道白帶則形成於耶穌誕生後最初幾世紀，當時的歷史又能告訴我們什麼？

---

20 Fernand Braudel, 1993. *A History of Civilization*, Penguin Books, New York, 600 pp.

| 第二章 |

别怪匈奴，禍首是氣候

是歲穀一斛五十餘萬錢，人相食，民反抗。

——《三國志》

耶穌基督誕生後幾世紀，中國農民離開位於中原的田地，日耳曼蠻族橫掃歐洲。根據歷史學家表示，罪魁禍首是匈奴，因為匈奴入侵造成日耳曼蠻族潰散流竄。但事實上根據歷史記載，早在匈奴入侵之前，這些民族就已離開家鄉。他們飽受饑荒所苦，因此向南遷移，就像旅鼠朝大海前進，所以別怪匈奴！

三國演義

《三國演義》是中國最受歡迎的歷史小說，大多數中國人都多少讀過。戲曲和說書人也經常從其中擷取故事加以演出。這部小說的中心主題是「義」。「義」這個美德在中國被過分強調，就像「愛」在西方一樣。「義」這個字很不容易翻譯，它可以說是「友誼」，但比一般所謂的友誼更進一步，應該說是帶著盲目忠誠、無止境地自我犧牲，以及完全不顧常理的友誼。通俗歷史在中文裡的慣用說法是「演義」，也就是「義的敷演」（譯註：此說法有待商榷）。中國人創作歷史小說歌頌「義」，就如莎士比亞創作《羅蜜歐與茱麗葉》歌頌愛情一樣。

漢朝末年，頭戴黃巾的盜賊在各地起而作亂，饑荒遍地。數百萬亂民蹂躪一省又一省。朝廷束手無策，只能靠軍閥及其手下的傭兵維持法律與秩序，叛亂像野火燎原一般快速蔓延。不過，毫無組織的黃巾賊當然沒辦法抵擋專業傭兵。叛軍最後全數瓦解，戰敗的農民轉而效忠地方政權，以便繼續搶奪劫掠。「三國」在一片混亂中產生，在西元二二〇—二八〇間統治中國。

這部「義」的小說一開始是段虛構的邂逅故事，三個素未謀面的人在小鎮市場相識。當時正值黃巾之亂，各地諸侯也在爭權奪利。這三位流浪漢與機會主義者發現彼此都效忠於朝廷。他們在桃樹園結拜為兄弟，以「義」結盟。最後軍閥篡奪了皇位，這三位其中之一成為「蜀帝」。不過這個故事中提到的「義」不僅限於這三個結拜兄弟之間，真正最重要的主角其實是蜀國的丞相。在戰場上慘敗後，垂死的蜀帝要他的朋友輔佐完全沒有治國能力的太子。在那個篡位已成為常態的時代，這位受託的朋友是個例外。他知道做人要有「義」，並且至死不渝。

「三國」確實存在，蜀帝、兩位將軍和丞相也真有其人。不過這部中國歷史小說的作者並不十分在意歷史的真實程度，而是著重在描寫美德的模範。三國中另一個魏國的建國者是曹操，中國人都知道他是京劇中「白臉奸臣」的典型，他是背叛的代表人物，「義」的反面角色。

三國演義依據史實創作小說，但正史編寫者對這些事實的看法卻不相同[1]。魏國相當強盛，但延續時間不長，因為這個國家的建立者心術不正。魏國擊敗另外兩國是因為曹操是聰明又有遠見的領導者。

三國演義開始於漢朝逐漸步向衰亡。十常侍(十名太監)和無知的皇太后擅權專政。中國史家一向對太監和女性參與政治沒有好感，而且經常將朝代覆亡歸罪於他們。

奸詐的太監喜歡收受賄賂。地方軍閥不願意順從時，中央政府就失去控制能力。傭兵領導者不願意與別人分享他們打勝仗得來的戰利品，憑什麼要他們這麼做？畢竟他們提供經費、

[1] 《三國志》正史為陳壽於西元三世紀所編修（北京新華書店一九五九年重印版，全五冊）。

擁有軍隊，而且他們打了勝仗，戰利品是他們應得的。此外他們也確實需要錢，不只是為了自己，也是為了繼續招募軍隊。這些諸侯為什麼要貢獻財物給太監和朝廷？

這些太監為什麼敢開口要錢？

他們要錢是因為朝廷需錢孔急。朝廷需錢孔急，是因為農作物欠收。收到的稅金太少，不足以支應政府所需。皇太后必須依賴太監，因為帝國行政機構已經幾乎完全停擺。由於財政上無法獨立自主，因此朝廷必須依賴地方軍閥。曹操很清楚這一點：漢朝皇帝必須靠他保護，但代價是早晚必須交出皇位。曹操打敗其他軍閥，從而挾天子以令諸侯。

除了背叛之外，曹操成功的秘訣是什麼？

他是卓越的行政人才，也是優秀的將領。魏史第一章中有如下的評論[2]：

> 光和末(西元一八三年)，黃巾起。拜騎都尉，討潁川賊。遷為濟南相，國有十餘縣，長吏多阿附貴戚，贓污狼藉，於是奏免其八；禁斷淫祀，姦宄逃竄，郡界肅然。
>
> 初平三年(西元一八六年)，青州黃巾眾百萬入兗州，殺任城相鄭遂，轉入東平。劉岱欲擊之，鮑信諫曰：「今賊眾百萬，百姓皆震恐，士卒無鬥志，不可敵也。觀賊眾群輩相隨，軍無輜重，唯以鈔略為資，今不若畜士眾之力，先為固守。彼欲戰不得，攻又不能，其勢必離散，後選精銳，據其要害，擊之可破也。」岱不從，遂與戰，果為所殺。信乃與州吏萬潛等至東郡迎太祖領

2 《三國志・魏書武帝紀一》。

兗州牧。遂進兵擊黃巾於壽張東。信力戰鬥死，僅而破之。購求信喪不得，眾乃刻木如信形狀，祭而哭焉。追黃巾至濟北。乞降。冬，受降卒三十餘萬，男女百餘萬口，收其精銳者，號為青州兵。

他當時做了什麼？一位現代歷史學家告訴我們[3]：

> 是歲穀一斛五十餘萬錢，人相食，民反抗。
>
> 軍隊領導人不了解士兵是為求生而加入軍隊。飢民獲得許可動手劫掠，但搶夠之後往往開小差離開軍隊。大多數狀況下，軍隊往往沒打過仗就已瓦解。在地方諸侯中，只有曹操了解人民的需求。飢民投入他的軍隊，曹操將軍隊開往徐州，在灌溉及有效管理之下，軍隊每年生產的古物多達百萬斗。由於不需搶劫，軍隊紀律儼然，曹操也得到人民愛戴。最後曹操擊敗所有對手，國家獲得和平繁榮。

三國時代至今的價值觀已經有所不同，現代學者已體認到經濟狀況在歷史上扮演的角色。現在一位「西化的東方紳士」寫出的三國演義可能完全不同，可能會以席勒的《華倫斯坦》或布萊希特的《勇氣媽媽》為藍本。

---

3 陳文德，《曹操爭霸經營史》，國立中央圖書館（全兩冊）（一九九一），頁一九。

曹操創建的魏國僅延續六十年。魏國一位將軍仿效了開國者的篡位行為，於西元二八〇年自立為晉帝，消滅了另外兩國，中國再度統一。不久之後，北方的戰士打了下來。由於長年內戰而積弱不振，晉朝皇帝不得不棄守中原地區，遷都到中國東部，人民也跟著遷徙。

他們真的是因為匈奴侵略而逃離家園嗎？如果真是如此，匈奴離開後為什麼不回去？

他們為什麼不回去？

一九四八年我離開中國時，我父親拿給我兩大本族譜。當時他似乎料想到日後會發生文化大革命，紅衛兵將四處搜尋及破壞舊文化的遺產。這份寶貴的歷史文件得以倖存，數以百萬計的中國家族的族譜則毀在毛主席的紅小兵手中。

族譜中說明我是中國春秋時代中部諸侯許文叔的後代。族譜開始的時間是西元前一一三〇年，我是第九十七代。後來楚國於戰國初期(西元前六世紀)滅了許國。最後一代許侯逃到北方，其中一支在河北省高陽縣定居，因此我們是高陽許氏[4]。

我花了不少篇幅介紹許氏族譜，不是為了吹噓家族當年的光榮歷史，因為無論如何，許氏都是「無用之人」[5]。我介紹這本族譜是因為它提供了歷史上中國人口遷徙的詳實資料。

許這個姓在中國北部不算普遍，跟張、王、李、趙這些大姓不同。不過中國南部姓許的人

---

4 許為地名。許國諸侯其實是姜姓後裔。如果以日耳曼方式表示這個姓，第一代許侯應該稱為「駐地在許的姜男爵」。最後一代許侯流亡到高陽，所以應該稱為「駐地在許與高陽的姜男爵」。

5 請參閱許靖華，《孤獨與追尋》（台北：天下文化），頁四六八。

很多，尤其是在台灣。台灣曾有一位中央銀行總裁姓許、反對黨黨主席也姓許，有位極受歡迎的作家也姓許。事實上在位於台灣海峽的七美島上，墓地中的墓碑上刻的名字大部分也姓許，而且是高陽許氏。姓許的人全都來自中原，是第一位諸侯的後代。

那麼我們是什麼時候來到南方？

我們在唸書時學過，「五胡亂華」時代有中國許多家族離開中原，遷徙到南方。所謂的「五胡十六國」來自北方。他們趕走晉朝皇帝，本身也互相爭戰。在此同時，中國南方在接連篡位下出現了六個朝代。直到西元六世紀末南方與北方再度統一，統一與和平才真正降臨中國。

我們的族譜證實了這些日期。第四十三代高陽許氏曾擔任晉朝大臣，他的家人於西元三百年遷往杭州。歷史學家認為五胡亂華時代大規模人口遷徙的主要因素是匈奴。教科書告訴我們，中國人之所以遷徙是因為五胡南下。其實我們的祖先身為朝廷官員，必須跟隨皇帝遷徙。同樣是朝廷官員的傳統歷史學家，是由於匈奴侵略而跟著南下。但是中原農民都是因為相同理由南下嗎？

我個人曾經歷過蠻族入侵：日本於一九三七年侵略中國，占據了半個中國。我的家庭於一九三七年逃離位於沿海平原的揚州，遷往中國西南方的重慶。一九四八年對日抗戰結束，我的家人才於一九四八年回到老家。

五胡亂華時代，高陽許氏向南方遷徙。中國恢復統一後，身為朝廷官員的祖先回到北方，但其他許多人沒有回去，就此定居南方。為什麼？住在廣東、福建和台灣的高陽許氏為什麼沒有回去？這些「胡人」被平定或不再是外來入侵者之後，他們為什麼不回去？

人民遷移是為了謀生。如果必須依賴它，他們就會回去。如果沒有東西可以回去，他們就不會回去。現代史說明了這個普遍想法：越戰結束至今雖然已有三十年，但越南船民大多不想回家。他們回去做什麼？他們在新家園不是也過得不錯嗎？

想想看，不只是離鄉背井的人可能選擇不回去，不是每個人都選擇離鄉背井。沒錯，我的家庭在對日抗戰期間遷居到四川。我父親在政府單位工作。沒錯，也有其他家庭遷移，這些家庭的父親也在政府機構工作。在政府機構工作的人必須跟著政府遷移。但不是每個人都在政府機構工作。

其他人遷移了嗎？他們在戰爭中是否也朝西遷移？

沒有，完全沒有！

我在學校的許多朋友孤身來到重慶唸書。他們的雙親有事業在上海、南京或其他沿海城市，沒辦法來，因為他們到外地沒辦法謀生。

還有誰沒搬到中國西南部？

農村人口就完全沒有遷徙！他們在屬於自己的土地上，依賴土地為生。中國西南部沒有閒置的土地，土地面積也無法滿足每個人。

西元四—五世紀時，中國南方有充裕的生活空間。鄉間當時仍樹木叢生，人口稀少，新來的人可以開墾土地。中原的農人可能因躲避戰亂而遷居到南方，但他們是為了躲避戰亂嗎？他們是因為匈奴侵略而離開家園嗎？

我們可以用常識加以推斷。一般人，尤其是農業人口，除非逼不得已不會輕易遷徙。如果侵略者確實是純粹的蠻族，農民或許會暫時離開，以免遭到劫掠的士兵傷害。但只要侵略者成為統治階級，局勢恢復和平之後，他們就會回家。事實上「北朝」中所謂的胡人其實並不是蠻族。北魏的皇帝甚至還是中國歷史上最具文化的皇帝。五胡亂華時代和歐洲的黑暗時代無法相比。魏朝時佛教傳入，而且相當興盛。大同和龍門的大佛像，以及敦煌石窟中的繪畫，在在證明了西元五、六世紀這些「胡人」在文化上的成就。事實上，當時的北方統治者還將中國南方稱為「南蠻」。

這些來自亞洲北方的統治者很有文化。戰勝的侵略者騎兵相當有紀律。他們都是專業軍人，不是四處流竄的飢餓農民。北朝皇帝沒有趕走農民，而且還希望他們留下。因為他們需要農民耕種田地，也需要農民支付稅金和擔任士兵。同樣地，農民一群群離去，沒有人回來。西元四世紀末，中國中部許多地方毫無人煙。歷史學家曾說有一位胡人君主苻堅被南晉打敗後，在當時無人居住的荒野上騎馬奔馳了數天數夜。後來這個君主非常餓，因為他找不到農民提供食物，農民都已經離開了。

他們為什麼都離開了？為什麼都沒有回來？

我們只能在氣候史上找到合理的答案。當時全球冷化，當時是小冰川期。農村人口必須向南遷徙，因為中原的土地已經無法耕作。他們離開是因為飢餓，不得不離開家鄉。

人民不想回來，是因為他們在其他地方過得比較好。晉朝一位戰勝的丞相於西元三六三年向皇帝建議遷都回洛陽，人民也跟著北返[6]。他知道中原地區已經成了一片荒蕪，但他並不知道，也可能是沒注意到，中原的土地已經不適合居住。作戰士兵的糧食補給必須從南方運去[7]，因為這片「沙塵盆地」[8]已經種不出東西了。

移民當然不想回去。他們已經在南方肥沃的田地耕種了好幾代。西元四世紀氣候進一步惡化，連原本留在北方的少數農民也離開了。

高陽許氏的農民沒辦法耕作土地之後，就離開了中原地區。他們在南方找到可以種植稻米的「豐足之地」，沒有再回北方。

黃巾賊四處流竄時，中國正值大旱，胡人南下中原的時候呢？五胡亂華前後的氣候又是如何？

通用紀元開始前數世紀，中國擁有良好的氣候。酷寒的第一個前兆出現於西元前二九年，那一年五月下雪。西元前一八—二八年冷得超乎尋常，還有乾旱和饑荒。農民叛亂推翻了篡奪漢朝江山的王莽[9]。

小冰川期於西元二世紀後半正式到來。西元一六四和一八三年的冬季非常寒冷，西元一九

---

6 司馬光於十一世紀撰寫的《資治通鑑》。白話本譯者：柏楊（台北：遠流出版），卷二五，頁一〇三。

7 同上，頁一〇六。

8 此處借用美語中的詞，用來形容遭受乾旱侵襲的中原地區。這個詞原先是用於形容一九三〇年代的奧克拉荷馬州，當時土地乾旱，穀類無法生長，地面覆蓋著被強風吹來的沙塵。

9 劉紹民，《中國歷史上氣候之變遷》，頁二一五九。

三年的夏季還吹著來自西北方的冷風。乾旱隨著嚴寒而來，西元一七六年、一八二年和一九四年農作物欠收格外嚴重，當時正值東漢末年農民起義的時代。

三國時代氣候持續惡化。三國演義中有這麼一段軼事，西元二二五年非常寒冷，魏國的水軍甚至無法在長江中航行，因為長江都結冰了。

寒冷的天氣同時也十分乾旱。魏國開國後四十年內（西元二二〇—二六〇年）有三十年乾旱。有降水時又經常是下雪，例如西元二七一年六月。西元二七七年極為寒冷，不僅八月下雪，中國中部甚至有五個郡的河流結冰。

惡劣氣候一直持續到西元三世紀末。晉朝開國後十年（西元二八〇—二九〇年），每年都十分寒冷乾燥。農作物被提早來到的霜破壞，各地民生用品的價格大幅上漲。

不過，西元四世紀和五世紀還有更糟的狀況。西伯利亞高氣壓在中國上空徘徊不去。當時天氣極度嚴寒，同時乾旱到難以忍受。從以下這些歷史紀錄可以看出當時的惡劣狀況[10]：

三〇六年　中國中部九月下雪
三三一年　中國西南部九月下雪
三四三年　中國東南部九月下雪
三四七年　中國中部九月下雪，有人凍死

10. 同上，頁七五—八一。

三五四年　中國西北部六月下雪
三五五年　中國東南部五月下雪
三九八年　冬季嚴寒
四〇四年　一月嚴寒[11]
四二六年　十一月嚴寒
四四七年　中國中部六月下雪，有人凍死，出現政治危機
四六五年　中國中部五月下雪
四八〇年　中國北部十月積雪三公尺
四八五年　中國北部夏季降霜
四九六年　六月寒冷，數十人凍死
五〇〇年　中國北部五月降霜
五〇一年　中國北部六月下雪，數十人凍死
五〇四—五〇九年　中國北部春夏季降霜
五二一年　中國北部五月下雪
五四〇年　中國北部六月下雪

11 中國古代歷史以農曆紀年，農曆正月比格列高利曆（目前通用的新曆）的一月晚三十到四十天。我在書中已將此差異計算在內，並加以適當換算，例如將農曆的西元四〇三年十二月變換為西元四〇四年一月。

天氣寒冷時，雨也隨之缺席。西元三〇九年，黃河和長江全都乾涸，人可以涉水過河。此後乾旱氣候持續了一段時間。西元三三六到四二〇年這段時間，乾旱的年份超過三十年。其後的西元五世紀降水也不算多。西元四七三年是中國歷史上饑荒最嚴重的一年，餓死的人多達數千。整個西元六世紀，中國中部在晚春或初夏經常下雪，乾旱和饑荒依然沒有絕跡，不過已經沒那麼頻繁。不過，中國在西元六〇〇年走出了小冰川期。中原地區從七世紀後半到八世紀這一五〇年間，共有十九年的冬季沒有下雪。

西元三〇九年長江乾涸這件事相當令人匪夷所思。如果實際看過長江，就知道這次旱災有多麼嚴重。長江發源於青藏高原，穿越中國西南部的雨林後，成為洶湧壯闊的大河。通過陡峭狹窄的三峽後，龐大的水量無法完全疏導，因此有許多水流入洞庭與鄱陽兩個大湖。長江在三角洲地區規模相當大，江面非常寬。我小時候在揚州等橫越長江的渡船時，完全看不到對岸。另外，長江也相當深。中國工程師在南京建造長江大橋時，地基深達六十公尺。地理學家應該可以提供更精確的數字，但從這些敘述可以看出，長江的水流量非常龐大，這麼大的河怎麼會乾涸呢？

河確實會乾涸，龐大的長江在西元三〇九年就乾涸了。當時完全沒辦法灌溉，當然也種不出東西。中原地區的土地成了「沙塵盆地」。沙塵乘著強烈的西北風，選擇台灣中央山脈大鬼湖的湖底作為最後長眠之地。

沙塵盆地中也種不出農作物。中原地區的人民離開了，和史坦貝克「憤怒的葡萄」中的「奧基」一樣。他們離鄉背井，因為不得不這麼做。歷經小冰川期兩段為期三十年的乾旱後，他們已經無法在這裡耕作。

游牧民族入侵占據中原地區數百年後，氣候逐漸好轉。朝廷官員和公務員，包括我的祖先等，都回到了北方。但包含許多高陽許氏族人在內的農民，離開中原後並沒有回去。新一代的鄉村人口是已經被漢人同化的胡人。就這方面看來，我們不能完全歸罪於匈奴。趕走人民的不是他們，而是變遷的氣候。

找個有陽光的地方

西方歷史學家將日耳曼蠻族大遷徙，歸罪於匈奴。匈奴於西元三七五年首次進入歐洲。他們將阿蘭人（某個高加索部落）趕到西邊，阿蘭人再將東哥德人趕到西邊，東哥德人又將西哥德人趕到西邊，西哥德人向西遷移到義大利，消滅了羅馬帝國，就像骨牌一個推倒一個。

匈奴本身是於西元四五一年在阿提拉率領下來到歐洲，再度將其他民族向西推移對抗匈奴。主要英雄是一位羅馬將軍。在蠻族助手的協助下，他堅守領土，打贏卡塔洛尼平原戰役[12]，挽救了西歐地區。

現代歷史學家依據經典資料來源，撰寫給學童讀的教科書。他們告訴我們，真正的麻煩開

12 這位羅馬將軍的名字是埃提烏斯。人名往往難以記憶，而且個人的姓名也與人民的歷史無關。因此我接受建議，刪除了內文中許多名字。在需要提供明確參考資料處，我會在註腳中列出人名。例如埃提烏斯就是個值得記住的名字。

始於西元三九五年，阿拉里克被選為西哥德人的領袖[13]。這位年輕的領袖沒能打敗東羅馬人，而且屢戰屢敗，最後於西元四〇〇年在君士坦丁堡遭到慘敗。阿拉里克和手下沒有就此放棄，他們朝西前進，於一年後打進義大利。他分別在波蘭提亞和維羅納被西羅馬人擊退，族人傷亡慘重。儘管如此，阿拉里克仍堅持不懈，西哥德人也在其後數年蹂躪巴爾幹半島（達爾馬提亞、潘諾尼亞和伊利里亞）。西元四〇八年春天在一場和談中，阿拉里克向皇帝要求四千磅黃金，購買穀物給他手下十萬名族人，但皇帝拒絕了他的要求。因此阿拉里克率領士兵前往羅馬，他的軍隊橫渡波河時「像某種慶典行列一樣」。接著他們取道埃米利亞大道，經過波隆那到里米尼。接下來，他們繞過拉韋納，往安科納進攻。這支軍隊由此轉向西，攻到羅馬城外。雙方再度展開和談，哥德人同意於西元四〇八年年底回到托斯卡尼。

阿拉里克於西元四〇八及四〇九年再度圍攻羅馬，並於西元四一〇年攻下這個城市。他帶走了皇帝的姊姊，同時蹂躪了整個義大利。但根據他自己宣稱，他並不想這麼做。他只是想找個有陽光的地方，在羅馬人的土地上建立永久的哥德王國。躲在拉韋納城牆後的流亡皇帝相當固執，他沒有接納哥德人。阿拉里克在失望下轉往法國南部再到西班牙，他最想去的地方是羅馬帝國的穀倉非洲，但他沒有海軍可讓族人渡海。

這位西哥德人的領袖於西元四一〇年去世。一年後，新皇帝登上羅馬皇位，他清楚這些狀

13　撰寫關於哥德人的內容時，我的主要參考資料為沃夫倫姆（Herwig Wolfram）的學術著作《哥德人史》（一九八八，加州大學出版社，柏克萊，頁六一三）。這部著作參閱了許多古代資料來源，尤其是卡西奧多魯斯的《哥德史》。

況。他讓西哥德人到法國南部去建立王國。阿拉里克的族人最後在高盧得到了他們的土地。亞奎丹王國於西元四一八年成立了。西哥德人獲得可以耕種田地的新家園後，性情也變得溫和起來，成為羅馬人的盟友，還協助羅馬人抵抗斯維比人、汪達爾人、撒克遜海盜，同時還在卡塔洛尼平原戰役中幫了羅馬人很大的忙。

另外，當時還有東哥德人。他們於西元三七六年被匈奴打敗後逃到拜占庭，遷徙到馬其頓。後來東哥德人和阿提拉一同遠征，並在四五三年的戰役中跟西哥德人對壘。戰敗之後，東哥德人回到東歐。

狄奧多里克於西元四七四年成為東哥德王國國王。他放棄馬其頓，搬回北方位於羅馬尼亞的莫西亞。此後十年間他經常掠奪偷襲，最後狄奧多里克被平定，並於西元四八四年被徵召到君士坦丁堡，擔任東羅馬帝國的執政官。和平並沒有延續下去，這位執政官又回到莫西亞，率領人民向南方發動掠奪偷襲。狀況並未好轉，因此狄奧多里克於西元四八七年開始大規模攻擊君士坦丁堡。但羅馬帝國能成功地抵擋住他。

在北邊的匈奴、南邊的羅馬人和東邊的黑海阻隔下，狄奧多里克的東哥德王國只能向西發展，而且也這麼做了。他們帶著家當，於西元四八八年出發前往義大利。整個王國共有十萬人左右，其中有二萬人是戰士。他們侵入匈牙利，等收成之後才離開。這些侵略者在斯洛伐尼亞度過冬天，必須再等一年才有新的收成。到了西元四八九年九月，狄奧多里克終於進入義大利。西羅馬帝國國王被打敗，逃往拉韋納。戰爭持續了數年，後來狄奧多里克於西元四九三—五二六年擔任哥德與義大利王國國王。他和繼任者為義大利帶來近半世紀和平，後世為表彰他的功績，稱他為狄奧多里克大帝。

兩次哥德人遠征也是匈奴造成的嗎？

沒錯，就某方面而言是這樣。匈奴確實將東哥德人趕出烏克蘭與俄羅斯南部，也確實將西哥德人趕到多瑙河以南。哥德人曾經是樂天知命的農人，但匈奴一向「如狼似虎」，他們從不耕作，靠搶奪哥德人的收成為生[14]。

從歷史的長期觀點看來，我們不應該怪罪匈奴。匈奴來到歐洲以前，哥德人早就開始四處生事。他們從西元二三八年起就經常騷擾羅馬帝國邊境，劫掠及蹂躪鄉村地區。羅馬人執行搜尋毀滅任務，打了一場又一場勝仗，「敵屍數目」也十分驚人。但是哥德人與其他蠻族很難打垮，仍然一再侵擾。西元二三八—二四八這十年間就有數次入侵紀錄。土地飽受蹂躪，土地上的人被殺害，不得不離開家園，死於流行病或饑荒。羅馬人開始還擊，一位皇帝還可於西元二四八年慶祝勝利。一年後他和「打勝仗」的軍隊一同開回羅馬，邊境又變得毫無防備，騷擾劫掠事件只會變得越來越多。

其實是匈奴沒有來以前，西哥德人早已在西元二五〇年已越過多瑙河，進入羅馬尼亞和保加利亞，在戰役中打敗並殺死一位皇帝。新的羅馬皇帝即位，打贏了幾次戰役，但哥德人每次都會捲土重來，接下來十年內幾乎年年騷擾，包含由陸路及海路。最後他們在希臘登陸，羅馬人必須還擊。在西元二六九年一場可能是「徹底擊垮」的戰役中，克勞狄二世自稱為「哥德庫

14 同上，引自卡西奧多魯斯的著作。

斯」（打敗哥德人的皇帝）。

但哥德人總沒有被徹底擊垮。雖然他們的戰鬥力因為饑荒、疾病和惡劣氣候而大受影響。有些人確實放棄了，或是在多瑙河以南定居下來，成為開拓者。有些人加入游擊戰士次級單位，隱身在山中，等到西元二七〇年春天才重新現身。克勞狄死於流行病，繼任者是奧勒利安。新皇帝更勝一籌，自稱為「哥德庫斯麥西穆斯」（至高無上的打敗哥德人的皇帝）。羅馬書記誇耀地記述哥德人已經完全被征服，「他們現在必須維持和平好幾百年」。

事實上和平不是打勝仗得來的，而是買來的；也沒有維持好幾百年，而只有幾十年。羅馬人放棄了羅馬尼亞，西哥德人忙於占領喀爾巴阡山脈兩側的多瑙河以北地區。他們比以往更加深入帝國：先遣人員於西元二八〇年定居在馬其頓，其他國人於西元二九五年到達。新移民帶來了新的入侵者。汪達爾人前來搶奪哥德人的土地，因為「他們在林木茂密山區的居住地已經沒辦法維生」[15]。

哥德人開始和羅馬帝國發展一種特殊關係。他們的戰士在羅馬軍隊中擔任副手，雙方成了盟友。有些哥德人或許偶爾仍會劫掠，但多瑙河下游地區維持了一、二十年的和平。西元三一五年，另一位「打敗哥德人的皇帝」君士坦丁大帝即位。哥德人被趕回多瑙河對岸，因此他們向西移動，遷徙到特蘭西瓦尼亞。皇帝再度打敗他們，同時還為皇帝樹立了勝利雕像，歌頌他的豐功偉蹟。不過哥德人並沒有被消滅，他們還是經常前來騷擾劫掠。雙方再度簽署和約，羅

15 科爾內留斯塔西圖斯，《日耳曼尼亞誌》，C. Wolte 譯，Reclams Universal-Bucherei, Nr. 726.

馬宮廷允許部分哥德人定居在多瑙河南岸馬其頓部分地區。他們在和平時期以耕作維生，戰時則在羅馬軍隊中服役。但在西元三四八年極度嚴寒的冬季，更多西哥德人越過冰凍的多瑙河。有些定居在羅馬尼亞南部，有些則劫掠馬其頓。

所以是匈奴來到歐洲之前，哥德人的歷史就是一幕幕戰爭與和平交錯出現的乏味歷程。在氣候允許下，他們會留在家裡，耕種田地。如果只能收割農作物，他們會是優秀的農人和勇敢的羅馬傭兵。後來匈奴來了，只要這一年風調雨順，收成足以養活自己和上繳給匈奴領主，就可以和平相處。哥德人只會在農作物欠收時才會劫掠。年復一年，只要農作物欠收，他們就到羅馬來劫掠。有些人死於戰爭，但死於流行病和饑荒的人更多。最後哥德蠻族之所以朝西方遷徙，應該歸罪於氣候，而不是匈奴。

您應該還記得，哥德人不是在東歐土生土長的民族。他們來自北方，匈奴來了之後才被趕到南方。西元一世紀時，他們在波羅的海南岸畜養牲口和種植農作物[16]。西元二世紀後半或三世紀初，哥德人不得不離開這裡。古老歌謠述說了他們向南移居到西徐亞人土地的故事。戰士們和妻子小孩一同前往。他們橫越波蘭和白俄羅斯的沼澤地，進入烏克蘭，橫越聶伯河，征服了當地的伊朗和薩爾馬特人。哥德人先定居在亞速海岸，幾代之後逐漸向西發展。他們向羅馬第一次大規模進攻是在西元二三八年。

羅馬歷史學家並沒有詳細紀錄哥德人大遷徙的事蹟。但凱撒在此之前兩世紀寫下的《高盧

16 同上。

戰記》中，曾經描述了類似的大規模民族遷徙[17]：

赫爾維蒂人對離鄉他遷的計畫，仍舊毫不鬆懈地做著準備。最後，當他們認為一切準備工作都已就緒時，就燒掉自己所有的十二個市鎮、四百個村莊、以及其餘的私人建築物。他們除了隨身攜帶的量以外，把其餘的也都燒掉，這樣，便把所有回家的希望斷絕乾淨，只有拚命冒受一切危險去了。他們又命令各自從家裡帶足夠三個月用的磨好的糧食上路。（譯註：摘自臺灣商務印書館《高盧戰記》，任炳湘譯，一九九七年一版四刷）

當天是西元前五八年三月二十八日。總數達三十五萬人，成員包含戰士、女性和兒童的行列攀越侏羅山脈，要從瑞士遷徙到法國。凱撒拒絕他們進入羅馬省份，但他們仍然繼續前進，最後在比布拉克特附近全軍覆沒。凱撒宣稱十三萬名倖存者都被遣送回到了瑞士，事實上倖存人數遠多於此數，而且沒有全部回去。他們在法國中部建立了新的殖民地。

印歐部落離開家園大舉向外遷徙，相當類似旅鼠半定期的強迫性遷徙。旅鼠遷徙是因為「食物來源改變，壓力造成荷爾蒙改變和顯然不具理性的行為」[18]。

---

17 凱撒，《高盧戰記》第一冊，頁一—二〇，漢譯本：臺灣商務印書館。

18 布理吉斯（Robert Bridges）曾將第二次十字軍東征與旅鼠遷徙相互比較。其實將哥德人遷徙比做旅鼠遷徙更加貼切。有些十字軍最後回到家園，但哥德人和旅鼠一樣並沒有回去。請參閱艾爾登（Charles Elton），《田鼠、老鼠與旅鼠》（Wheldon and Wesley, New York, 1965），頁二一四。

印歐人遷徙會不會也是因為食物短缺，壓力讓他們別無其他選擇？

很可能是這樣。

耶穌基督出生前幾個世紀，氣候大致溫和，德國北部農業經濟相當繁榮。一直到西元一世紀，被塔西圖司列為德國北部和平居民的部落包括易北河谷和好斯敦的斯維比人、易北河下游河谷的倫巴底人和賽姆儂人、什列斯威的撒克遜人、梅克倫堡的維里尼人、波美拉尼亞的魯吉人、波羅的海南岸的勃艮地人、維斯杜拉河流域的汪達爾人和哥德人，以及維斯杜拉河以東的斯拉夫部落。

這個千禧年結束時，氣候不斷惡化。西漢末年，中國因為嚴寒和乾旱造成各地叛亂頻仍時，歐洲北部則是寒冷潮濕。耕種季節也變得太短，收成則相對減少。可供牲口食用的飼料很少[19]。經濟壓力迫使許多部落日耳曼人去當傭兵，但市場上沒有食物可賣時，就算有錢也買不到吃的東西。在飢餓威脅下，農民和牧民沒有選擇，只能離開家園。赫爾維蒂人首先離開瑞士多山地區。波羅的海沿岸的哥德人於西元二世紀離開。接著汪達爾人、斯維比人和勃艮地人也紛紛離開。倫巴底人則是等到西元四世紀，氣候惡化到極點時才離開。

羅馬書記告訴了我們哥德人的歷史，汪達爾人、斯維比人、勃艮地人，和倫巴底人的歷史也相當類似。他們都來自歐洲北部，原先大多居住在萊茵和奧得河之間的地區，後來移居到

19　羅馬時代的日耳曼人可能還沒有學會製作乾草。他們的牲口在冬天可自由走動。小冰川期來到時，牲口在冰雪覆蓋的地面很難找到吃的東西，因此在北歐不可能靠畜牧為生。

歐洲中部。匈奴入侵後，他們不得不再度遷移。他們和哥德人一樣，或早或晚找到了最後的歸宿：勃艮地人到了法國勃艮地和瑞士西部，斯維比人到了德國南部與西班牙，汪達爾人到了北非，倫巴底人則到了義大利北部。他們的國家是部落國家。全國人民在國王帶領下齊心協力，一同遷移，邊遷徙邊打仗，或在和平時成群定居下來。他們像旅鼠一樣離開歐洲北部的家園，尋找有陽光的地方，也和旅鼠一樣，許多人就此消失，再也沒有回家。

來到「十分之一之地」的拓荒者

日耳曼人並沒有全部都朝南方大規模遷移，他們朝萊茵河谷殖民時，阿勒曼尼人和法蘭克人就沒有跟進。

阿勒曼尼人是什麼人？

塔西圖斯的「日耳曼尼亞誌」中並沒有這個部落。「阿勒曼尼亞」是羅馬人於西元四世紀給予的名稱，用來稱呼萊茵河與多瑙河之間，也就是羅馬行省中的日耳曼尼亞與雷蒂亞之間的地區，住在阿勒曼尼亞地區的人也就稱為阿勒曼尼人[20]。不過黑森林和德國西南部鄰近地區在西元一世紀時不是稱為阿勒曼尼亞，而稱為「阿格里戴可美特」，也就是「十分之一之地」。西元九八年，塔西圖斯在書中提到這片土地原本屬於赫爾維蒂人，後來從高盧來了一些「野蠻

20 撰寫關於阿勒曼尼人的內容時，我的參考資料來源有好幾個，包括Dieter Geunich的《阿勒曼尼人史》(1997, Kohlhammer, Stuttgart, p. 168)、Siegfried Junghan的*Swaben, Alamannen und Rom*(1986, Theiss, Stuttgart, p. 253)、Karlheinz Fuche et al(編輯)*Die Alamannen*(1997, LandesmuseumBaden-Wurftemburg, Stuttgart, p. 528).

的流浪漢」，占領了這片土地。他們完全不管土地所有權或法律糾紛，自顧自地開始墾荒或整地，畜養牲口或種植農作物。

西元三世紀打了勝仗的羅馬皇帝，包括卡拉卡拉、馬克西米努斯、加列努斯、克勞狄二世、普羅布斯等，都自稱為「格馬尼庫斯」或「格馬尼庫斯馬克西姆斯」。顯然這個地區的人原先稱為「日耳曼人」，到了君士坦丁大帝時，「阿勒曼尼亞」這個名稱首次出現在他的硬幣上。

根據歷史學家表示，「阿勒曼尼」這個詞的意思是「一群血統不同的人」。換句話說，他們不像黑森林地區的卡蒂人、俄羅斯南部的哥德人，或是義大利的倫巴底人一樣屬於特定的部落。他們不是某個英明國王手下的征服者，也不是整個民族一同遷來阿勒曼尼。這些人是個別或三兩成群來到這裡開墾，時間可能還在塔西圖斯之前，後來他們成為阿格里戴可美特人。

西元最初幾世紀的考古發現相當稀少，因此他們的開拓地一定相當稀少分散，大多建立在河邊。陶伯河邊一處開拓地的年代為西元二世紀。他們的陶器和為數不多的家庭用品，相當類似萊茵河與威悉河下游流域的東西。這些人住的地方距離羅馬防線上的城堡不遠，一向和羅馬人和平共存。

他們是什麼人？又來自什麼地方？

解答這些問題的關鍵就在「阿格里戴可美特」這個詞的意義。塔西圖斯並沒有解釋這個名稱。有人推測這個詞可能代表占據這片土地的是有十個族的部落。不過，「戴可美特」這個詞並不是「十」的屬格，而是「十分之一」的屬格，因此「阿格里戴可美特」不是「十個族的土地」，而是「每十分之一的土地」。

為什麼要說「每十分之一」？又是什麼東西的十分之一？

另外一位歷史學家推測，或許他們要支付什一稅，必須付出十分之一的收成。如果他們要支付什一稅，那和其他人支付的稅有什麼不同？這所謂的十分之一有何特別之處，讓「十分之一之地」成為這裡的人的代稱？

我們或許永遠找不到真正原因，但席勒的「威廉泰爾」提供了十分簡單的答案。瑞士聯邦的傳奇創建者斯托法克爾，告訴我們瑞士與阿勒曼尼人的起源：

> 請聽，這是老牧人們傳下來的故事，
> 從前，在遙遠的地方，
> 有一個強大的民族，碰到一次大饑荒
> 在緊急的時候，大家開會決議，
> 在每十個人當中抽籤決定一人，
> 要離開故土，這項決議終於實行。
> 接著，男男女女，飲泣吞聲，
> 組成一支大軍，向南方遠行，
> 仗著刀劍開路，穿過德國本土，
> 抵達這林木叢雜的山野。

（譯註：摘自桂冠出版社《威廉・泰爾》，錢春綺譯，一九九四年初版）

席勒或許是由傳奇故事了解歷史，但羅馬書記中也提到在困苦時刻，每十人中有一人必須離開的習俗。因此我們可以合理推論，「每十分之一的土地」是抽到壞籤而必須離開故鄉那十分之一的人所居住的地方。他們必須離開，讓留下來的其他人能擁有更多資源。

塔西圖斯說這些流浪漢來自高盧，也就是羅馬人統治下的歐洲西部，野蠻地占領赫爾維蒂人放棄的土地。這些新居民講的是德語，不過不是高盧人，只是剛好經過高盧。在守法的羅馬書記眼中，他們顯得相當野蠻，因為他們從來不管合不合法。或許是因為別無選擇，他們清理了土地或砍伐森林，在那裡畜養牲口和種植農作物。他們的土地被稱為「阿格里戴可美特」，因為這些土地屬於那些「十分之一」的人，這十分之一的人被迫成為開拓另一個遙遠地方的先鋒。

這些移民不像哥德人是同時一起遷徙，而是一小群一小群來到這裡。北美洲移民有英國人、蘇格蘭人、愛爾蘭人、法國人、瑞典人、荷蘭人、丹麥人等，來到阿格里戴可美特的先鋒同樣來自不同的日耳曼民族。這些人被稱為「十分之一的人」，最後融合起來，得到了「阿勒曼尼人」這個新名稱。

考古證據顯示，西元二六〇年羅馬防線瓦解後，移民開始大舉遷入。目前沒有證據顯示他們有像阿拉里克率領的西哥德人或狄奧多里克率領的東哥德人一樣有組織的入侵行動。這些新移民正如歷史學家一向的想法，是來自東方或東北方。許多是來自易北河谷的斯維比人，由布拉格到漢堡。有些人是來自黑鵲河和薩勒河以西的圖林根盆地。還有一些人來自德國東部，包括什列斯威、好斯敦或梅克倫堡。

哥德人、汪達爾人和勃艮地人則是一同遷徙，他們的家園人口減少。另一方面，「十分之一的人」離開了，有十分之九留下來。除此之外，移民並沒有忘記自己的根本。舉例來說，許多斯維比人在死前會回到故鄉。阿勒曼尼人是農民和手工業工人。他們在羅馬軍隊中服役，但不喜歡住在羅馬城市中。西元四世紀末一位羅馬書記將阿勒曼尼人群分為布里加維人、隆田西斯人、布其納歐班提人，以及拉托瓦里人。這些名稱的命名依據都是殖民地的地理位置，而不是他們的種族來源。

阿勒曼尼人在君士坦丁一世執政時（西元三〇六—三三七年）與羅馬結盟，許多人還在羅馬軍隊中擔任高階軍官。西元三五一年，阿勒曼尼人和法蘭克人利用羅馬軍團前往東部打仗時劫掠普法爾茲、亞爾薩斯和瑞士。羅馬人回頭痛擊他們，君士坦丁二世自稱為「阿勒曼尼庫斯馬克西姆斯」。但過了幾年，他的繼任者必須再度跟他們打仗。據說在西元三五七年的史特拉斯堡戰役中，戰死的阿勒曼尼戰士多達數千人。

戰勝之後帶來的和平最後只是一場空。西元三六五年萊茵河結冰時，阿勒曼尼人越過萊茵河，在西岸定居，但於西元三六八年再度前來劫掠。羅馬人出兵反擊，打了多場勝仗。瓦倫提尼安一世也自封為「阿勒曼尼庫斯」。他沿萊茵河建造新防線，公開宣稱阿勒曼尼人是羅馬帝國的敵人。當時居住在阿勒曼尼地區萊茵河以東的勃艮地人，以及萊茵河以西的法蘭克人都受雇為傭兵，跟阿勒曼尼人作戰。

儘管如此，阿勒曼尼人仍然一再找麻煩。東邊的隆田西斯人得知羅馬因匈奴入侵而國力衰弱時，開始起而叛亂。羅馬皇帝和法蘭克援軍回頭攻擊，於西元三七八年擊敗為數四萬或七萬人的阿勒曼尼軍隊。據說阿勒曼尼生還者不到五千人，全都逃入黑森林，因此歷史上又出現了一位「阿勒曼尼庫斯馬克西姆斯」。

羅馬書記的描述或許有點誇大，但阿勒曼尼似乎確實安靜了一陣子，接下來的半世紀，他們還被稱為羅馬的盟邦。匈奴王阿提拉向西侵略時，有些阿勒曼尼人再度叛亂，加入劫掠者的行列，但其他人則在羅馬將軍麾下並肩作戰。

西元五世紀後半，羅馬帝國解體，法國北部的法蘭克人、亞奎丹的西哥德人、西班牙的斯維比人，非洲的汪達爾人，以及匈牙利的匈奴等開始崛起。阿勒曼尼人再度試圖進入萊茵河以西，但被法蘭克國王克洛維所攔阻。世紀交替前後，阿勒曼尼人受挫的次數更多，但他們沒有放棄獨立。最後他們終於在萊茵河以南的瑞士找到避難所，受狄奧多里克大帝保護。

阿勒曼尼人和美國人一樣，為了移民而來到德國西南部和瑞士的新家園。他們不是整個民族一同前來，也沒有西哥德人的阿拉里克或東哥德人的狄奧多里克那樣的英明君主。移民先鋒於西元六與七世紀清除了瑞士中部的森林，成為自由農民，向修道院或國王的管理人納稅。因此瑞士成為現代史上第一個民主國家也就不足為奇了。

阿勒曼尼人沒有將自己遭遇的困頓歸罪於匈奴，抽到壞籤的是他們自己。當時有饑荒，又正值全球冷化。

遷徙時代

瑞士的赫爾維蒂人大規模遷徙，以及中國農民叛亂推翻王莽政權，預告了耶穌基督誕生後不久，小冰川期即將到來。到了接近西元六世紀末時，斯拉夫人進入巴爾幹半島與德國北部，阿勒曼尼人入侵遍布森林的阿爾卑斯山前麓地帶，以及中國進入隋朝後再度統一，代表寒冷時期結束。在這段六百年的時期，日耳曼部落大舉遷徙，尋找有陽光的地方，中國農民則向南尋找新的耕作土地。歷史學家將這些都歸罪於匈奴。但事實上，匈奴也是因同樣的氣候變遷而遷移。他們原本是無憂無慮的游牧民族，在中亞地區放牧牛羊。後來根據亨廷頓於一九一五年的推測，氣候變得又冷又乾[21]。這些游牧民族必須離開，他們向西前往歐洲，向南來到中國，為的只是尋找食物和牧草。

所以禍首是氣候變遷，別怪匈奴！

---

[21] 亨廷頓在著作《文明與氣候》中（New Haven, CONN: Yale University Press, 1915）中，首先提出氣候影響文明史的推測。他在書中提到，文明往往隨六百年的氣候週期（而非本書所主張的一千二百年）而崛起或沒落，惡劣氣候往往造成游牧民族大量出走，例如匈奴遷徙。

| 第三章 |

中世紀溫暖期的貪婪征服

飛蝗分為兩型。散居型(solitaria)通常以小數量出現，群居型(gregaria)大量出現，而且通常相當密集。蚱蜢是散居型，不會群聚生活。以群聚方式飼養散居型的幼蟲，則幼蟲會變為群居型，最後成為蝗蟲，通常會大量成群行動。非洲西部的沙漠蝗蟲往往可飛行五千公里，到達印度西部，在生長和交配期間，每天可吃下和體重相當的植物。

——《大英百科》，「蝗蟲」

軍隊四處劫掠，在各處帶來血腥與悲慘。軍隊帶著火把和長劍，毀壞了各地的教堂和修道院。他們離開時，只剩下斷垣殘壁。

——西米恩的達拉謨，盎格魯薩克遜史

飢餓的農民在需要沒有獲得滿足時掀起戰爭，征服者則在富足時現身掠奪。一大群人集結起來之後，貪婪逐漸成為一種難以抵擋的情緒。西元七世紀初氣候轉好，同時也帶來了一段征服時期。阿拉伯、土耳其和蒙古騎兵從沙漠中傾巢而出，維京海盜則從北方向南進逼。

阿拉伯沙漠的綠化

我於一九四八年九月到達哥倫布市時，俄亥俄州立大學地質系主任是艾德蒙史畢克。他是個很好的人，至少我這麼認為。當時我十分羞澀，而且英語講得非常差。

他說：「你想來這裡學什麼？」

我說：「我對造山運動很有興趣。」

「現在不大可能，這個主題通常是院士才能做。」

「可是中國那邊的老師要我做這個題目。」

「真的嗎？」

「真的，他說我可以在圖書館唸書。」

史畢克不大高興，尷尬地沉默半晌之後，他發話了：

「你讀過吉伯特(G.K. Gilbert)的《邦納維爾湖》嗎？」

「沒有。」

「沒讀過？這是美國地質調查所出版的第一本專題著作。」

當時我根本沒聽過吉伯特，也不知道邦納維爾湖在哪。後來我才知道吉伯特是美國地質學家的偶像，但我在地圖上還是找不到邦納維爾湖。其實這是正常的，因為這座湖現在已經不存在，不過以前確實有。大約一萬五千年前，猶他州是一座大湖的湖底。吉伯特發現刻畫在瓦沙契山山坡上的古代岸線，從而發現了這座湖。冰川期末年，湖中滿是融化的冰水，深度超過三百公尺。最後湖邊出現缺口，湖水流走，盆地乾涸。盆地又有水時，水量僅足以形成淺灘和含鹽的大鹽湖。

我在圖書館花了一年時間研讀吉伯特和其他大師的作品。一九四九年暑假開始前幾天，史畢克找我去，他說：

「你要去猶他州上田野地質學的課。」

我說：「可是我沒有錢。」

「你必須去觀察岩石，我們會幫你出錢。對了，你的論文寫得怎麼樣？」

「我一直在讀書，覺得有點疑惑。每個人講的都不一樣，但都很有說服力。」

史畢克對這位經驗尚淺的年輕人和他的遠大計畫笑了一下，不經意地隨口問道：

「你看過山嗎？」

「沒有，我在中國西南部紅盆地長大，那裡只有連綿不絕的山丘，後來我回到上海附近的三角洲地區。」

「現在你該看看山了，畢竟你要寫關於山的東西。」

討論到此為止。史畢克給了我一筆獎學金。我們到了美國西部，我看到了山，也看到了沙漠。

我對沙漠的認識僅限於看電影時得到的印象：沙漠就是一片黃沙占據的土地。現在史畢克告訴我，沙漠代表的是氣候。一個地方的年蒸發量大於降水量，就稱為沙漠。由於缺水，因此沙漠裡植物相當少。史畢克的引介成為持續一生的熱情。我在猶他州沙漠接受田野訓練，在加州沙漠完成博士論文中的工作，最後在受邀到蘇黎世後，到阿拉伯沙漠完成第一次學術研究。

阿布達比的沙漠海岸是個研究白雲石起源的好地方，這種岩石組成了南提洛爾的白雲石山脈。我的學生尚史奈德在那裡進行水文研究，我到那裡監督他的工作。現場工作的最後一天下午，我們提早完成工作。天氣很熱，我們覺得很渴，但我們還想到周圍看看，因此要貝都因司機帶我們出去觀光。

他在通往沙漠的路上停了下來，帶我們看令人驚奇的巨石建築。他說他之所以知道這個地方，是因為曾經幫丹麥考古隊開車。

阿布達比這些構造是大石塊排列成的圓形結構。關於巨石結構的文獻資料相當多。人類為什麼建造它們？它們代表什麼意義？又是誰在什麼時候建造的？當時我不知道阿布達比有很多巨石，也沒有看到丹麥的考古報告。我們的司機沒有什麼東西可以告訴我們，但他回答了一個問題：他知道這些人在哪裡取得飲用水，沒錯，他知道。那裡有泉水，他帶我們到附近一處泉水旁。水從岩縫中滲出，在懸崖下聚集成一個水坑。我喝了一口，差點吐了起來。水有點鹹，味道像貨輪的水龍頭放出來的水。這種水不適合拿來喝，但建造巨石結構時一定是可以喝的。因此我們可以得到一個結論，當時的氣候應該和現在不同。

阿拉伯半島的降水量取決於所謂「熱帶輻合區」的位置。來自南方、帶來印度洋水氣的夏季季風，和來自西北方的風會合的地方就稱為輻合區，目前位於阿拉伯半島以南。阿拉伯半島幾乎完全沒有降水，因為季風轉向東北，把雨帶往印度。不過氣候較為溫暖時並非如此，例如間冰期和冰川期後的幾千年，季節雨能夠更加深入北方。以前曾有一段時期降水非常多，地下水位也相當高，在阿曼的石灰岩洞中形成滴石[1]。很久以前季節雨經常造訪阿布達比時，巨石群附近的水應該可以飲用，水量應該也足以供應大批紀念物建造工人。最近我再度回到阿布達比時，確定了這些推測都沒錯，以往這裡的氣候確實沒有那麼乾旱[2]。

巨石文化從歐洲西北部擴散到地中海沿岸，越過波斯灣，到達印度。阿布達比的巨石群是由波斯灣商人所建立。沒錯，印度和埃及之間古時候有貿易通路，阿拉伯沙漠中也有幾段文化發展時期。新石器時代的人為先人建造巨石群。銅器時代的人建立了居住地。鐵器時代接著到來，和平(Trucial)海岸上的港口城市的商人非常有錢，甚至會在座騎下葬時以金馬鞍陪葬。貿易通路從阿布達比內陸通到阿拉伯半島。希臘地理學家埃拉多塞尼曾描述過四個沙漠王國，其中有一個王國就是聖經上提到的被希巴女王統治的地方。

西元最初幾世紀的全球冷化時期，降水量最少時，阿拉伯半島上的古王國隨之衰敗。日耳

1 Stephen Burns, Albert Matter與其他作者發表於*Geology*(26. 499-502, 1998)的文章讓我們進一步了解阿拉伯半島的氣候變遷。

2 一九九八年撰寫本書初版草稿時，我造訪了阿拉伯聯合大公國兩座出色的博物館，得知近五千年來四次溫暖潮濕時期，這片沙漠有人居住。儘管新資料證實了本書對以往狀況的推測，我仍決定刪除本章中的細節探討，以避免大幅度修改。

曼國家的人民入侵歐洲各地時，阿拉伯半島自成一個小世界。沙漠中的定居人民住在綠洲，不是開墾果園種植棗椰樹，以農業為生，不然就是從商。當時還有貝都因人，他們在歷史上的重要性主要在於他們經常偷襲沙漠邊緣附近的定居人民。

西元六〇〇年左右，世界因全球暖化而受惠，大量降雨次數增加。人口增加，食物供應增加，人口也隨之增加，阿拉伯人開始大量離開沙漠。穆罕默德和信徒以傳播伊斯蘭教的名義，於西元六二八年開始一場大規模的人口移動，開啟了伊斯蘭時代。第一代卡里發阿布巴可（Abu Bakr）和近五百年後的成吉思汗一樣，平定了內部動亂，將人口大量增加的能量疏導到新的出口。他派遣了三批人，每批約三千人，到敘利亞開始宣教。他去世之後，繼任者仍繼續採行擴張政策[3]。阿拉伯軍隊從拜占庭王室手中奪取了埃及、利比亞和敘利亞，將伊拉克收為附庸國，並在占領波斯部分領土時消滅了薩珊帝國。

這些征服成果顯然不足以完全吸納部落的能量。阿拉伯半島內發生內戰，阿里於西元六五六—六六一年登基為伊拉克國王，並收服亞美尼亞和整個波斯。一個競爭對手在大馬士革發號施令，他的繼任者伍麥葉將在西元七一一年攻擊印度和伊比利半島。穆罕默德之後不到一百年，阿拉伯帝國成為世界最大的國家。伊斯蘭軍隊將他們的宗教向東帶到印度，向西遠達西班牙，向北達到中亞地區，超越奧克蘇斯河。

[3] 第二代卡里發為奧瑪一世（六三四—六四四），繼任者為Othman（西元六四四—六五六年）。除了這些以外，文內還刪除了其他人名以便閱讀。

阿拉伯所能提供的人力也不是用之不竭，士兵數目開始捉襟見肘。西元七〇〇年後，非阿拉伯人也允許加入伊斯蘭軍隊。非阿拉伯人開始擔任指揮官和管理官員之後，帝國逐漸呈現穆斯林聯盟的面貌。熱鬧的伊斯蘭聚落繼續在沙漠根據地生生不息，阿拉伯帝國卻解體了，土地一塊塊成為外國領土。波斯人、塞爾柱土耳其人、蒙古人、馬木路克人相繼統治帝國的大片領土。後來鄂圖曼土耳其帝國於十五世紀一統天下，成為伊斯蘭世界的君主。

阿拉伯軍隊的征服和哥德人同樣短暫，但有點不同。哥德人離開了位於波羅的海和本廷山脈的故鄉。他們離開時是全體一起遷移，包含男人、女人和小孩，和旅鼠一樣沒有再回到這裡。阿拉伯戰士則只是先頭部隊。他們沒有定居下來，成為土地的地主，他們的職責是打仗。他們靠打仗領薪水，有些士兵退役之後回到家鄉，另外有些是留下來了，住在基地或軍營城市，最後成為居民。舉例來說，有一小部分進入西班牙的阿拉伯人，最後就在西班牙落地生根。

另外還有一個差別。哥德人在小冰川期離開，當時他們的土地已經沒有生產力。他們離開家鄉是因為氣候惡劣使食物供應減少。阿拉伯人則是在氣候最佳時期之初開始征服，當時他們故鄉的土地正值最富饒的時期。他們離開是因為人口過剩而必須如此，再加上征服的貪婪推波助瀾。他們的集體行為比較不像旅鼠的別無選擇，而像是蝗蟲四處為害。

俄羅斯昆蟲專家凱平(T. Keppen)於一八七〇年得出結論，認為飛蝗雖然有兩種型態不同的外觀，但其實是同一個物種的變種，或說是同一種昆蟲的兩種型態，分別是散居型(solitarious)和群居型(gregarious)。蚱蜢是散居型，幼蟲是綠色。蚱蜢從小到大都是綠色，不會成群結隊行動。群居型飛蝗生下的幼蟲比較重，通常是深色甚至黑色。牠們儲存在體內的營養較多，因此耐受飢餓的能力也較強[4]。

散居型的蚱蜢同時出現的數量不多，群居型的蝗蟲則會大群聚集在一起，通常分布得相當密。令人驚訝的是，這兩種昆蟲會互相變化。如果將散居型蚱蜢的幼蟲集中飼養，就會變成群居型的蝗蟲。群居型通常會群聚長距離移動。舉例來說，非洲西部的沙漠蝗蟲往往可飛行五千公里，到達印度西部，在生長和交配期間，每天可吃下和體重相當的植物。

蝗蟲就像是成群結隊的征服者。開始於七世紀初的全球暖化有助於人口繁衍，沙漠綠化更進一步提高了生育能力。人口越來越擁擠。人類體內似乎也和蝗蟲一樣發生了荷爾蒙改變。貝都因人聚集起來之後變得好戰，散居的游牧民族變成群居的伊斯蘭戰士。散居的沙漠居民為貪婪所迷惑，征服了四分之一的世界。

其他地方又是什麼狀況？

其他地方也有蝗蟲群，全球暖化時代也是征服的時代。

中亞的綠化

我在中國長大時見到的穆斯林稱為「回民」。他們都戴著白帽，除了鷹鉤鼻之外，看起來跟我們沒什麼不同。回民現在主要居住在中國的寧夏回族自治區，但中國各地都有，就像歐洲

4 請參閱 Uvarov, Boris, 1966. *Grasshoppers and Locusts*, Cambridge: Cambridge Univ. Press, 481 pp.

的猶太人一樣。學者對他們的來源仍沒有定論。許多學者認為回民是古代西夏王國女性和成吉思汗軍隊中阿拉伯士兵結合所生的後代。

一九九一年，我為了地質田野工作而造訪西夏領土。這個地區面積和瑞士相仿，人口僅略少於瑞士，但兩國間的國家財富完全無法相提並論。接待我的是地區地質研究主任。在接風宴會上有人問我：

「瑞士地質調查局有多少位地質學家？」

「一位也沒有，根本沒有瑞士地質調查局這個機構。」

「瑞士沒有地質調查局？」

「沒有，沒有地質調查局，你為什麼這麼問？」

「哦，我只是想知道你們政府派任了多少地質學家。寧夏有四百萬人口，地質學家超過四千名，比例大概是千分之一。」

「瑞士有七百萬人口，地質委員會雇用了三個人和一位半職秘書，這樣算來是二百萬分之一。私人機構是有地質學家，但我們不需要政府調查局。瑞士除了水之外沒什麼自然資源。」

「我們也沒什麼自然資源，連水都不大夠。地質調查局是解放不久後為尋找礦藏而成立的，但什麼都沒找到。政府現在每年還在繼續派地質學家來。」

「那麼他們做什麼？我在外面遇見過地質學家，但他們說是西安來的。」

「對，他們是大學的人，拿北京的經費在寧夏做田野測繪。這應該是我們的工作，但我們沒經費。我們連付正常薪水的經費都沒有。剛從學校畢業的年輕人拿的是退休金。他們沒工作好做，等於是二十幾歲就退休了。」

「政府為什麼一直派地質學家來？」

「這是計畫經濟中解決失業問題的一種方法。如果年輕人沒有上大學，就會去天安門廣場鬧事。現在他們都被集中在地質學院，畢業之後就送到這裡。供應他們最基本的生活需求，但他們不會聚集起來惹是生非。」

「這個省的收入是靠什麼？」

「自治區是為回民成立的。他們本來是游牧民族，但現在都到大城市去了，沙漠裡根本沒有水。」

「沒錯，我們在田野工作時幾乎沒看過人。對了，我有一次一天才看到一頭驢子。我們在蒙古和西藏看得到牧草地和羊群或犛牛群，也看得到人。這裡只看得到石頭。」

「但我們沒有水可以供應黃河沿岸的灌溉土地。」

「不過寧夏曾經是西夏的土地，當時他們怎麼過活？怎麼養龐大的軍隊？」

西夏在十一到十三世紀曾是黨項國。西夏領土最初以位於青藏高原北端的青海為中心。在西夏王國全盛時期，領土南達西藏、西到中亞、北到戈壁，東到黃河沿岸。西夏王室於十一世紀遷到銀川，也就是自治區目前的首府。西夏王國曾收過中國宋朝的貢品，成為蒙古人的勁敵。金帳汗國輕易地打敗了每個國家，但成吉思汗必須發動六場戰役來對抗西夏。西元一二二七年，西夏王國被征服時，男性被殺死或流放，女性被分配給傭兵，其中許多是阿拉伯人。

我造訪了銀川南邊的墓地，墳墓分散在沙漠中，面積廣達四十平方公里，幾乎寸草不生[5]。站在大金字塔前，我對這個古代沙漠王國的財富和國力感到驚訝。

它真的是沙漠王國嗎？

其實不是。當初西夏人住的地方不是沙漠，而是草原。他們在有灌溉的土地上種植作物，在牧草地上畜養牲口。

現在牧草地到哪去了？

都不見了，氣候變了。我們剛剛脫離上次小冰川期，但寧夏還是沙漠。不過氣候比較溫暖的時候，寧夏不是沙漠，西夏國王住在這裡統治國家。這段時間是中世紀溫暖年代最好的時期。當時土地十分蔥翠。人口爆炸之後，這個畜牧王國有許多男性可充當士兵、許多馬匹可供騎兵騎乘、許多駱駝可用於後勤運輸，還有繁榮的經濟可支應戰爭。

西夏人很會打仗，但並不貪婪。他們有自己的王國，也享有宋朝提供的貢品。不過他們習慣定居，不會沉溺於征服，像他們之前的西藏人，或是他們之後的土耳其人或蒙古人。

很少人知道土生土長的西藏人。西元七世紀入侵建立圖蘭王國的是羌人。後來佛教和中國文化傳入西藏，其後兩百年，這個王國成了軍事強權。唐朝皇帝必須將公主嫁過去和番，安撫這些「胡人」。唐朝內亂後國勢衰弱，西藏人入侵中國。他們於西元七六三年攻打唐朝首都西

5 最近在銀川西方的西夏古墓開始發掘，請參閱《中國考古學》，An Jin-gui(上海：新華書店，一九九二)，頁七六八。

安，逼得皇帝逃出京城。西藏於西元九世紀後開始衰弱，王國分裂成數個畜牧或半畜牧國家。後來到西元十世紀，西藏北方的羌人再度統一，他們遷徙到寧夏，建立了西夏王國。

再往北方走，在亞洲外圍，隨著中世紀溫暖期到來，當初的沙漠和凍土地帶，逐漸變成茂盛的牧草地。供應人類的食物和供應牲口的飼料越來越多。人口爆炸，蒙古擁有取之不盡的人力。

突厥人首先於西元八世紀登上舞台。突厥人是誰？他們是從哪裡來的？

突厥人是說突厥語的人，包括前蘇聯的亞塞拜然人、哈薩克人、吉爾吉斯人、塔吉克人、土庫曼人以及烏茲別克人、土耳其的土耳其人、中國西北部的維吾爾人，以及伊朗、阿富汗和其他國家說突厥語的人。雖然說的是同樣的語言，但突厥人並非完全相同。他們在人類學上有相當大的差別，從所謂的蒙古人到圓形頭顱的哈薩克人和吉爾吉斯人，到長形頭顱的土庫曼人等。

我在學校時唸過很多關於這些作亂胡人的事。他們一直在北方徘徊活動，不時南下劫掠，像蝗蟲一樣。漢朝歷史學家稱他們為「匈奴」，他們是匈奴。後來唐朝時出現了突厥人。後來蒙古人統治中國，成為元朝皇帝，最後滿洲人統治中國，成為清朝皇帝。我們學到的是，他們都是亞洲北方人，說的語言屬於烏拉爾阿爾泰語系。但我們沒學到匈奴什麼在什麼時候、怎麼變成了突厥人。

目前住在中國西北部的突厥人是維吾爾人[6]。維吾爾是一個民族的名稱，西元十—十二世紀，新疆曾經有維吾爾王國。維吾爾人不是當地人，他們是來自北方蒙古的入侵者。鄂爾渾的紀念碑樹立於西元七三二和七三五年，紀念土耳其人脫離唐朝附庸國地位，表示維吾爾人居住在西伯利亞色楞格河河畔。西元七四五年，維吾爾人成為全蒙古的統治者，但一個世紀後，葉尼塞河流域的吉爾吉斯人把他們趕走。維吾爾人朝西南逃，在甘肅和新疆建立了王國。

維吾爾人來到之前，新疆早就已經有人居住。中國歷史學家在西域記載了藍眼睛、紅頭髮的巨人，他們是月氏人和烏孫人。他們說的語言相當奇怪，中國人聽不懂，只有大詩人李白懂。

據說來自西北的胡人想羞辱唐朝皇帝，大使呈上的文書讓中國宮廷博學多聞的學者也看不懂。

太監總管說：「趕快找李白來，他什麼都懂。」

他們在酒肆找到李白，帶到皇帝面前。雖然醉得昏昏沉沉，還是懂這種語言。他告訴皇帝，他需要先小睡片刻。太監總管必須幫他脫靴子，皇帝的愛妃幫他磨墨，讓李白代表皇帝回覆。

我們這些小學生沒學過那種奇怪的語言是什麼，老師也不知道。歐洲學者將藍眼睛、紅頭

6　在討論新疆的吐火羅人時，我的主要參考資料為Victor Mair的*The Bronze Age and Early Iron Age Peoples of East Central Asia*（Washingtion DC: Institute for the study of Man, 1998, 899 pp）.

髮的胡人說的語言稱為西北吐火羅語。這種印歐語言比印度伊朗語言更接近德語和居爾特語。最近在塔里木沙漠中發現了木乃伊，這些木乃伊其實就是印歐人。西元前二〇〇〇年左右，他們從歐洲西部來到中國西北部[7]。他們在這裡定居繁衍，人數相當多，到耶穌誕生前數世紀間，人口多達五十萬。

這些白皮膚金頭髮的西域人怎麼了？

這些牧民仍然住在同一地區，距他們到達此地已超過兩千年。舉例來說，塔克拉馬干沙漠裡曾有樓蘭人，住在羅布泊旁邊。其他吐火羅人住在絲路上的城市裡。年代約為西元五〇〇—七〇〇年間的吐火羅手稿保存在沙漠岩洞中，二十世紀被歐洲旅行者發現。手稿內容以兩種方言寫成，東吐火羅文A專門用於書寫佛教文學。西吐火羅文B包含商業與宗教內容。突厥語剛傳入時，東部方言似乎已是死語言，只保留在當地寺廟中。不過一直到西元八世紀初，位於絲路上的庫查還有人講西部方言，距李白展現神奇的胡語能力已有數十年之久。

DNA研究已經釐清維吾爾人的起源。遺傳學者使用所謂的「遺傳標記」區分族群。舉例來說，狄亞哥係數通常屬於蒙古人種所有，漢族的出現頻率約為百分之五十，蒙古人約為百分之三十五，但歐洲人則不到百分之一。另一方面，路德血型通常屬於歐洲人所有，歐洲人的發生率約百分之二十六，但中國人約為百分之一，蒙古人則完全沒有。維吾爾人同時擁有蒙古人

7 在討論樓蘭人時，我的主要參考資料為一份中文專題著作《羅布泊的歷史與考古》（北京：科學出版社，一九八七，頁三二五）。

和白種人的遺傳標記，他們的狄亞哥係數比率為百分之四十（蒙古人為百分之三十五），路德血型為百分之二十八（歐洲人為百分之二十六）。蒙古人種和白種人基因比例這麼高，證明了一件明顯的事實：新疆的維吾爾人和土耳其的突厥人一樣，都是當地印歐人和來自蒙古的入侵者結合所生的後代。

印歐人在西元前二〇〇〇年後不久建立了樓蘭王國。樓蘭是位於絲路兩條岔路交會處的城市。居民飼養牲口、馬匹和駱駝。他們在羅布泊、孔雀河和塔里木河裡捕魚，還種植小麥和小米。西元二世紀皇家陵墓中的骨骸顯示有極少數蒙古人存在，他們不是中國人，也不是維吾爾人。

在中國皇帝採行擴張政策前，樓蘭的吐火羅王國在政治上屬於匈奴統治，前匈奴王遭到暗殺，西元前七七年由前中國政權取代。為保護取道絲路的貿易，中國派高階官員駐守在樓蘭和西域其他王國，樓蘭市因而繁榮起來。後來，他們突然於西元四世紀初離開樓蘭，這是為什麼呢？

放棄樓蘭是個不解之謎。歷史學家認為當時有氣候變遷[8]，科學證據顯示湖面一直上下不定。樓蘭剛有人來到時，塔克拉馬干的氣候相當乾燥，後來氣候轉為溫暖。當時有孔雀河的水從天山流下，羅布泊也是淡水湖。不過小冰川期來到之後，羅布泊乾涸，樓蘭人不得不離開。

8 人類學者依據二十世紀的變化觀察結果，做出這個結論。最初數十年，羅布泊曾為鹹水湖。在Ellsworth Huntington和Sven Hedin可乘船探看樓蘭。湖水來自孔雀河，因為當時上游很少人耕作。一九四九年革命之後，孔雀河的河水大量用於灌溉，湖水乾涸，羅布泊變成一片鹽地沙漠。

為什麼呢？西元前二〇〇〇年開始就有人住在樓蘭，以前也經歷過一兩次小冰川期，為什麼西元前三三〇年的乾旱讓他們離開？

樓蘭的消失可能與人類起源的因素有關。他們來到這裡之後，氣候有時變好、有時變壞，居民都能適應自然變遷。但漢人來到之後，大自然的和諧遭到破壞，他們教會了灌溉技術，孔雀河上的工程經營將荒野變成良田，天山山腳下的居民不斷繁衍。三角洲地帶的樓蘭人做得相當好，耶穌誕生前的溫暖時期有大量融化的雪水，但西元三世紀末開始全球冷化，天山的冰川擴大，上游農民只能用稀少的融化雪水來灌溉。孔雀河越來越小，羅布泊也隨之乾涸[9]。

考古學家在樓蘭廢墟發掘到許多人工製品，但全都是西元三三〇年以前的東西。居民沒有回到樓蘭，即使中世紀溫暖時期於西元七世紀開始，他們還是沒有回去。移民留在絲路上其他城市，這些城市在唐朝時再度繁榮起來。漢人回來了，胡人也回來了。吐火羅人似乎漸漸消失，不過他們並未因種族淨化而滅絕，因為現代維吾爾人繼承了印歐人的基因標記，證明民族之間曾經混合。吐火羅人或許沒有以完整的民族或一個獨立的族群留存至今，但這個混血民族將構成新的個別繁衍族群，就是唐朝歷史中的突厥，以及現在新疆的維吾爾人。

唐朝歷史學家記載了東突厥人和西突厥人。賽爾柱土耳其人是西突厥人，曾出現在西元十世紀的西方編年史中。維吾爾人離開蒙古的故鄉後，蒙古北部的烏古斯土庫曼部落向西遷徙。

9 請參閱D.B. Grigg 一九八〇年的作品*On Population growth and Agratian change—An historical perspective*（Cambridge University Preess, Cambridge, 1980, 340 pp），本書提供了許多統計資料，印證本節中關於人口成長的探討。

他們皈依了伊斯蘭教，定居在哈薩克的錫爾河下游流域。起初賽爾柱人擔任薩曼尼人（來自伊朗的印歐人）的傭兵，打贏了許多次戰役。最後他們想到，他們可以建立自己的帝國。他們的確可以，而且也真的這麼做了。托格魯爾（Togrul Beg）征服了美索不達米亞和伊朗，並於西元一〇五五年在巴格達由遜尼派卡里發任命為蘇丹。

蘇丹地位相當崇高，現在他們身負再度統一穆斯林世界的任務。他們隨心所欲了數十年，不斷擴張。一〇九二年，賽爾柱的領土涵括伊朗、美索不達米亞、敘利亞和巴勒斯坦全境。他們想取得適合畜牧的土地，他們想任意地征服和劫掠，現在他們找到了很好的藉口沉溺其中。土庫曼賽爾柱人假借聖戰之名入侵安納托利亞。他們於一〇七一年擊潰拜占庭軍隊，俘虜皇帝，取得自由定居在小亞細亞的權利。取得畜養牲口的土地後，賽爾柱士兵沒有什麼誘因繼續征服，帝國因內戰而衰弱下來。成吉思汗的大軍於西元一二四三年到來時，賽爾柱蘇丹甚至連首都巴格達都保不住。

賽爾柱帝國最後完全解體，但小酋長國的土庫曼部落人其實並不在意。他們不斷和鄰近的基督教國家打仗。在加薩理想的鼓勵下，遠征偽裝成聖戰（jihad），其實是為了掠奪。這股強大的力量最後驅使另一個突厥部落——鄂圖曼人，在下次小冰川期的全球冷化中進行下一波擴張。

夏日最後的玫瑰

賽爾柱人打下的基礎幫助了帖木真，也就是成吉思汗。他出生於一一六一年，父親去世時年僅八歲，但失去父親的帖木真艱苦求生，活了下來。他十五歲已經成了戰士，在三十年慘烈戰鬥中百戰百勝。一二〇六年，帖木真被稱為「成吉思汗」，也就是斡難河畔各部落的共主。他不僅統一了蒙古，還統一了蒙古境內說突厥語的各民族。他的功績是亞洲征服行動「長夏」的最後一段強盛時期。蒙古人是阿爾泰人的主要分支。他們的祖先來自通古斯，在西伯利亞的亞北極地帶森林中以漁獵及飼養馴鹿為生。這個民族的一個分支於西元三世紀遷移到中國東北地方樹木叢生的高地，成為滿洲人的祖先。其他部落學著變成游牧民族，畜養牲畜，住在毛氈帳篷中，他們就是蒙古人的祖先。

亞洲北部的部落不時侵擾南方，就像蝗蟲一樣。前面曾經提過，中國歷史上最早的侵略者是匈奴。接下來是所謂的「五胡亂華」，但後來他們接受了文明，並於南北朝時代統治中國北部。後來在唐宋的文獻中，開始出現「突厥」、「蒙古」和「金」等民族的名稱。

第一批蒙古人是「遼」，或稱「契丹」。西元十世紀末，歷經二十年戰爭後，中國每年必需給予勝利者大批貢品。宋朝對此不滿，因此與金結盟。金人是滿洲人，是在一一二三年協助宋朝除去遼國，但不久後自己也大舉進攻宋朝首都開封，俘虜了皇帝和太上皇。宋朝因此遷都到長江以南，在中世紀溫暖期的最後一段時間維持和平繁榮。南宋時期的藝術與科學復興，成為中國文明史上輝煌的一頁。在此同時，金人在中國北部定居下來，直到來自戈壁以北的成吉思汗打來為止。

以往一提到蒙古，我總是會想到戈壁。因此我到蒙古時覺得相當驚訝，那裡居然沒有岩石荒漠。我們開車橫越近兩千公里青翠的草地，從烏蘭巴托到阿爾泰山。戈壁確實存在，不過那片岩石荒漠在南邊，位於北極風暴影響範圍之外的緯度。蒙古人不是沙漠民族，誰都沒有辦法居住在岩石荒漠中。

蒙古的面積是瑞士的四十倍，人口則只有瑞士的三分之一。我們在空曠的原野上高速奔馳時，我覺得奇怪，這個美麗的國家為什麼人口這麼少？

為什麼這麼少？以前應該比較多吧！否則成吉思汗哪來的人馬征服世界？

成吉思汗的首都喀喇崑崙當年是龐大的帳篷城市。現代的哈勒和林只是草原中的小鎮。十五世紀大修道院建立時，住在那裡的人還是很多。在全盛時期，這裡有一百座寺廟，僧侶多達一千人。現在這裡已經成了荒漠，修道院也已人去樓空。

農業要在蒙古發展今天看來似乎不可能，可耕種的土地不到百分之一，用來種植小麥和馬鈴薯。這裡太乾燥，耕種季節也太短。但在中世紀溫暖期，狀況一定好得多。

評估人口成長時必須顧及的一項因素，是嬰兒死亡率。近代的人口爆炸，與嬰兒死亡率大幅下降有很大的關係。西元十六和十七世紀，法國的嬰兒死亡率大約是百分之二十—四十。一八七〇年在英國的數字為百分之十五，一九〇〇年時的美國大致相同。到二十世紀中期，死亡率又分別降低到百分之二・五和百分之二・七。一般都認為嬰兒死亡率降低是因為這段時間的衛生有所改善，但聯合國進行的一項研究卻發現，嬰兒死亡率和全球氣候有令人驚訝的關聯。如果知道新生兒多麼難以承受嚴寒氣候，就會覺得這樣的關聯不足為奇。我一直記得我母親總是想著她的第一個孩子是農曆除夕在北京出生，因為房子裡沒有中央暖氣系統，三天後就死掉了。另外一個必須考慮的因素是出生率：饑荒時出生率會下降，而饑荒經常出現在全球冷化時期[10]。

我們沒有成吉思汗時代的蒙古人口數字。現在這裡的人口密度是每平方公里略多於一人。空曠的原野和牧場相當多，在這裡走上一整天可能看不到一個人，只看到遠處有幾群羊和一兩頂帳篷。天空、岩石、山坡上的草地，既安靜又孤單！

在這片疏遠的土地上，犯罪幾乎聞所未聞。我的學生葛拉翰在蒙古住了兩個夏天。第二年時，他開車經過前一年住過的村莊。他停下來拜訪先前在這裡認識的朋友。

有人告訴他：「馬查多登不在家。」

「他去哪裡了？」

「不知道，他去找馬了。」

「他的馬在哪裡？」

「不知道，他也不知道。」

「我能找到他嗎？」

「或許可以，他就在某個地方。」

葛拉翰放棄了，朝西繼續他的田野探勘。兩天之後，他看到山腰有一群牲畜，有條狗在叫。他走上山坡，見到了馬查多登。多登也看到他放牧的馬。

10 Sagang Secen的*Geschichte der Mongolen und ihres Furstenhauses*，由I. J. Schmidt於一八一七年翻譯成德文（蘇黎世，Manesse Verlag, 701 pp）。我自己將引用部分翻譯成英文。

「你讓馬這樣到處亂走？」

「沒錯。」

「你不擔心牠們被偷嗎？」

「不會，沒有人會偷。」

不過，帖木真時代狀況相當不同。當時人口較多，人與人之間的互動也多得多。

故事開始於一一六一年某天下午[11]。

也速該把阿禿兒和哥哥與弟弟外出打獵，他們跟著白兔的足跡，到了一個地方，看見一個女人下了馬車，也速該跟兄弟說：

「這個女人生下的孩子，長大後將成為英勇的青年。」這輛馬車的主人是塔塔兒族人，要帶著新娘回家去。也速該兄弟擄走新娘，讓她成為也速該的妻子。一年之後，帖木真出生了。

帖木真八歲時，他父親帶著他去找新娘。他們到孛兒只斤氏族求親，但他們只有一個九歲的女兒尚未訂婚。也速該留下兒子，啟程回家。他在路上遇見一群塔塔兒人，他們正在飲宴，邀也速該一起吃喝。他忘記了塔塔兒人對他還有宿怨，結果被塔塔兒人毒害。

帖木真回家後，由寡母帶大。一天他和弟弟到母親面前說：

---

11 這些日期取自指導手冊，例如 *Sachsen-Anhalt*（N. Eisold & E. Lautsch, Koln, Dumont 1991, 496 pp），並以當地資料來源印證。

「別克帖兒和別勒古台偷走我們抓的魚，還把魚吃掉，我們要殺了他們！」兩兄弟出去殺了偷魚的人。

後來泰亦赤兀惕人帶著一群人來，要取帖木真的首級。帖木真躲到斡難河旁的洞穴中，最後還是被抓到。勝利者慶祝飲宴，帖木真逃到一個村莊。第二天，泰亦赤兀惕人前來尋找，但好心人救了帖木真，讓他躲在羊毛堆中。

帖木真於西元一一七八年十七歲時結婚。泰亦赤兀惕人又來偷走了八匹馬。帖木真在後追趕，路上遇到孛兒只斤的岳父，跟他一起追趕他們。帖木真對泰亦赤兀惕人的世仇，成為征服世界的開端。

我這個故事講得比較仔細，以便描寫帖木真時代的蒙古。當時和現在恬靜的氣氛大不相同。當時有綁票者、小偷和殺人犯等今日在貧民窟常見的犯罪和仇殺。當然，蒙古不是紐約哈林區，不過同樣有社會壓力，一種人口過多地區常見的壓力。

成吉思汗的征服是眾所周知的歷史。突厥人和蒙古人都臣服於他，他們分散之後繁衍後代。

烏茲別克族目前約有六、七百萬人。他們的祖先是蒙古金帳汗國烏茲別克大汗手下一小隊蒙古人。他們成為伊斯蘭，很快就融入在蒙古軍隊中占大多數，而且相當多樣化的突厥族。

還有哈薩克族，他們是金帳汗國欽察部落的後代。欽察部落是俄羅斯南部的游牧突厥族，比成吉思汗早兩世紀左右到達那裡。

另外還有韃靼族，他們是蒙古占領克里米亞後，占領軍與當地人混血的後代。

另外還有土爾扈特族和準噶爾族。這兩個位於西邊的蒙古部落漫無目標地擴張及征服。土爾扈特族於西元一六一六年遷移到裏海北邊的大草原，後來於一七七〇年回到中國，定居在新疆的伊犁。準噶爾族則於十七世紀到了西藏與新疆西部。他們曾試圖回到斡難河的世居地，但被趕到新疆北部，就在當地定居至今。

成吉思汗的孫子忽必烈征服了中國。百戰百勝的蒙古人在各地留下駐軍。這些駐軍後來大多被同化，忘記了自己原本的民族。近年在中國西南部西藏少數民族中，發現了一個蒙古部落。蒙古軍隊於十三世紀後半打算征服緬甸時，曾經到過西藏。

中世紀溫暖期到來時，人口壓力增加，亞洲蠻族分散到各地，包括西藏人、西夏的羌人、塞爾柱土耳其人、維吾爾人、遼國的蒙古人、金國的滿洲人，最後則是成吉思汗的金帳汗國和忽必烈的占領軍。獨來獨往的牧人成為成群結隊的征服民族。不過就如他們突然集結一樣，在下一次小冰川期來臨時，散居的牧人又在空曠的草原找到和平，並以草原為家。

來到處女地的先鋒

教堂和城堡是德國北部主要的觀光景點，眼光敏銳的遊客可能很快就可看出建築年代的特定模式。柏林市建立於西元一二三七年，聖尼古拉斯建造於十三世紀。從柏林向西走，跨越易北河之前，可以看到幾座十二世紀的教堂，包括布蘭登堡的聖哥特哈特教堂、耶瑞秋修道院，以及哈非爾山的聖瑪麗大教堂。到了易北河以西，聖尼古拉斯大教堂也建造於十二世紀，但坦哲蒙城堡則建造於西元一〇〇九年。南方五十公里左右是馬德堡，這裡的大教堂是西元九五五年由奧圖大帝所建造。更老的還有哈次山中的克非德林堡大教堂，奧圖大帝的父親亨利在這裡接受加冕，成為神聖羅馬帝國的皇帝，時間是西元九三三年，也就是希特勒所謂「千年帝國」的元年。最古老的教堂西邊得多，梅茲的聖彼得教堂是羅馬人於西元四〇〇年建造，當時法蘭克人的國王還沒有改信基督教。柯隆大教堂現在的所在地，於西元三一三年就有教堂，波恩的聖卡休斯教堂和弗羅宏休斯教堂的底下則是一座建造於西元二六〇年的小禮拜堂[12]。

另一方面，柏林以東的教堂年代沒有那麼久遠。羅斯托克的聖瑪麗大教堂自豪地展示西元一二九〇年的洗禮容器。斯德丁的聖約伯教堂和格但斯克的聖瑪麗教堂建造於十四世紀。到了更東邊的瑪麗堡和艾丙，教堂大多建造於十三和十四世紀。

我跟一位德國教師朋友提到我的「發現」，她對我們美國人的天真報以微笑。

她說：「東部的教堂當然歷史較短，連小學生都知道。這些教堂都是德國東部逐漸信奉基督教時建造的。」

「是誰信奉基督教？」

「是東日耳曼人。」

「可是那時候還沒有東德國。」

「我說的不是東德國人，東日耳曼人指的是德語地區東部的日耳曼人。」（譯者註：East

12 Temperley, H.W.V., 1969, *History of Serbia*, New York: Howard Fertig, 359 pp.

German｜語雙關。）

「我還以為東部的日耳曼人到義大利了。哥德人、汪達爾人、倫巴底人、勃艮地人、斯維比人，他們都在日耳曼民族大遷徙之前就離開了。」

「沒錯，他們是離開了，但西元八—九世紀時，東日耳曼還是有人的。」

沒錯，當時確實還有人，但他們是日耳曼人嗎？他們說德語嗎？

我的德國教師朋友說錯了。他們不是「東日耳曼人」，而是斯拉夫人。這些移民在東部基督化之前從歐洲東部來到此地。

希羅多德在介紹塞西亞人時曾經提到斯拉夫人。塔西圖斯曾經寫到住在波羅的海沿岸地區和維斯杜拉河以東的文德人。當時西部有條頓人、居爾特人和伊利里亞人。當時日耳曼部落（包括哥德人、格庇德人、魯吉人、汪達爾人和勃艮地人）居住在維斯杜拉和奧德河下游。居爾特部落居住在奧德河上游沿岸。伊利里亞人占據巴爾幹半島。斯拉夫人北邊和東北邊則是波羅的人和芬蘭烏戈爾部落。

斯拉夫人的故鄉原本在黑海北邊樹木茂密、水源豐富的平原。他們開始威脅拜占庭帝國之前，西方對他們所知甚少。他們的「大遷徙」開始於日耳曼民族的「全民遷徙」之後。斯拉夫人於西元六世紀開始遷徙，出現在多瑙河沿岸。這次入侵人數眾多、難以抵擋，前進速度也相當緩慢。他們不是一群有組織的軍隊，沒有野心勃勃或目標明確的領袖指揮，因此不是軍事侵略。他們就像「一大群蝗蟲，數量、重量和質量都勢不可擋」。這是在人口過剩或迫切需要土地的壓力下，推動著一大群人緩緩向前移動[13]。

南斯拉夫人於西元六世紀中葉前進入巴爾幹半島和希臘。當地許多伊利里亞人已經加入羅馬軍團。其中有些人，包括戴克里先和君士坦丁大帝等，出身行伍之中，最後被部隊擁立為皇帝。羅馬帝國瓦解後，斯拉夫人進入這片人口稀少的伊利里亞語地區。斯拉夫部落數量龐大但相當分散。最後克羅埃西亞、達爾馬西亞、波士尼亞、芒特尼格羅、塞爾維亞和馬其頓的一部分都成為斯拉夫人的土地，只有南邊的阿爾巴尼亞人仍然是古代伊利里亞人的後裔。

西斯拉夫部落，包括波蘭人、維斯杜拉人、西里西亞人、波美拉尼亞人和馬佐維亞人則向西遷徙，進入日耳曼人遷走後在易北河和維斯杜拉河之間的土地。西元九世紀之前，他們占據從基爾、布藍茲維、馬德堡、班柏到帕紹和的港這條線以東的土地。日耳曼人離開後，這塊土地鮮少有人居住。斯拉夫人的和平滲透沒有英勇的戰役可供紀念，傳奇故事或傳說中也沒有提到他們有什麼不凡的功績。

西元七世紀初，氣候開始變化，土地再度變得肥沃。斯拉夫人在日耳曼人離開後來到德國北部，在全球暖化時期一開始大舉進入。日耳曼人這才突然發現，他們遷出之後留下的土地已被斯拉夫人占據。因此東日耳曼人改信基督教為掩飾，展開收復失地的運動。撒克遜的亨利和奧圖於西元十世紀由馬德堡發動了這項行動。斯拉夫人在西元十一世紀以地區暴動開始反擊，但熊王艾伯特和獅王亨利於西元十二世紀捲土重來。他們威脅布蘭登堡和梅克倫堡，殺害或擄

13 Fischer, P.R., Schlapfer, W. & Stark, F., 1964. *Appenzeller Geschichte*, Band 1, Urnasch: Schoop, 620 pp.

走斯拉夫領袖，同時建造修道院和教堂，做為「贖罪」之用。來自西邊的日耳曼居民來到鄉村地區，商人則到城市中。布蘭登堡的邊地侯繼續採行擴張政策，在西元十三世紀結束前在奧得河以東建立了「新疆界」。來自北方的丹麥人和挪威人也在西元十世紀和十一世紀加入移民行列，居住在波羅的海沿岸和奧得河下游。條頓騎士團和從「聖地」回來的散兵游勇，受波蘭國王邀請到波美拉尼亞和普魯士。他們來到這裡後留了下來，建立了艾丙城，以馬連堡作為征服東普魯士的根據地。奪取斯拉夫人生存空間的傳統一直延續下去。七年戰爭之後，波蘭遭到分割，易北河與維斯杜拉河之間的地區成為普魯士領土。所謂的「東進」政策成為牢不可破的想法，一直到希特勒被阻於莫斯科城外。

不是所有的日耳曼人都是透過侵略取得生存空間。瑞士的阿勒曼尼人就是和平的開拓者。他們砍伐森林，開墾成牧草地和田地。地名的結尾記錄了拓居地的擴大歷程[14]。西元五、六世紀開拓的地名結尾多半是ingen和heim，西元七、八世紀的字尾則是hausen, hofen, stetten, weiler, wil, kirchen等等。

舉例來說，阿勒曼尼拓荒者於西元七世紀首次到達瑞士最東邊的阿彭策爾州，這個州裡就沒有字尾為ingen的早期地名。阿彭策爾州最老的地名是wil類，如艾德許威爾、巴登威爾、狄特許威爾、恩格許威爾等。拓荒者以焚燒後砍伐的方式來砍伐森林。這些拓荒者從西部和北部向外散布，在西元九世紀後半到達東部邊境。

---

14 Cohat, Y., 1987. *The Vikings*, London: Thames and Hudson, 175 pp.

居爾特傳教士聖加爾於西元六一二年來到後，阿彭策爾的人改信基督教。最後本篤會修道院於西元七二〇年建立。自由農民在村中廣場舉行民主集會，他們向聖加爾修道院納稅，並將乳酪和葡萄酒儲存在修道院的地窖。在這一小段氣候溫暖期，農村人口快樂地過了幾世紀，直到一四〇二年爆發阿彭策爾解放戰爭為止。革命發生在小冰川期開始的時候，或許不只是巧合。

北方來的蝗蟲群

跟歐洲中部和平殖民正好成對比的，就是暴力的維京征服。諾曼人，諾曼第的開拓者、英格蘭的征服者，以及西西里島的殖民者，被描述為「極度急躁又魯莽的人，無法自制地貪求財富和權力」[15]。他們剛開始是異教徒的毀滅者，一心只想著「無意義的劫掠和屠殺」。

真的「無意義」嗎？

或許有某種意義，至少剛開始是這樣。斯堪地那維亞進入中世紀溫暖期後，人口壓力開始出現。耕作和放牧的面積擴大，生產力也增加。在此同時，人口也呈指數成長，需要更多生活空間。

挪威人先在人煙稀少的蘇格蘭北部、昔得蘭、奧克尼、赫布里底等群島定居。挪威掠奪者於西元八—九世紀從這些地方出發，入侵愛爾蘭、英格蘭和法國等地。他們的侵襲行動次數大幅增加，規模也越來越大。一小隊人衝上海灘，發動攻擊。防守的一方被擊退，房屋和修道院

15 Churchill, Winston, 1956, *The History of the English-Speaking People*, v.1（New York: Bantam Books, 388 pp）.

遭到洗劫、金銀財寶被搶奪一空，建築物被焚燬。戰士回到船上，帶著馴養的動物和俘虜，準備把他們賣做奴隸。

不過挪威人也不全是海盜。伊果福阿內森與家人和妻小於西元八七四年遷徙到冰島後，愛好和平的移民開始在這裡定居。其後數十年，其他人跟著來到此地。新移民跟當地的居爾特人和平共處。到了西元十世紀，占用的土地相當廣大，每戶人家都有眾多人口，可以算是能自給自足的經濟個體。起初他們大多以捕魚為生，但牧羊很快就成為第二個最重要的產業。西元一〇九六年時，人口超過七萬人，但小冰川期中人口減少，一七〇三年時僅有五〇三三八人，一八〇一年時為四七二四〇人，一九五〇年後人口才大幅增加。

格陵蘭西部於西元九八六年是紅頭艾瑞克的地盤。一小塊殖民地首先建立在西南部海岸。在全盛時期，二八〇處農場共有三千名移民。十四世紀氣候轉壞，移民沒辦法繼續飼養牲口，失去了主要生計。移民人數大幅減少，十五世紀時完全消失，最後一艘船於一四一〇年從格陵蘭開回挪威。一直到西元十八世紀小冰川期最壞的時期過後，格陵蘭才開始重新開拓。

挪威人開拓西部，瑞典人則轉向東部。這些掠奪者湧入俄羅斯平原的森林和草地。西元九世紀末，魯瑞克成為諾弗哥羅總督。他的繼任者奧雷格成為基輔的首長。如此一來，瑞典商人可沿聶伯河一路航行到黑海或沿窩瓦河到喀斯匹安，在這裡連接絲路上的商隊。瑞典人賣出皮毛和奴隸，再由中國買進絲綢[16]。他們試圖征服拜占庭沒有成功，又與穆斯林國家發生衝突。

16 請參閱 Jones, Gwyn, 1968, *A History of the Vikings*, Oxford: Oxford Univ. Press, 504 pp.

「大航海家」英格瓦率領大批侵略艦隊到敘利亞，但吃了敗仗。西元一〇四〇年英格瓦去世，代表瑞典侵略時代的結束。

當時丹麥人可說是四面受敵，北邊有瑞典人和挪威人，南邊則是日耳曼人和斯拉夫人。他們向西移動，並於西元八世紀末開始侵襲英格蘭沿岸，洗劫了溫徹斯特、坎特伯雷，甚至遠及倫敦。他們的「大軍」於西元八六五年逐漸式微，此時這些入侵者已不是一群蠻族，而是由嫻熟戰事的領導者所率領的精銳軍隊。「無骨因瓦爾」發動數場大規模戰役，征服了英格蘭、諾森伯里亞的德伊勒以及麥西亞等。他圍攻約克郡。本身內鬥不斷的諾森伯里亞人聯合起來與他對抗，但維京人以殘忍的屠殺將他們全部打敗。這場慘烈的戰爭結束後一百五十年，達拉謨的西米恩這麼寫道：

> 軍隊四處劫掠，在各處帶來血腥與悲慘。軍隊帶著火把和長劍，毀壞了各地的教堂和修道院。他們離開時，只剩下斷垣殘壁。

這些丹麥劫掠者後來每年停留的時間更長。戰士們連家眷都帶來了，狀況終於底定。丹麥人居住的地方起先是軍隊的營地，依靠一連串有防禦工事保護的城鎮補給，包括斯坦福、諾丁罕、林肯、德貝、列斯特等。在他們的邊境線後方，當了十年士兵的人，未來十年將成為殖民開拓者。

丹麥軍隊於西元八七一年朝南推進。他們占領了倫敦，圍攻里丁，但阿佛列大帝擊退了這次入侵。後來更多丹麥海盜來到這裡，定居在諾森伯蘭和東英格蘭。但他們沒有掠奪，而是開始耕作謀生。海盜曾經變成士兵，現在士兵又變成了農民。

不過，丹麥劫掠者並沒有讓歐洲大陸就此和平。他們的艦隊於西元九世紀前半開進易北河，再度洗劫漢堡。盧昂、查特斯和土爾相繼遭到襲擊，三萬名丹麥維京人於西元八八五年摧毀了巴黎。糊塗王查理割讓諾曼第換取和平。

數十年間，戰爭與和平在英格蘭不斷交替出現，西元八九四年戰鬥逐漸平息，維京人分散開來。有些丹麥人定居在丹洛，其他則回到家鄉。薩克遜人正想重新取回丹麥人手下的英格蘭。一連串戰役勝利後，薩克遜人瓦解了丹麥人最後的據點—東英格蘭的抵抗。丹麥人暫時敗退，但他們仍保有地產，也可保留丹麥習俗的生活方式。英國人在西元十世紀大多維持優勢，但到了西元九八〇年，丹麥人開始反擊。接下來進入「丹麥金」時期，艾思爾萊國王試圖以金錢換取和平，於西元九九一、九九四、一〇〇二、一〇〇六和一〇一二年分別付出大筆金額。但丹麥人依舊貪得無厭，不斷前來騷擾。斯韋恩首先在一〇一三年發動攻擊，接著他的兒子克努特於一〇一五年再度前來。

克努特征服英格蘭的行動於西元一〇一七年結束。歷經長期艱苦對抗之後，他被接受為英格蘭國王。西元一〇一九年，他的哥哥去世後，他同時成為丹麥國王。但克努特仍不滿足，繼續征服挪威。挪威國王奧拉夫於西元一〇三〇年死於史蒂克拉史達迪爾戰役之後，克努特自立為「英國、丹麥、挪威與部分士瓦本總國王」。

一千年後，在邱吉爾冷靜的觀察下，丹麥入侵英格蘭被視為毫無意義。我們或許能體會首批入侵者的動機，他們確實有意在這裡定居。但即使如此，依然難以原諒。斯堪地那維亞半島一直是歐洲人口密度最低的地區，氣候相當溫和，歐洲北部居民甚至可在北極圈內耕作。丹麥人為什麼不能和阿勒曼尼人一樣成為先鋒，幫助北方的同族開墾北極地帶？

十一世紀的入侵者更是難以原諒。斯韋恩的人民已經定居在奧德河下游盆地。普魯士的腓德列二世建造堤壩，將沼澤變成農地之後，這個地區更成為歐洲的穀倉。斯韋恩和他的軍隊原本可以做這件事，他們應該對抗洪水氾濫，同時嘗試成為優秀的農民，但他們並沒有這麼做。丹麥人不需要入侵英格蘭，但他們還是這麼做了。他們為丹麥金而入侵，為權力而入侵。他們確實是「極度急躁又魯莽的人」，而且貪婪至極。

飢餓與貪婪

我們已經介紹了以往二千年來三次人口大舉移動。兩次小冰川期時，移居者就像驚慌失措的旅鼠一樣。不過，小冰川期之間的中世紀溫暖期所發生的劫掠和征服則完全不同。成吉思汗的金帳汗國和劫掠英格蘭的維京人並非為生存而戰鬥。全球暖化時期的財富與人口成長，為現代人的群居時期提供了棲息地。「征服時代」戰士打仗的動機，是對財富和權力的貪婪。如果他們現在這麼做，將會被合力抵抗擊敗，他們的領導者也會被送往海牙國際法庭，當作戰犯接受審判。

| 第四章 |

亞利安人原來是北歐人

我可以告訴你，只要你對亞利安人有些興趣，別人都認為你的政治思想是不正確的。

——軼名，私人通訊

大批印歐人於西元前二〇〇〇年前後離開歐洲的發源地，遷徙足跡最南到達印度，最東到達中國西北部，他們的語言也跟著遷徙。他們是什麼人？

亞利安的家鄉

對於歐洲旅行者而言，印度是異國土地，印度人則是異國民族。英國法官威廉瓊斯爵士在印度研究古代語言時，梵語已是沒有人說的死語言，但仍是學術上使用的文字。他於一七八六年驚訝地發現，梵語的字彙和文法結構與希臘語和拉丁語非常類似，類似的程度讓語言學者「檢視這三種語言時，不得不相信它們出自某個共同源頭。」

威廉爵士傑出的觀察，帶動了其後近半個世紀的語言學研究，後來葆朴(Franz Bopp)於一八三五年發表了關於印歐語言比較文法的著作。這些語言都源自早於西元前二〇〇〇年就已存在的古老語言。源自於同一語系的不同語族也被分析出來，包括塞爾特、條頓(日耳曼)、義大利、阿爾巴尼亞(伊利里亞)、希臘、波羅的斯拉夫、亞美尼亞，以及印度－伊朗等語族，除此之外，印歐語系中還有還有吐火羅、西台、弗里吉亞，以及其他已經消亡的語言。

梵語屬於印度－伊朗語族，而且不是印度原住民族的語言。說這種語言的是來自北方的入侵者亞利安人。其他印歐人，也都是入侵者。他們以前都有共同的家鄉。但是他們的家鄉在哪裡？

從十九世紀以來，科學上的證據指明亞利安人原來是北歐的種族，流浪到歐亞大陸的各處，不幸的是德國種族主義，尤其是納粹，宣傳說亞利安人是優秀的人種，是德國人的祖先，他們可以征服世界，因此也把他們的文化語言，傳到了四方。

為了反對德國的種族主義，英國及俄國的科學家在二十世紀也堅持亞利安人是優秀的民族，但是他們不是北歐人而是俄國人，這些理論完全沒有科學根據，亞利安人是北歐人，但是他們不是征服者，而是因為氣候變化不能農作的人，被迫離開家。

這個問題是歷史上的大問題，因此也必須用科學分析找到真理。

皮克提特(Adolf Pictect)於一八七七年發明了語言考古學[1]。他運用類似自然科學分支的方法，追查同一來源的整個體系。皮克提特以印歐語言中有關植物、動物和文化活動的詞為基礎，建立起原始發源地的輪廓。皮克提特發現羊、山羊、公牛、母牛和馬等幾個詞是相同的，因此推論發源地的經濟主體是畜牧，而不是農耕。由於史瑞德[2](Otto Schrader)找不到原始印歐語中「秋天」的詞，因此認為原始印歐人居住的地方只有三個季節。收穫時節應該是農業族群最重要的季節，因此缺少「秋天」這個詞使得史瑞德支持皮克提特的說法，也認為原始印歐人是畜牧民族，畜養牲口但不耕種作物。史瑞德認為印歐人是新石器時代晚期或銅器時代的游牧民族，因此推斷他們的發源地一定是俄國大草原。

不過，十九世紀末針對印度—日耳曼語言的深入研究，帶來了差別極大的想法。印歐語言中「秋天」的共同詞找到了。史瑞德的說法顯然有誤，因為印歐語中有四個季節。發現關於作

1 Pictet, A., 1877, *Les origins indo-europeens*, Sandoz et Fischbacker, Paris.
2 Schrader, Otto, 1890, *Prehistoric Antiquities of the Aryan Peoples*, Scribner & Welford, New York.

物的詞之後，更進一步顯示原始印歐人是農耕民族。

赫特(Herman Hirt)首先提出印歐人的發源地在歐洲北部。他和前輩一樣，沒有在原始印歐語中找到熱帶或亞熱帶動植物的共同詞。赫特於一八九二年革新了「樺樹、山毛櫸與鮭魚」理論。他指出原始印歐人說的語言中，存在有這兩種樹和一種魚的共通名稱[3]。從這些字彙可以看出發源地位於有石南屬植物和森林的地方，看得見樺樹、山毛櫸、山楊和橡樹。狼、鹿和麋鹿潛伏在森林邊緣，河狸和鴨子在溪流中嬉戲。原始印歐人馴養狗，畜養牲口和豬。他們開墾森林，種植小米和裸麥。他們住在森林邊緣，房子有門。女性負責紡織和縫紉。他們在河裡捕撈鮭魚，在森林裡捕捉獵物，在海裡追捕海豹。他們騎馬，也駕駛公牛拉的牛車。他們在復活節和聖誕節時舉行節慶。赫特相信，這些人是新石器時代歐洲北部的農牧民族。

好政治，壞科學

赫特在德國有許多信徒，不幸的是他的說法後來促成了納粹種族主義。柴爾德(Gordon Childe)開始反對。他在一九二六年列出了各種印歐語言中某些共通的詞，尋找替代答案[4]：

---

3 Herman Hirt 一八九二年的教授論文 “Ueber die Urheimat der Indogermanen” 是他於一九四〇年的文章 “Die Heimat der Indogermanischen Voelker und ihre Wanderungen,” in *Indogermanica, Forschungen uber Sprache and Geschicte Alteuropas*, Neimeyer Verlag, Halle, pp. 56-76.

4 Childe, Gorden, 1926, *The Aryans*, A. Knopf, New York.

god, father, mother, son, daughter, brother, sister, father's brother, grandson, nephew, son-in-law, daughter-in-law, father-in-law, mother-in-law, husband's brother, husband's brother's wife, husband, woman, widow, house-father, clan, village headman, sib, tribe, king, dog, ox, sheep, goat, house, pig, steer, cow, gelding, cattle, cheese, fat, butter, grain, bread, furrow, plough, cooper, gold, silver, razor, awl, sling-stone, bow-string, javelin, spear, sword, axe, carpenter, chariot, wheel, axle, nave, yoke, ship, oar, house, door-frame, door, pillar, earth-walls

他認為原始印歐語中的動物名稱比植物名稱多出許多。這似乎足以讓他更理所當然地支持皮克提特和史瑞德的假說，認為原始印歐人是畜牧民族。因此柴爾德使這個舊理論在英國再度興盛起來，認為說原始印歐語的是人居住在黑海—裏海地區，建造堆墳（塚墓）來埋葬亡者的大草原民族。

柴爾德的結論錯誤的原因是他的嚴重疏忽。二次世界大戰時曼恩（Stuart Mann）在英國發表了他的語言學研究成果，同時列出下面這些特別有意義的詞[5]：

wolf, deer, elk, salmon, duck, turtle, beaver, seal, mouse, squirrel, wasp, dog, sheep, goat, sow, ox,

5 Mann, Stuart, 1943, "The Cradle of the Indo-Europenas: Linguistic Evidence," in *Man*, 43, 74-85, 重印於Anton Scherer（1968）*Die Urheimat der Indo Germanen*, pp. 224-255.

horse, birch, beech, aspen, oak, elm, apple, forested mountain, heath, millet, rye, grains, door, wagon, wheels, axle, yoke, saddle, cup, needle, spinning, plowing, seeding, harvesting, easter, yule

這些詞證明了赫特的論點，認為這種語言的使用者不是草原的俄國人，而是歐洲北部的農民。曼恩可以依據語言學，排除掉幾個地區。舉例來說，不列顛群島、斯堪地那維亞半島北部、俄羅斯北部、高加索以及歐洲地中海地區都可以刪除，因為這些地區沒有河狸和松鼠。斯堪地那維亞半島北部和俄羅斯北部太過北邊，長不出蘋果樹、橡樹和穀類作物。俄羅斯大草原也不大可能是發源地，因為那裡沒有森林和矮灌木，河裡也沒有鮭魚。歐洲南部、法國大部分地區、德國中部和南部也可以刪除，因為原始印歐人似乎沒看過胡桃樹和葡萄樹。因此，還沒有刪除的只有波羅的海沿岸地區，包括德國北部和波蘭以及瑞典南部、挪威和丹麥等。

一九五七年，席姆(P. Thieme)重新提起赫特的「樺樹、山毛櫸和鮭魚」理論[6]。席姆特別強調「樺樹」這個詞的重要性，因為樺樹只生長在歐洲北部。後來印歐人遷徙到歐洲南部，用這個詞來稱呼白楊樹，因為這兩種樹的樣子有點像。梵語中沒有「樺樹」這個詞，這些人移居到印度之後，後代顯然忘了這個詞。席姆也特別強調「山毛櫸」這個詞。他指出原產山毛櫸樹不會生長在柯尼斯堡和克里米亞兩地連成的線以東。因此，如果最初的印歐人詞彙中確實有「山毛櫸」，他可以推定俄羅斯大部分地區、白俄羅斯和烏克蘭也不是發源地。

6 P. Theime, 1958, "The Indo-European language," *Scientific America*, v. 215 (9), pp. 63-74.

最奇特的例子是尋找「鮭魚」原始印歐語詞彙的過程，這個詞最後被重組成*loksos*或*laksos*。德文的*Lachs*、立陶宛文的*laszisza*，以及俄文的*lox*指的仍然是鮭魚。中國西北部吐火羅人則是用laks指所有的魚類，因為他們住在沙漠邊緣，溪流裡沒有鮭魚。梵文的*mrdupaksa*是印歐語的*laksos*在梵文中的衍生詞，但這個詞指的不是鮭魚，而是賭博用的籌碼。席姆畫了一幅生動的圖畫，描寫一群印歐漁人在故鄉賭博，用捕到的魚當作籌碼。亞利安移民去印度以後一樣用mrdupaksa賭博，不過籌碼已經不是煙燻鮭魚了。

奇怪的是，英文中的*salmon*不是源自於*Laksos*或*Lachs*，而是源於拉丁文的*salmo*(*salmonis*)，這個非印歐語詞原本是指義大利當地的另一種魚類。義大利人原本是印歐人，於西元前第一個千禧年遷徙到義大利。義大利沒有鮭魚，不過義大利文中仍然有*laccia*這個詞。它指的不是鮭魚，而是鰻魚。薩丁尼亞語中也有*laccia*這個詞，也是指的是另一種類似魚類。後來義大利人的羅馬後裔在萊茵河河谷再度看到鮭魚時，距離印歐人離開歐洲北部到義大利定居已經將近一千年。從羅馬書記奧索尼烏斯的記述可以確知，在萊茵河的支流摩澤爾河中稱為*salmo*(*nis*)的魚類，就是大西洋鮭魚。羅馬人不記得他們的祖先稱這種魚為*laccia*，於是選了另一個不是起源於印歐語的詞*salmo*來稱呼他們新發現的魚。這個名詞後來被英文採用了。

狄博德(Richard Diebold)想找出反對印歐人發源於歐洲北部的論證。他想到一個理由，認為原始印歐人用Laksos這個詞指的可能是鱒魚，而不是鮭魚[7]。狄博德同意本廷山脈確實沒有大西

7 Diebold, A.R., 1985, "The evolution of Indo-European nomenclature for Salmonid fish," *J. Indo-Eur. Studies*,

洋鮭魚(Salmo salar)這一點，但有另一種褐鱒(Salmo trutta)。這種鱒魚生活在流入黑海和裏海的河流。狄博德提出的說法相當特別，不過並沒有證據顯示本廷山脈中的魚曾經被稱為Laksos，狄博德是無理強辯。如果有人能假設某個字的意義跟原先不同，那麼整個語言古生物學都可以作廢了。

考古學也提供了關於印歐人起源的線索。柯希納(Gustav Kossinna)在一九〇二年的重要作品中指出，歐洲北部有新石器時代晚期的文化傳統[8]。他們使用繩紋陶器，打鬥時使用穿孔的戰斧，而且有單人葬的習俗。繩紋陶器文化的時間為西元前四〇〇〇年左右。

柯希納畫出了繩紋陶器傳統的外圍區域，包括德國西北部、荷蘭、瑞士、德國南部、波西米亞、摩拉維亞、波羅的海各國東部、芬蘭，以及俄羅斯南部聶伯河中油地區。他認為繩紋陶器文化的散播，是印歐人從有鮭魚和白樺的發源地向外遷徙的結果。歐洲東南部的原住民在肥沃的山谷種植作物及畜養牲口，但在印歐人來到之前，他們的文化非常不同。舉例來說，在繩紋陶器進入多瑙河地區前，當地人是以螺旋線和曲線裝飾陶器。

小群印歐人先於西元前第三個千禧年中期到達匈牙利和摩拉維亞。從單人葬墳墓中的骨骸看來，他們是身材高挑、長型頭顱的北歐型人類。大批遷徙時間較晚，略早於西元前二〇〇〇年。他們帶著繩紋陶器和戰斧。這些外來者住在山頂，將死去的人分別埋葬在堆墳中。其他北

Monograph 5, 66 pp.

8 Kossinna, G., 1902, "Die indogermanische Frage archaeologyisch beantwortet," Zeitschrift f. *Ethnologie*, v. 34, pp. 161-222, 重印於Anton Scherer（1968）, *Die Urheimat der IndoGermanen*, pp. 25-109.

歐人族群到了馬其頓和希臘以後，再經由這裡前往安納托利亞和中亞，於西元前二〇〇〇年左右到達目的地。他們使用戰斧，但在單人葬墳墓中沒有發現繩紋陶器[9]。繩紋陶器沒有散布到巴爾幹半島和希臘以外的地區，可能與植物種類不同有關。從保存在瑞士霍爾根沉沒居住地中的繩索看來，這種繩索是以橡樹或菩提樹的樹皮纖維製成。在氣候不適合這類樹木生長的地方，就沒有發現繩紋陶器。從波羅的海區的印歐人帶著戰斧也沒帶繩紋陶器，他們從歐洲中部和巴爾幹半島遷徙到俄羅斯南部，從這裡再到波斯和印度。

惠特爾[10]（Alastair Whittle）發表過一張地圖，描繪出西元前兩千年繩紋陶器文化的分布。核心區域相當廣闊，從萊茵河中游經過德國中部到斯堪地那維亞半島南部、波蘭北部和東南部。惠特爾依據考古學劃定的核心區域，跟曼恩與席姆的語言考古學中定義的印歐人發源地幾乎完全一致。因此，考古學也印證了語言學的結論，印歐人的家鄉在北歐。西元前二五〇〇到二〇〇〇年，原始印歐人在歐洲北部的發源地畜養牲口和種植作物。他們為個人或集體墓葬建造墳墓。跟骨骸一起發現的東西有繩紋陶器和穿孔的戰斧。

在遷徙之前，這些歐洲北部人已經在北方居住了數千年。史瓦迪西（Morris Swadesh）運用「語言年代學」技術，研究通用印歐語的的使用年代。他於一九六〇年的分析顯示，印歐語系最早的分歧開始於西元前四五〇〇年[11]。後來王士元（William S.Y. Wang）使用較為現代的方法，判

9 Kossinna, op. cit.

10 Whittle, a. 1996, *Europe in the Neolithic*, Cambridge University Press, Cambridge, p. 285.

11 Swadesh Morris, 1960, *The Origin and Diversification of Languages*, Routledge and Kegan Paul, London, 350 pp.

定分歧年代為略早於西元前五〇〇〇年[12]。因此，原始印歐語的使用時間是新石器時代。

目前歐洲北部的居民說的是日耳曼(德語)和波羅的海—斯拉夫語。羅馬人告訴我們，二千年前住在那裡的也是說日耳曼語的人。考古學和人類學顯示，四千年前住在這裡的也是同一群人，他們是波羅的海南岸的繩紋陶器民族。丹麥沼澤中保存的木乃伊具備目前人口的典型特徵，其中最古老的年代為西元前第四個千禧年[13]。斯堪地那維亞半島上更早的新石器時代墳墓中出土的骨骸則是北歐人。不論在身體上和文化上，這種長型頭顱的人都和新石器時代歐洲中部和東部圓形頭顱的人明顯不同[14]。

位於繩紋陶器傳統地區東南方的俄羅斯南部，則是另一種庫爾干人的領域。在中石器時代核心石器時代初期，這種人在黑海和裏海地區的河谷狩獵、捕魚和放養牲口。庫爾干人於西元前第五個千禧年來到這裡。他們住在建有堡壘的山頂村莊，同時也會建造堆墳。他們擁有馴養的馬匹，駕著有兩個實心木輪的馬車。庫爾干人和繩紋陶器人一樣有單人葬的特徵，墳墓覆蓋石塊和土堆。陪葬品包括貝殼、麋鹿牙齒和羊骨等等。西元前四四〇〇—四二〇〇年，烏克蘭西部和巴爾幹半島國家也有類似的墓葬習俗。庫爾干人的單人葬習俗表面上跟繩紋人的習俗非常類似。但是仔細研究之後，可以發現其中的差別。繩紋人將男性葬在右邊，女性葬在左邊。

---

12 王士元，1998, in Victor Mair (editor), *The Bronze Age and Early Iron Age Peoples of East Central Asia*, p. 526.

13 van der Sanden, W.A.B., 1995, “Bog bodies on the Continent,” In R.C.Turner & R.G.Scaife (eds.), *Bog Bodies*, British Muesum Press, London, pp. 146-165.

14 Brondsted, J., 1960, *Nordische Vorzeit*, Wachholtz Verlag, Munster, pp. 339-351.

庫爾干人則不分性別，而且骨骸頭部一定朝向南方[15]。

庫爾干人和繩紋人因文化傳統不同而被視為不同族群，但後來在庫爾干墳堆中也發現了戰斧。德國考古學家認為，戰斧是印歐移民帶來俄羅斯南部的外來物品。但是柴爾德於一九二六年提出另一種說法，他認為庫爾干人是由俄羅斯南部向西遷徙到歐洲北部的。四分之三世紀之後，現在我們可以判斷了，爾德是錯誤了。

壞政治，好科學

二十世紀開始後不久，語言學和考古學證據為亞利安人與其他印歐人源自北歐的理論建立了堅實的科學理論基礎。大約在同一時間，日耳曼民族主義人士轉變為種族主義者，並發現吸納這個理論相當方便他們宣揚亞利安優越意識型態。亞利安迷思的立論依據是一個假設，認為說印歐語言的民族比較優秀，而這些語言隨著軍事征服逐漸散播。亞利安迷思是個迷思，是毫無根據的種族主義假設。認為語言隨軍事征服才能散播，是沒有事實根據的論斷。

亞利安迷思始於十九世紀初期。被視為偉大人道主義者的威廉洪堡德（Wilhelm von Humboldt）寫過關於比較語言學的專題著作[16]。他在著作中有相當獨斷的論述：梵語是人類最完

---

15 Kilian, Lothar, 1988, *Zum Ursprung der Indogermanen*, Habelt, Bonn, 184 pp. 另可參閱Hausler, A, 1963, Ockergrabkultur und Schnurkeramik, *Jahresschr. F. Mitteldeutsche Vorgeschichte*, v. 47, p. 97.

16 von Humboldt, Wilhelm, 1836. P. Heath 翻譯，*The Diversity of Human Language-structure an its Influence on the Mental Development of Mankind*, Cambridge University Press, Cambridge, 1988, 296 pp.

美的語言，德語僅次於其後。美洲印地安語是人類最劣等的語言，中文則是第二劣等。

洪堡德評判優劣的標準是他對文法結構中邏輯性的偏愛。他或許是印歐語言的專家，但他完全不懂漢語。他顯然並不清楚文言中文是書寫系統，但不是口說語言。如果他學過說中國話，他就會了解到，口說漢語的文法結構和梵語或德語一樣有邏輯性[17]。洪堡德創造了亞利安人擁有優越的語言，所以是優越民族的迷思。他在價值判斷基礎上，犯下了不可原諒的種族主義大罪，因為有些現代語言學家認為漢語是優越的語言，但並沒有人堅持中國人是優越民族[18]。亞利安迷思隨日耳曼民族主義不斷壯大，從威廉二世執政一直延續到納粹時代。亞利安人優越性的種族偏見成為主流思想，一直到二次世界大戰結束，德國戰敗為止。

立基於亞利安迷思的種族主義，相當吸引三十年戰爭之後幾百年來一直受自卑情結所苦的德國人。現在二十一世紀這種偏見已不能為大眾接受。有些人對抗亞利安迷思的方法是像倫弗如(Colin Renfrew)一樣採取極端立場，認為民族不是有意義的概念，民族根本不存在[19]。一個詞一旦遭到政治意涵污染，就開始失去作用，我們最好還是避免用這個詞。但是民族是存在的。我來自中國，我的祖先中沒有歐洲人。我太太是歐洲人，她的祖先中沒有中國人。數千年來，

---

17 關於中文文法與有屈折變化的語言之間的相似之處，請參閱我在第五章的討論。

18 判斷語言特性的準則有許多種。現代語言學家偏好採用價值判斷法（請參閱John Lyons, 1991. *Chomsky*, Fortana Press, London, 247 pp.）

19 Renfrew, Colin, 1987, *Archaeology & Language: The puzzlee of Indo-European Origins*, Cambridge University Press, Cambridge, 346 pp.

歐洲人和中國人一直是各自繁衍的兩個族群。

個別繁衍的族群或許不一定具備同樣的身體特徵。舉例來說，美國就有黑人、拉丁人和東方人，但全都是美國人。這些人都說英語，擁有同樣的文化。美國族群在文化上現在已經逐漸同質化，不過這樣的同質性仍然隨膚色和來自國家而有所差異。由於大多數美國人留在家鄉，嫁娶的也是美國人，因此形成了有別於歐洲人、中國人和非洲人的族群。美國人或許可算是「多重種族」，但形成了一個個別繁衍的族群。再過幾百年，我們或許就很難分別美國的黑人、拉丁人和東方人和白種人有什麼不同。美國人將成為同質性的個別繁衍族群，也將成為「美洲族」。

為了避免誤會，我還是要避免「種族」這個名詞。由於植物遺傳學者有「同質性繁衍族群」這個詞，因此我建議以縮寫SIP來代表「個別繁衍族群」(Separate Inbreeding Population)。我決定用縮寫是因為這個詞讓我想到德文中的Sippe(親屬、家族)。我們或許不喜歡「種族」這個詞，但沒有人能否認親屬和家族確實存在。ＳＩＰ可視為非常非常大的家族，和其他ＳＩＰ分隔了許多世代。

猶太人一向被視為一個種族，但以色列的猶太人又依宗教信仰而有所不同。歐洲猶太人和葉門猶太人的基因差異或許相當於歐洲人和阿拉伯人的差異。以色列的猶太人或許可算一個ＳＩＰ，甚至是一個民族。但世界上的猶太人不能視為一個ＳＩＰ，因為擁有猶太血統的人可和住在同一塊土地的其他族群自由通婚。

中國的漢族是一個ＳＩＰ，擁有共同的語言和血統。不過漢族並非一直是同質的族群。石器時代的中國原住民說的是苗傜語，說漢藏語的中國人是入侵者。北方漢族繼承漢藏祖先的基因比南方漢族來得多。因此中國北方人的基因構成比較接近說蒙古語的人，從我父親的臉部特徵就可看得出來。而中國南方人比較接近說苗傜語的的人，從我母親的臉部特徵可以看出。原本不同的中國ＳＩＰ透過通婚逐漸同化，成為一個ＳＩＰ。

一個族群的個別繁衍不是絕對的，也不會是永遠的。人口一直在活動，不同族群間也有接觸。ＳＩＰ的概念在今天是個相當方便的詞，因為美國人大多和美國人結婚，中國人大多和中國人結婚，瑞士人也大多和瑞士人結婚。但是在現代全球化世界中，種族（或ＳＩＰ）界線已經逐漸被打破，但以往在人口活動受限的時代和地區，ＳＩＰ確實存在。

再回到亞利安人問題，即使我們不承認亞利安人是同一個種族，但當初的印歐人在向外散播之前確實擁有共同的語言和文化，同時和其他族群隔離。不論我們喜不喜歡「種族」這個詞，都必須承認亞利安人確實曾經是ＳＩＰ。但是極端反對亞利安思想的學者卻堅稱亞利安人從來不曾成為ＳＩＰ。俄國著名語言學家特魯別茨科伊（N.S. Trubetskoy）就這麼說過[20]。他完全否定有一種原始語言、有說這種語言的原始人、有一個他們居住的發源地。特魯別茨科伊為厭惡納粹種族主義的學者。可惜的是，這位好辯的學者完全沒有證據支持他的幻想。因此除了特魯別茨科伊以外，所有專家都相信有原姓語言，有居住在發源地、有說這種語言的原始人。

[20] N.S. Trubetskoy, 1939. Gedanken ueber das Indogermanenproblem, 重印於Anton Scherer（1968）, *Die Urheimat der Indo-Germanen*, Darmstadt: Wiss. Buchgesellschaft, pp. 305-311.

還有一種挑戰亞利安迷思的方式，則是假設印歐語不是一個種族所說的語言，而認為這種語言是和文化有關係，倫弗如就是採取這種方式。他認為這種語言是九千年前新石器時代初期安納托利亞農民所說的語言。隨著新石器時代農民遷徙和新石器時代農業傳播到歐洲，這種語言也來到歐洲[21]。如此一來，只要描繪出新石器時代文化的散布，就可重建印歐語言的散布狀況。

倫弗如的構想也只是假設，不是科學。他的假說不能解釋大量語言學和考古學科學資料。他假設原始印歐語起源於安納托利亞，隨農業向外散布。他的說法也沒有道理，語言不一定會隨文化活動散播。舉例來說，美國的電影院、汽車、可口可樂已經傳播到世界各地。中國有電影院、有汽車，也有可口可樂，但中國人還是講漢語，不講美國英語。科學講究的不只是合理，初步假設也必須正確。倫弗如宣稱西元前九〇〇〇年的安納托利亞人說的是原始印歐語，但歷史證據已經證明了這個假說是錯誤的：西元前二〇〇〇年印歐人剛到達時，安納托利亞地區的人民是胡里人，他們說的不是印歐語。

由於亟欲取得政治正確，某些科學家選擇了另一種理論向日耳曼種族主義對抗。沒錯，亞利安人確實優秀。沒錯，亞利安人征服了半個世界，散播他們的語言。但我們不需要擔心種族主義，因為他們認為征服者不是德國人，而是俄國，用這說法就可以不犯政治觀點的錯誤了。

---

21 Renfrew, 1987, op. cit.

庫爾干迷思與謬誤的庫爾干至上意識型態

柴爾德是亞利安問題方面很受敬重的一位學者。這位身在劍橋的澳洲人是對抗日耳曼民族主義的傑出鬥士，他的專題著作「亞利安人」至今仍然是經典著作。柴爾德無意推展種族主義，但他無法不反映那個時代的偏見。他於一九二六年感嘆道[22]：

> 北歐人的神化已經與帝國主義和征服世界結合。「亞利安人」這個詞已經成為危險黨派的口號，尤其是比較粗魯高調的反閃族主義者。的確，印歐哲學研究在英國落入遭到忽視和不屑的境地。

柴爾德沒有懷疑亞利安人是優越的種族。他十分相信，優越的抽象思考特性是印歐語系所獨有。從洪堡德的時代開始，歐洲學者一直將這種所謂的優越性視為理所當然，因為這種優越性被認為是人類從野蠻邁入文明的主要原因。印歐人在藝術、工業、商業、科學和文學等方面特別居於主導地位，而因為擁有優越的語言，他們也是優秀的進化推手。柴爾德毫無疑問地接受了亞利安優越性的意識型態，只要亞利安人不是德國人，那麼就沒有問題了。

因為亟欲對抗納粹民族主義的猛烈攻擊，柴爾德發現了一個解決方案，為舊概念賦予新的

22 Childe, op. cit.

生命[23]：

探討過歐洲其他所有地區後，我們轉向俄羅斯南部大草原。正如史瑞德所提出的頗具說服力的說法，這裡的氣候和地形特色，跟古語言學推測的亞利安人的搖籃極為相符。那裡最古老的後冰川時期相關人類遺跡同樣顯示其具有文化，這種文化與語言學者描述的原始亞利安文化相當近似。發掘出這些遺跡的墳墓中幾乎都有縮緊的骨骸，覆蓋著紅赭土（赭土墳墓），上面再覆蓋土堆。墓中埋葬的人通常高大、頭顱為長型、下顎正直、鼻部狹長，換句話說是北歐人……

從裏海到聶伯河之間的整個區域，資料相當統一。這些大草原上的庫爾干人是牧民，因為在堆墳中還有動物的骨骼。遺骸不僅有羊和牲口，還有亞利安人特有的四足馬……赭土墳墓人甚至和亞利安人一樣擁有有輪車輛，因為在一座墳墓中有馬車的黏土模型……

確定庫爾干人是原始的亞利安人，追溯印歐語散播的問題就顯得簡單多了。庫爾干文化很容易辨識，而這種文化的散播，則可由堆墳葬文化傳統的時間判定其年代。

不過還有一個問題，而且是很大的問題。目前沒有任何跡象顯示南俄羅斯人（也就是庫爾干人）在西元前二〇〇〇年之前說的是印歐語！目前可確定最早說黑海—裏海印歐語的人是印度—伊朗人。說黑海—裏海印歐語的人和印度—伊朗人一樣，很有可能是來自印歐人發源地的北

23 Childe, op. cit.

歐移民。他們是北歐人，而且黑海—裏海入侵者在遷徙到波斯和印度之前，曾經為烏克蘭幾條河流命名。後來賽西亞人從東邊入侵這個國家，再後來哥德人由北方入侵，最後來的是斯拉夫人，包括俄羅斯人、烏克蘭人和維京人等。他們都是印歐入侵者，同時DNA研究結果已經明確證實他們和斯堪地那維亞半島北歐人間的血緣關係[24]。「赭土墳墓」的印歐文化是屬於中石器時代和新石器時代早期的庫爾干文化。

印歐人的主要特色是戰斧、繩紋器皿(以繩索印紋裝飾的陶器)，以及單人葬習俗。柴爾德在論文中指出，戰斧僅出現在較晚期的俄國南部塚墓(堆墳)中。而且庫爾干當地人製作的陶器也不是這種有特色的繩紋器皿。前面曾經提過，即使同樣是單人葬習俗，晚期庫爾干人也和亞利安人不同[25]。儘管如此，柴爾德仍然無視於這些差異，斷定歐洲北部的繩紋器皿傳統和黑海—裏海地區的庫爾干傳統應該是相同的文化。不僅如此，柴爾德還為印歐人多加了一個特色。他認為這些人既然比較優越，因此必定是騎在馬上征服其他民族。

可惜的是科學受到政治干擾。為了尋求政治上的正確，柴爾德無視於由西朝東遷徙的證據，選擇支持由東朝西遷徙的假設。歐洲北部文化的歷史比俄國文化悠久。由於一九二六年時的年代鑑定的方法不太好，因此柴爾德還可以提出遷徙是另一個方向。他認為如果亞利安人是俄國人的話，那麼接受亞利安種族優越論就沒有什麼不好。

24 參見Cavalli-sforza, L.L., Menozzi, P., and Piazza, A. 1994, *The History and Geography of Human Genes*, Princeton Univ. Press, Princeton.

25 Childe, op. cit.

因此考古學界開始流行一種理論，認為亞利安人發源於頓內次河谷附近的俄國大草原。為了求取政治正確，選擇了錯誤的科學。這種論點受到反納粹政治意見的支持。

戰後時期所謂「庫爾干理論」最具影響力的倡導者，是被蘇俄流放的金布塔斯（Marija Gimbutas）。她在一九五二年到一九九七年間發表了一系列文章，宣揚歐亞大陸被俄國庫爾干人征服歐洲的想法[26]。金布塔斯是考古學家，但非常喜歡發表看法，而不提出科學證據證明她的結論。她宣稱印歐語使用者的祖先一定是歐亞大陸的克羅馬儂人。她推測中石器時代的共通語言演變成新石器時代的印歐語、芬蘭—烏戈爾語、雷蒂亞語，以及巴斯克語等語系。她儘管沒有科學證據，她仍然聲稱最初的印歐語使用者是西元前五〇〇〇年的庫爾干人。

金布塔斯跟隨柴爾德的腳步，和有科學證據的說法背道而馳，重新提出本廷山脈和窩瓦河大草原是印歐語使用者發源地的舊概念。面對排山倒海的反對聲浪，她宣稱這些「俄國」騎士征服了歐洲北部。她假定繩紋器皿傳統不是來自歐洲北部，而是被庫爾干人帶到黑海—裏海地區。金布塔斯的意思是俄國騎士消滅了被征服的北方民族。

金布塔斯的確寫過很多文章，但事實和她的結論往往沒什麼關聯。她於一九三七年這麼寫道[27]：

---

26 金布塔斯的重要論文於一九九七年集結出版於*The Indo-Europeanization of Northern Europe, J. Indo-Eur. Studies*, Monograph 18, 404 pp.

27 Maria Gimbutas, 1963, in M.R. Dexter & K. Jones-Bley and M.E. Huld (eds), *The Indo-Europeanization of Northern Europe, J. Indo-Eur. Studies*, Monograph 18, p.183.

> 完整的「庫爾干文化」體系不是純粹基於單一的共通特色（同構）——塚墓（堆墳）。「庫爾干」是傳統的名稱，代表的不是一種特徵，而是許多元素的總和。這些元素包括父系社會、階級制度、由有權勢的酋長統治的小部落單位、以畜牧為主，但包含養馬和耕種作物的經濟、小型地下或地上方形木柱小屋、小型村莊和大型山丘堡壘等建築特色、沒有繪畫而以壓印或戳刺裝飾的粗製陶器、宗教元素顯示有天空或太陽神及雷神、以馬匹獻祭，以及崇拜火等。

她並沒有證明庫爾干人是亞利安人，也沒有證明庫爾干人說的是印歐語。

金布塔斯和擁護者假設印歐人曾經獲得勝利，因此斷定他們一定是來自俄國南部的騎馬民族，他們從大草原大舉出擊，征服了一半的「舊世界」，但她提不出任何歷史證據來證明這個震撼世界的事件。她推測俄國征服者，少數和歐洲北部當地人混血而形成了北歐民族，但她沒辦法指出是哪個民族被征服。她堅稱征服者強迫當地人使用印歐語，但她也沒辦法指出當地人原來使用什麼語言。她似乎相信征服者將戰斧帶到歐洲北部，但是除此之外他們沒有帶來任何庫爾干文化。

我不知道該讚賞或反駁這位教授的怪誕幻想。我可以想像她和大家一樣，覺得日耳曼民族主義讓人不快，而且受不了納粹宣傳的亞利安人優越論。但她竄改了戈培爾的宣傳內容，將亞利安人換成庫爾干人，當時她在作品中這麼寫道[28]：

28 Maria Gimbutas, op. cit., p. 25.

庫爾干人之所以征服近三分之二歐洲大陸，主要原因在於他們的社會組織。

的確，她認為庫爾干人優越的原因是「父系社會、階級制度，以及由有權勢的酋長統治」。她甚至差一點寫到庫爾干人征服三分之二歐洲亞洲是因為他們的「元首崇拜」。

如果早期庫爾干人不是印歐人，又是哪一種人？金布塔斯和學生給了我們很多資料[29]。但這些事實只加強兩種民族不同的意見。

位於庫班，年代為西元前二九〇〇—二六〇〇年的麥科皇室陵墓，有許多陪葬物品，包括金、銀、銅質戰斧。這些陵墓相當類似伊朗與安納托利亞的現代皇室陵墓。窩瓦河谷的雅姆納雅(Yamnaya)文化也具有單人葬墳堆的特色，年代則為西元前三〇〇〇年左右。裡面的陪葬物品很少，有一些戰斧，但墓中的陶器大多屬於球狀長頸瓶這類。這些陶器不是歐洲北部常見的繩紋器皿，而類似於在安納托利亞和馬其頓發現的陶器。早期庫爾干文化十分近似於伊朗和安納托利亞文化，可以證明早期庫爾干人不是印歐人的始祖，因為西元前第三個千年前半住在伊朗和安納托利亞的人並不是印歐人。印歐喀西特人和西台人當時還沒有到達此地。舉例來說，安納托利亞的胡里人說的語言很接近現在高加索山脈中的民族說的語言[30]。他們大概是庫爾干人最

[29] 參見K. Jones-Bley, 1996. In K. Jones-Bley and M.E. Huld (eds), *The Indo-Europeanization of Northern Europe, J. Indo-Eur. Studies*, Monograph 17, p. 89-107.

[30] 參見Wilhelm, Gernot, 1994, *The Hurrians*, Aris & Philips, Warminster, England, p. 4.

後的後代，但絕對不是印歐人[31]。

謬誤的庫爾干至上思想

亞利安迷思是邪惡的謬誤思想。這種思想認為亞利安人屬於優越民族，說的語言也比較優越，他們征服各地，將他們的語言散播給被征服的劣等民族。然而這個錯誤的思想在二十世紀又受到頭腦不清的科學家擁護，他們認為只要以俄羅斯民族主義取代日耳曼民族主義，亞利安種族主義就不算邪惡。柴爾德於一九二六年做了錯誤的抉擇，金布塔斯於一九五二年採納了柴爾德的結論。她受到亞利安人迷思誤導，認為印歐人是征服者，而且只有庫爾干騎士才能征服其他人。她被錯誤的想法所迷惑，以為亞利安征服者一定有個領袖，和德國的納粹一樣。她似乎認為如果亞利安人不是德國人，而是俄國人，納粹這類領袖思想是可以接受的。

金布塔斯獲得許多考古學家支持，但研究現場資料的科學家很難將事實和她天馬行空的想法連結起來。許多和她關係不錯的作者批評她的庫爾干理論[32]，惠特爾的評論相當有見地，他是這麼說的[33]：

> 庫爾干假設所依據的特性描述十分簡略，一方面生活方式完全游移不定，另一方面又完全固定

---

[31] 這種語言應該屬於巴斯克丹尼恩超級語族，當然不是印歐語。將在下一章中詳細探討這個語言學問題。

[32] Whittle, op. cit.

[33] J.P. Mallory, 1989, *In Search of the Indo-Europeans*, Thames and Hudson, London, p. 185.

不動。對其擴張而言，尋找放牧地這個論證似乎過於薄弱，但這個論證往往很快流傳開來。庫爾干假設忽略了歐洲東南部的變遷紀錄。如果這個假說更有說服力一點，我們應該可以在本廷山脈地區看到大幅變化的初步徵兆，其後逐漸朝西擴散。事實上似乎正好相反，變化是由歐洲逐漸朝東擴散。

麥勒瑞(J.P. Mallory)儘管對亞利安迷思十分反感，卻意識到了「庫爾干熱」的愚蠢。他曾經這麼寫道[34]：

> 所有關於入侵和文化變遷的論證，幾乎都不需庫爾干人擴張理論就可獲得更好的解釋，而目前提出的證據大多不是完全與其他證據矛盾，就是出於顯然扭曲東歐、中歐和北歐文化史的解釋。

麥勒瑞沒有明說，只以暗示提出完全沒有證據顯示，這些西元前三〇〇〇到四〇〇〇年堆墳裡面埋的人說的是印歐語。金布塔斯的確判定幾具庫爾干遺骸是「最初的克羅馬儂人」，外貌和北歐人相似。這一點其實沒有關連。她不接受庫爾干墳堆中埋的可能是從北歐來到俄羅斯南部的移民這個明顯的事實，反而相信荒誕的說法，認為長得像北歐人的俄國人跑到北歐，還征服甚至消滅了住在當地的非印歐人。

34 Herm, G. 1996, *Die Kelten*, Cosy Verlag, Salzburg, 438 pp.

要不是她可說是目前最受尊敬與推崇的一位學者，我可能早已忽略這位優秀的教授。位於美國華盛頓特區的人類研究學院出版了三份專題著作向她致敬。她的假設已經成為公理和典範，深入考古學、語言學和人類學的解釋。她的假設是「新迷思」。我不敢相信這位傑出的教授是種族主義者，但她的理論確實激發了俄羅斯民族主義。Herm Gerhard在一本暢銷書中寫道[35]：

> 我問蘇聯考古學家梅森(Vadim Mason)他怎麼看待自己作品的中肯程度。
>
> 他溫和地說：「你知道嗎，我們不敢做出最重要的結論，或將我們的發現放入世界歷史的基本架構中。」
>
> 我幾乎忍不住笑出來，但還是繼續問下去：
>
> 「你當時也同意，希臘人、羅馬人、日耳曼人和塞爾特人的祖先都來自裏海地區。」
>
> 他答道：「沒錯，我們已經證實了這一點。」
>
> 「那麼我們都是你們的後代，我們都是俄羅斯人。」
>
> 他臉上浮起一抹淺笑：「這麼說也對。」

宣揚這個種族理論的不只是俄羅斯人。小學課本中也將金布塔斯的主張視為已確定的歷史

35 Hayden, Brian, 1993, *Archaeology*, Freeman, New York, p. 343.

事實：

> 西元前三〇〇〇年到四〇〇〇年左右，印歐人只是數千名游牧民族，分布在俄羅斯南部大草原、高加索山以北，以及烏拉山以西。印歐人在數千年間分散到歐洲全境、小亞細亞和印度次大陸，相當令人驚訝。印歐人擴張造成名副其實的人口爆炸。人類歷史上這樣前所未有的現象亟需一個解釋，但社會科學家對這個主題大多保持緘默。目前還沒有人著手建立模型來解釋如此快速的人口爆炸。

先前的作者似乎沒有體認到，即使印歐人的發源地不是德國而是俄羅斯，亞利安種族主義還是亞利安種族主義。如果一位考古學教授告訴學生，幾千名游牧民族在幾千年間征服了歐洲、西亞和南亞，造成人口爆炸，不算是自大或愚昧嗎？如果真的有這種狀況，那一定會成為人類歷史上空前絕後的現象。

這位傑出的教授沒有想到，這樁「人類歷史上前所未有的現象」可能不存在。她不知道「社會科學家對這個主題大多保持緘默」，是因為這個空前絕後的現象並不存在。她沒有發現「沒有人著手建立模型來解釋如此快速的人口爆炸」，因為根本不需要建立模型來解釋一個不存在的人口爆炸。

柴爾德、金布塔斯和擁護者的整套想法，源自於試圖反駁納粹宣傳的亞利安優越性。一九三〇和一九四〇年代流行否定科學中的固有事實。希特勒宣稱亞利安物理學優於猶太物理學。

史達林借用了李森科學說，將瓦維洛夫和其他幾位遺傳學家送到西伯利亞勞改。考古學似乎也有亞利安與庫爾干兩個學派的分裂現象。盟軍戰勝後，亞利安考古學也隨之消失。科學政治化的鐘擺開始由納粹德國的「亞利安迷思」擺向另一端的蘇聯「庫爾干迷思」。這個趨勢持續了整個二十世紀後半，合理的反對卻相當少。熟悉古語言學的德國人知道真相，但大多不敢公開表示。生長在戰後時期的年輕德國人覺得，否定種族這個概念才算時髦。他們寧願認為亞利安人並不存在，同時否定日耳曼人曾經是個別繁衍族群。

印歐人、亞利安人是北歐人

由於愚昧加上種族主義的雙重影響，洪堡德宣稱印歐語系是最優越的語言。這不是事實，我們也可以提出有力論述，證明中文是最優越的語言，但這不表示中國人是最優越的民族。

由於愚昧加上種族主義，考古學家將印歐人抬高成百戰百勝，攻無不克的種族。這當然也不是事實，因為亞洲北部民族打仗的記錄更加輝煌。匈奴遷移到東歐，引發日耳曼民族大遷徙。蒙古人從葉尼塞河來到中國西北部，征服並同化了來自歐洲的吐火羅人。塞爾柱土耳其人打敗了東羅馬帝國，奧圖曼土耳其人的軍隊則一直打到維也納城外。韃靼人征服了俄羅斯南部，並在波蘭打敗歐洲聯軍。帖木兒人征服了印度，建立蒙兀兒帝國。滿洲人在康熙皇帝領導下打敗了俄國，日本也在一九〇五年打敗俄國。亞洲北部人對印歐人一向戰無不勝，直到一九四五年日本才第一次戰敗。

由於愚昧加上盲目自大，西方歷史學家認為征服者是超人，但中國人則認為他們是未開化的蠻族。即使匈奴統治了中國北方，中國人還是認為他們是「奴」；即使忽必烈逼得宋朝最後一個皇帝跳下南中國海，中國人還是認為蒙古人是野蠻人。事實上，亞利安人不是攻無不克的優越民族。即使他們曾經征服過別人，也沒有理由說他們優越。他們有許多是野蠻人，納粹德國人的行為更印證了這一點。

新舊迷思支持者還有一個錯誤的想法，就是假定語言必須透過征服來散播。沒錯，距離現在最近的例子十分明顯。像美國、澳洲、紐西蘭這些地方，殖民地開拓者趕走原住民，取得土地之後，這裡的人都說英語。猶太復國主義者趕走巴勒斯坦阿拉伯人，取得土地之後，那裡的人都說希伯來語，這樣的例子很多。不過，語言散播還有另外一種方式，而且人口移動並不等同於征服。

語言可隨移民散播到新的地方。說玻里尼西亞語的人到了夏威夷，因為島上沒有其他人類，所以還是繼續說玻里尼西亞語。阿勒曼尼人說瑞士德語，因為在瑞士東部未開發森林中也沒有其他人類。

事實上，征服者的語言不一定占優勢。法國，或稱為法蘭克王國，是征服者法蘭克人建立的日耳曼國家，但他們說的法語卻源自拉丁語，而不是日耳曼語。另一個日耳曼部落倫巴底人定居在義大利北部，但他們捨棄了自己的日耳曼方言，改說義大利語。滿洲人征服中國，統治了將近三百年，但他們現在說漢語，忘記了自己的語言。因此，印歐語向外散布不一定能證明征服成功，當然更不是亞利安人優越的證據。亞利安人到達印度河河谷時，建立城市的人早就已經離開。吐火羅人到了塔克拉瑪干沙漠，那裡一向沒什麼人居住。巴爾幹半島山頂城堡的建造者是外來入侵者，而不是征服者。他們全心防衛，但他們的方言被採用了，因為對於這個方言很多的地區而言，這種外來語言反而成為比較好的共同語言。

北歐人在第三個千禧年最後幾世紀朝南方和東方遷徙，已經是科學事實。這個事實並沒有支持優越種族的意識型態。歐洲印歐化的庫爾干理論是差勁的科學宣傳，用錯誤的意識型態取代同樣錯誤的意識型態。亞利安迷思只是迷思，這種意識型態沒有學術地位。庫爾干理論是更為差勁的理論，而且完全沒有科學地位。平衡研究所有科學事實之後所得的結論是，原始印歐人是新石器時代歐洲北部的農牧民族，在第三個千禧年最後幾世紀向南和向東遷徙。

我提這個亞利安人的問題，是因為我們須要了解氣候與人類遷移的關係。假如亞利安人是庫爾干人，我們就無解釋他遷移的原因，假如他們是北歐人，那麼我們可以問：這些印歐人的祖先是誰？他們又是在什麼時候、用什麼方式到達歐洲北部？

這些印歐人為何離開北歐？他們在散布過程中如何到達各地？

這些疑問將是下兩章的主題。

｜第五章｜

從尼安德塔人到亞利安人

現代人體內有一點點尼安德塔人。

賈奎・海斯, “Humans and Neanderthals Interbred.”

——《宇宙雜誌》，2008年11月2日

遷徙之前，印歐人是居住在歐洲北部的新石器時代人類，這些人和今天的北歐人一樣，眼睛是藍色的、頭髮是金色的。一萬五千年前冰川期到來，歐洲北部覆蓋在冰雪下。他們的祖先來自何處？他們什麼時候到達他們的故鄉？要解答這些問題，必須先了解人類的演化以及語言散布的歷史。

個別繁衍族群

如果說因為納粹的過往歷史，「純淨種族」這個詞變得令人厭惡，我們可以借用植物培育中的說法，來談談純粹品系。儘管種族主義讓人厭惡，但我們還是必須了解，世界上確實有同質族群。這種同質性或許是原先就存在，或許是奠基者效應，也有可能是異質成員互相融合，在地理上與外界隔離的地點長期近親繁衍而來。

遺傳學研究可以告訴我們關於人口族群歷史的線索。世界上所有人口都有A、B、O等各種血型的人。不過美洲原住民除了少數例外，只有O型血型，缺少A型和B型的遺傳標記。這種現象被認為是奠基者效應，顯然來自西伯利亞的原始族群人數並不多。即使當時有A型或B型血型的人，他們也沒有留下A型或B型的後代，只有O型血型的人存活至今。現在科學家從他們的後代追溯得知，有一小群移民在海平面較低時越過白令海峽來到美洲。冰川期後海平面上升，這些美洲原住民和舊世界隔離，不得不近親繁衍。他們變成一種「純淨種族」，就像穀物培育中所說的純粹品系，擁有同質性的遺傳組成。

現在提到種族純淨，似乎在政治上並不正確，但可能是一個事實敘述。種族純淨不值得以此自豪，美洲原住民也沒有大肆宣揚他們的種族純淨。事實上，缺乏基因交流可能是個缺點。塔西圖斯在西元一世紀寫到日耳曼人「是土生土長的純淨種族，極少因其他民族加入而混合。」塔西圖斯不是種族主義者。他來自羅馬這個融合了亞洲、非洲和歐洲各地民族的大熔爐，觀察到日耳曼人在身體外觀上的同質性。這種同質性源自於長期隔離下的近親繁衍。在塔西圖斯的時代，日耳曼人是同質性的個別繁衍族群，跟羅馬人的基因多樣程度相較之下可說是純淨的種族。

小孩是由雙親各出一半所組成。同型合子特徵是一個人的某種特徵有兩組相同的基因，分別來自父母雙方。異型合子則是有兩組不同的基因，分別來自父母雙方。棕色眼睛的人可能是有兩組棕眼基因的同型合子，也可能是有顯性棕眼和隱性藍眼兩種基因的異型合子。不過藍眼的人一定是同型合子，有兩組隱性基因。這個遺傳規則是一八六五年由奧地利修士孟德爾首先提出的孟德爾遺傳定律。

髮色或膚色的遺傳比較複雜，牽涉到的基因可能不只一對。與此有關的其他因素更多，而且可能會出現使異型合子處於中間狀態的組合。舉例來說，美國黑人很少有純黑或純白，而是程度不同的深色膚色。分析人類遺傳變異很適合用來追溯人類的血統。

白皙的膚色在歐洲北部相當普遍，歐亞大陸也有一部分淺色眼睛和頭髮（ＬＥＨ）的顯型。瑞典和挪威的ＬＥＨ近同型結合和美洲印地安人的Ｏ型血同型結合一樣，都是奠基者效應，也就是說，ＬＥＨ繼承自一小群開拓原先無人居住地區的金髮藍眼人類。冰川時期覆蓋在冰雪下的歐洲北部，確實沒有人居住。但這一小群金髮藍眼的人是誰？他們來自什麼地方？

人類學家西德瑞斯(Raymond V. Sidrys)提出他的觀點，認為金髮藍眼的北歐人是外地入侵者和歐洲定居地先住民混血的結果[1]。

依據遺傳繼承追溯第一個夏娃，她的眼睛和頭髮很有可能都是深色。深色的眼睛和頭髮是正常狀態，LEH基因則源自於造成白化症的基因突變。不過，要讓LEH基因在族群中變得普遍，需要的不是經常發生突變，而是天擇。突變的基因應該具有某種天擇優勢，才會在族群中保留下來。

較淺的膚色可能是北方的適應特徵。人類需要維他命D來維持生命，而這種維他命是經由曬太陽製造。因為住在寒冷北方的人沒有充足的陽光，皮膚白皙的人可提高維他命D的製造能力，應該具有天擇優勢。LEH基因可能和白皙膚色有關，因此在天擇中較為有利。在遺傳學家的術語中，LEH基因是「能適應天擇的多效性複合體的中性要素」[2]。LEH基因本身或許也有適應上的優點。在北方幽暗迷濛的光線下，淺色眼睛的獵人可以看得更清楚，另外，人類在性選擇上或許已學習到偏愛金髮藍眼的人。

---

1 Sidrys, R.V., 1996. In K. Jones-Bley and M.E. Huld（eds）, *The Indo-Europeanization of Northern Europe, J. Indo-Eur, Studies*, Monograph 17, pp. 330-349.
二〇〇九年三月：在尼安德塔人基因組中發現紅頭髮基因，印證了我原先對LEH基因出自尼安德塔人的推測。現代印歐人族群體內的LEH基因，可能是在智人入侵歐洲西北部並與尼安德塔人融合之後，由尼安德塔人繼承而來。

2 參見同書 p. 333, R.V. Sidrys 的討論。

要將僅少數人擁有突變ＬＥＨ基因的族群改變成同型結合的ＬＥＨ個別繁衍族群，需要時間來進行突變和天擇。ＬＥＨ族群存在，就可證明這段時間應該足以讓突變發生，因此問題是天擇不只一種。除了必須增加ＬＥＨ基因出現的頻率，還必須除去深色頭髮和棕色眼睛（ＬＥＨ）的基因。除此之外，這些基因也不能夠從外界進入。這些因素在在顯示，這個繁衍族群一定已經孤立很長的時間。

歐洲北部之外的地區沒有ＬＥＨ族群，不能完全歸因於適合的環境太少，例如西伯利亞人的居住環境就和北歐人差不多。比較可能的原因是，世界上沒有其他地方和歐洲西北部一樣，與世隔絕了這麼長一段時間。舉例來說，美洲原住民成為個別繁衍族群的時間即使沒有二萬五千年，至少也有一萬二千年到一萬三千年，但他們並沒有變成金髮藍眼。或許是孤立的時間不夠長，美洲原住民在遺傳上仍然和西伯利亞的近親相當接近。澳洲土著也沒有變成金髮藍眼。他們孤立的時間夠長，但他們沒有居住在高海拔環境，促成ＬＥＨ的天擇發揮作用。在全世界各地，歐洲西北部是唯一曾經因為氣候變遷而長時間孤立的高海拔地區。上次冰川期中，不列顛群島南部、法國中部和伊比利亞半島分別被阿爾卑斯山、地中海、芬諾斯堪地亞冰帽、以及歐洲中部森林與其他人類隔離[3]。

3　二〇〇九年三月。遺傳學家現在認為，尼安德塔人與智人在大約七十萬年前擁有共同的祖先，後來尼安德塔人由非洲向北遷徙，與其他人類族群隔離。隔離三萬或四萬代之後，應該足以繁衍出隱性基因的接近同型結合族群。認為藍色眼睛基因是一萬年前因突變而出現的推測，基本上違反常理。歐洲北部的印歐人隔離的時間很短，難以繁衍出具有ＬＥＨ基因的同型結合族群。

上次冰川期是什麼人住在如此孤立的地方？當時有克羅馬儂人，但他們四萬年前才居住在這裡。在此之前，尼安德塔人是歐洲西北部的個別繁衍族群[4]。

一八六八年，在法國西南部埃澤鎮附近的克羅馬儂一處岩石遮蔽處發現了人類骸骨。他們使用的石器與在奧瑞納克發現的相當類似。我們現在將舊石器時代晚期的人類稱為「克羅馬儂人」，其文化稱為「奧瑞納文化」。克羅馬儂人是智人，屬於原始歐洲血統。許多人為長形頭顱，跟現代歐洲北部人一樣。

年代最久遠的克羅馬儂人骸骨和奧瑞納文化人工製品大約距今四萬五千年，發現於保加利亞。人類向西遷徙的足跡可由奧瑞納文化石器分布加以追蹤。克羅馬儂人於距今三萬六千年前到達德國南部，於三萬四千年前到達法國西南部[5]。

在迦密山洞穴中發現智人的骸骨，證明在十萬年前的舊石器時代中期，現代人已經居住在

---

4 Stringer, C. and Gamble, C. 1993, In *Search of the Neanderthals*, Thames and Hudson, London, 247 pp. 二〇〇九年三月。傳統看法認為尼安德塔人和智人是不同的物種，無法融合繁衍後代，但現在遭到遺傳研究的強烈質疑。目前的看法認為，這兩個族群在長時間分離後再次相遇時，可能已經融合。現代人族群身上有尼安德塔人的基因。尼安德塔人沒有滅絕，但被入侵的智人同化。某些正在逐漸消失的民族，例如中國的滿人或北美洲的美洲原住民，就可當成不錯的例子。依照這樣的詮釋，歐洲北部的混血後代自尼安德塔人族群繼承了ＬＥＨ基因，成為克羅馬儂人，後來又成為印歐人個別繁衍族群。遷徙到亞洲的智人則與不具ＬＥＨ基因的直立人融合。因此除了在印歐人遷徙時到達亞洲的族群之外，藍眼金髮的民族在亞洲相當少。

5 Guilane, J.（editor）, 1986, *The World of Early Man: Facts on File*, New York, 192 pp.

以色列[6]。從當時到現在，氣候已有很大的改變。最近一次間冰期（以往稱為「里斯—玉木間冰期」，現在稱為「第五期」）結束時，第一批智人出現[7]。但後來阿爾卑斯山冰川全部回復原狀，整個瑞士在距今七萬年至四萬五千年間（第四期）埋在冰雪之下。第一批現代人沒有離開中東太遠，一直到距今四萬五千年至三萬年間比較溫暖的「次冰期」第三期，才開始遷徙。接著，冰川在第二期再度前進，於一萬八千年前達到冰川時代的最高峰。

化石發現和語言研究結果顯示，現代人先由中東向東遷徙，到達亞洲和澳洲。不過到了較溫暖的第三期，遷徙障礙消除之後，他們開始向歐洲遷徙。這些進入歐洲的移民（或可說是入侵者）帶來了舊石器時代晚期的奧瑞納工藝。冰川再度前進時（第二期），冰川、森林和海洋再度阻斷了遷徙之路。在冰川期氣候最寒冷的一段時間，歐洲西北部的人再度陷於重重隔離。

現代人來到歐洲西北部時，這裡並非無人居住。尼安德塔人當時已在那裡居住了一段時間。他們是第四期時土生土長的歐洲人。在第五期間冰川沉積物和第六期冰期沉積物中，都曾經發現具有尼安德塔人特徵的古老骨骸。目前最古老的尼安德塔人骨骸，是在德國韋瑪地區和威爾斯發現的，年代為第七期，距今大約二十三萬年。歐洲年代更久遠的人類骸骨無法斷定為尼安德塔人，但具有世界各地直立人的共同特徵。因此化石記錄顯示，尼安德塔人或許曾經是

---

6 同前書 Guilane, J.。

7 二〇〇九年三月。於上次冰川期（Stage 3）的中間溫暖期在歐洲西北部與尼安德塔人相遇的智人族群，是最後一批經過中東地區離開非洲的智人。目前遺傳學家大多認為，這兩個族群的共同祖先是七十萬年前居住在非洲的直立人。

歐洲西北部的個別繁衍族群，時間超過一萬個世代。長時間的孤立或許足以使尼安德塔人成為LEH同型結合的特殊人種[8]。

尼安德塔人是否活過了冰川期？現代歐洲人身上是否有他們留存下來的遺傳因子？

尼安德塔人適應了非常寒冷的氣候[9]。他們體格壯碩，肌肉強健，擁有很大的桶型胸腔和很長的背脊，腿相對較短。他們的四肢比率和北極圈的拉布人相仿。尼安德塔人男性的平均身高為一七〇公分左右，女性則為一六〇公分。他們的體重也和一般歐洲人相仿，男性約為六十五公斤，女性為五十公斤[10]。

目前沒有身體上的證據可證明尼安德塔人的膚色，或是眼睛與頭髮的顏色[11]。他們的膚色應該比較白皙，另外，如果他們已經適應當時的氣候環境，族群中應該會有許多金髮藍眼的個體。

科學家以往認為尼安德塔人是不同的物種。不過目前許多人類學家發現，我們有理由相信

---

8 現在遺傳學家認為，尼安德塔人開始與智人分離的時間更早，分離時間足以在隔離族群中繁衍出同型結合LEH基因。

9 同前書 Stringer, C. and Gamble, C.。二〇〇九年三月。尼安德塔人可在攝氏零下三十度的嚴寒環境下生存，聽來似乎相當驚人。有人猜測他們可能有泛紅的棕色毛皮，保護自己免於曝曬。也有證據顯示他們可能在冬季冬眠。

10 同前書 Stringer, C. and Gamble, C.。

11 二〇〇九年三月。紅色或紅褐色的頭髮和淺色的皮膚與MCIR的三種突變有關，而這些突變起源於幾萬年前。現在大多認為這些特徵已經透過尼安德塔人與智人混血而進入智人族群。

他們跟智人是相同的物種。現代人屬於Homo sapiens sapiens亞種，尼安德塔人則屬於Homo sapiens Neanderthalensis亞種。

尼安德塔人主要居住在歐洲西北部，但他們的骸骨也散見於其他地點。有些尼安德塔人似乎離開故鄉，越過遷徙屏障，到達中東地區。他們在冰川期之間的第五期(大約為九萬年前)居住的地方相當接近最早的智人。跟尼安德塔人年代相當，但居住在非洲和遠東地區的人類與尼安德塔人明顯不同，因此被稱為「類尼安德塔人」或「直立人」。他們代表平行的演化世系，某些特徵也和歐洲的尼安德塔人相同[12]。

尼安德塔人和同時代的人類生活在舊石器時代中期，使用稱為「穆斯特工藝」的石器製造方法。尼安德塔人或許曾經是個別繁衍族群，但儘管在人類學上有所不同，在文化上卻是全世界同出一門。穆斯特時期(八萬五千年至三萬五千年前)維持了五萬年的文化穩定。

穆斯特文化的人工製品及尼安德塔人的骸骨，在年代少於三萬年的沈積物中沒有出現，穆斯特工藝被奧瑞納工藝取代，尼安德塔人也被克羅馬儂人取代[13]。

尼安德塔人究竟怎麼了？他們是否和現代人和平相處？或者是遭到滅絕？

---

12 二〇〇九年三月。研究人員目前認為，現代人與尼安德塔人隔離了七十萬年之後，再度相遇並融合繁衍後代。

13 同前書 Stringer, C. and Gamble, C.。

滅絕還是融合

經過一百五十年的化石骨骼和人類遺傳研究，科學家對人類演化的最初數百萬年得到令人驚訝的一致看法。目前的爭議都集中在年代最近的歷史，也就是現代人的起源。

人類與猿猴的區別有幾項標準：以雙足行走、下顎與牙齒的解剖構造、大腦容積、製作工具，以及思想與語言等。依據基因時鐘，人類與猩猩的分化時間是六百萬年[14]，正好跟全球氣候變遷，地中海乾涸的時間互相吻合[15]。

第一個人類特徵是以雙足行走。最初的人類腦容量很小，不會製作工具，大概也不會講話，稱為雙足猿猴。促成以雙足行走的最初原因是六百萬年前非洲氣候變得較冷及較為乾旱。猿猴居住在熱帶森林，棲息地因森林覆蓋面積縮小而受限。儘管如此，目前發現最早的人類化石仍然居住在林地或森林，只有年代少於四百萬年的南人猿(Australopithecus)通常居住在樹木稀少的平原[16]。

最早的人類牙齒變得越來越像人類。他們原先是素食性，但逐漸轉變成雜食性。他們以採集、狩獵和撿拾死亡動物為生。他們在行動方面很像人類，這是以雙足行走的結果。不過他們並沒有走得很遠，還是留在非洲。

---

14 Jia Lanpo & Huang Weiwen, 1990, *The Story of Peking Man*, Oxford: Oxford Univ. Press, 270 pp.

15 Guilaine, J., op. cit., p. 48.

16 Weidereich, Franz, 1948, *A Study of Pre-Historic China*, Shanghai: the Commerical Press.

直到二百五十萬年前左右，雙足猿猴才再度跨出演化的一大步，人屬由南猿屬分化出來。大腦容積在二百萬年間由南猿屬的三五〇ｃｃ增加到巧人的六六〇ｃｃ，在四十萬年前到十萬年前之間，再增加到早期直立人的八五〇ｃｃ和晚期直立人的一一〇〇ｃｃ。最後，智人的大腦容積增加到一三〇〇ｃｃ左右[17]。

石器製作技術似乎隨大腦容積增加而提昇。南人猿不會製作石器，但可能用骨頭來達成各種目的。人屬動物會製作石器，但最早的巧人只會製作十分簡單的石器。石核器用於砍劈、削刮及粗略切割，由石核器取下的銳利薄片則用於細部切割。

第一次大幅進展是一百八十萬年前直立人的演化。最古老的化石發現於非洲（肯亞）、亞洲（爪哇）和高加索地區（喬治亞共和國）。這些化石擁有較大的大腦容積，但製作技術沒有進步。較新較複雜的工具，稱為阿舍利文化，直到一百五十萬年前才出現在非洲。最令人驚訝的工具製作技術是手斧，工具製作者必須有條不紊地敲下許多薄片，才能製作出這種斧頭。這種技巧證明了直立人的工藝成就。阿舍利石斧並沒有傳到亞洲。因此，第一批遷徙到爪哇的直立人一定是在這種技術進展出現之前就已離開非洲發源地。

---

17 二〇〇九年三月。喬治亞的Dmanisi有一枚一千八百萬年前的直立人頭骨，當時大約是歐亞大陸的冰川期。許多遺傳學家發現，我們可以將它解釋為一個人類物種由直立人演化成尼安德塔人，再演化成智人。尼安德塔人和智人可能是在七十萬年前開始分化。尼安德塔人是在大約十二萬五千年前居住在芬蘭。現代人類可能是在大約十三萬年前，利用溫暖的間冰期由非洲遷徙到亞洲南部和近東地區。請參閱 The Neanderthal theory of autism, Asperger and ADHD，網址：http://www.rdos.net/eng/asperger.htm

直立人是最先擁有大容積大腦和大型人形體格(相對於猿猴形體格而言)的人類。演化之後不久,身體上的差異促成了這種動物向外擴散,遠達非洲以外。這種動物的亞種化石發現包括直立人、尼安德塔人、北京猿人、爪哇猿人等。由於離開非洲的入侵者應該是遷徙到無人居住的地方。

人類演化的第二個里程碑,是十三萬年前智人出現。目前最古老的化石發現於非洲,地點包括南非和肯亞。距今十萬年前後不久,現代人侵入了直立人的領域。以色列的最古老智人化石年代大約為九萬年,這些早期現代人在相當接近該地區尼安德塔人的地方居住了數千年。現在最關鍵的問題是:

新居民是否消滅了舊族群?還是兩個族群和平共存,融合繁衍後代?

兩種假設的支持者提出兩種不同的答案,分別是「非洲夏娃理論」和「多地區演化理論」,科學家目前還在爭論中。

非洲夏娃理論原先稱為「非洲出走理論」。這個理論起源於李基(Louis Leakey)的構想,他於一九六〇年代提出假設,認為多個早期人類物種的演化相繼中斷,被一種來自非洲的新物種取代。斯福札(Cavalli-Sforza)等人運用基因標記,發現人類分成好幾個階段離開非洲,首先是直立人,接著是智人。他們認為新的人類到達一個地方,就會取代原先的人類。因此他們提出非洲夏娃血統理論,解釋現代人類的起源。

史特林格(Christopher Stringer)和岡柏爾(Clive Gamble)等非洲出走理論的支持者認為,直立人的演化已經中斷。這種舊物種不夠強健,競爭力不足,新的智人來到之後就被取代。因此這種理論又稱為「取代理論」。另外，它也被稱為「單一起源理論」，因為其支持者認為現代人起源於非洲的某個單一地點。小群現代人從這個發源地出發，取代了歐亞大陸和澳洲各地的直立人。這些小族群繼續演化，而現代人族群間的地理差異顯然相當晚近才發展出來，距今應該不到十萬年或五萬年。

研究人類遺傳學的科學家是非洲夏娃理論的擁護者。威爾森（Allan Wilson）和同事於一九八七年在「粒線體DNA與人類演化」上發表了他們的經典論文。生物細胞中負責產生能量的粒線體含有DNA分子。粒線體DNA完全繼承自女性，並且以突變速率極快著稱。威爾森等人分析了來自世界各地一百四十七個人身上大約百分之九的DNA序列，繪製出粒線體DNA種類的世系圖，根據這張圖可追溯到同一名約十萬年前居住在非洲的女性。一位記者以「非洲夏娃」來稱呼所有現代人的某位祖先。

人類遺傳學者進一步提出，地球人口數目可能曾經大幅減少或成長停滯。有一種說法是「為數約五千到兩萬的一小群原始人，全都是非洲夏娃的後代。他們征服了世界，人口數目大幅增加，於八萬年前取代了非洲的舊族群，五萬年前擴散到亞洲，三萬五千年前擴散到歐洲」[18]。

非洲夏娃理論提出一個大膽的想法，認為「強大的非洲人征服歐洲和亞洲，取代了所有人種」。這可說是達爾文物競天擇理論的現代版本。智人這個新人種「對最相近的近親造成的壓

---

18 Jia Lanpo & Huang Weiwen, 1990, *The Story of Peking Man*, Oxford: Oxford Univ. Press, 99-100.

力最大，甚至可能使他們滅絕」[19]。換句話說，尼安德塔人滅絕是因為「物競天擇就是保留具有某些優點，最後能存活下來的品種」[20]。現代人取代尼安德塔人，是因為不夠強健的人類無法在天擇中存活下來。

我對非洲夏娃理論不感興趣，源自於我對人類演化速率的直覺估計。我很難想像有一群智人來到歐洲，可以在不到四萬年間從深色頭髮和眼睛的人演化成ＬＥＨ同型結合族群。因此我一直比較贊同另一種說法，認為歐洲西北部現代人的ＬＥＨ基因是繼承自尼安德塔人。有些學識淵博且支持非洲夏娃理論的同事，對我的直覺嗤之以鼻。他們支持達爾文理論，認為尼安德塔人毫無疑問地應該在物競天擇下淘汰，滅絕在最相近的親屬手中。

慕尼黑大學的科林吉(M. Kringe)等人從尼安德塔人骸骨中取得少量ＤＮＡ，發現它和數千名接受研究的現代人ＤＮＡ共通點很少。他們認為這證明了「現代人身上並沒有尼安德塔人滅絕後遺留的粒線體ＤＮＡ」[21]。

---

19 我寫過多篇文章和一本書（大滅絕，天下文化，一九九二）表達我的看法，並指出達爾文沒有科學理論證明生物滅絕。演化是地球生物史。歷史必須依據有紀錄的證據重建。地球生物史必須由化石加以記錄。在智人之前，完全沒有化石證據可證明有生物物種被其他物種滅絕。達爾文的舊物種被新演化近親消滅的滅絕理論只是推測，是馬爾薩斯哲學的想法。達爾文既沒有提出科學論證，也沒有科學證據來證明他的說法。

20 Stringer, C. and Gamble, C., 同前書，p.196。

21 Jacobs, K., Wyman, J.M. and Meiklejohn, C., 1996, In K. Jones-Bley and M. E. Huld (eds), *The Indo-Europeanization of Northern Europe. J. Indo-Eur. Studies*, Monograph 17, 285-305.

我不確定數次ＤＮＡ分析是否可解決整個人類遺傳繼承問題。就算我們承認這幾個尼安德塔人不是現代人的祖先，但我們的祖先是否可能是沒有分析到的其他尼安德塔人[22]？

我的懷疑並非沒有事實根據。二〇〇二年，猶他大學的哈朋汀(Henry Harpending)等人在美國國家科學院學報上發表一篇論文。他們的人類遺傳密碼分析，得出和先前分析相反的結論。哈朋汀本身支持取代理論超過十年以上。不過他最近的ＤＮＡ研究顯示，尼安德塔人或許真的曾經和現代人融合，因為有一些史前歐洲人基因融入了現代人基因圖譜中。海菲德(Roger Highfield)在紐約前鋒論壇報上報導了哈朋汀等人的發現，標題為「人類非洲出走理論出現疑雲」。

如果現代人和尼安德塔人是不同的物種，那又怎麼可能融合呢？說不定真正的原因是，這個假設本來就是錯的！

我在一次造訪賓州的機會中見到艾克哈德(Robert Eckhard)，受到另一種理論觀點的啟發。與單線演化理論相對的假說為一八九七年由史瓦伯(Gustave Schwalbe)首先提出，他提出的演化順序開端為猿人(Pithecanthropus)，發展成尼安德塔人，最後演化為現代人。這個構想是魏登瑞

22 許多人以尼安德塔人的ｍｔＤＮＡ與人類ｍｔＤＮＡ差異很大為理由，主張融合並未發生，這種說法其實不合邏輯。以某個涵括五個世代的穴居人家族為例。如果在高祖這一代中只有一個尼安德塔人，其他都是智人，後代就可能繼承不到尼安德塔人的ｍｔＤＮＡ。如果尼安德塔人在混血族群中是少數，則其ｍｔＤＮＡ保留在混血族群中的機率就不會很大。不僅如此，ｍｔＤＮＡ還會隨時間而演化，我們無法確知在現代人類體內發現的ｍｔＤＮＡ不是由尼安德塔人的ｍｔＤＮＡ演化而來。

(Franz Weidenreich)於一九四〇年代提出「橫向區域連續模型」時所提出的，魏登瑞認為「舊世界」不同地區並存的演化族系發展成各種早期智人，進而形成各地不同的現代民族[23]。不過這個理論在一九五〇年代被柯恩(Carlton Coon)用來鼓吹種族分離，因而遭遇嚴重挫敗。諷刺的是，魏登瑞是猶太裔德國人，為逃離反猶太主義魔掌而在中國尋求政治庇護，他提出的傑出構想卻被貼上種族主義的標籤，遭到重視政治正確甚於科學事實的學者所摒棄。

橫向區域連續理論於一九七〇年代再度興起，主要是由於布瑞斯(Loring Brace)、沃波夫(Milford Wolpoff)和索恩(Alan Thorne)的努力。他們提出直立人和智人是否屬於同一物種這個關鍵問題。非洲夏娃模型的支持者主張，屬於另一生物物種的直立人不可能和智人結合繁衍，尼安德塔人也不可能留下任何遺傳繼承在現代人身上。另一種模型的支持者則認為，最末期的直立人和最早期的智人應該屬於同一個物種。它們不是兩個不同的物種，而是Homo sapiens erectus和Homo sapiens sapiens兩個亞種。尼安德塔人、北京人、爪哇的索羅人以及其他直立人個別繁衍族群並未消失，他們沒有被入侵的智人消滅。最末期的直立人可能，而且確實，曾經和最早期的智人結合，在世界不同地區繁衍出不同的現代人類個別繁衍族群(或民族)[24]。

現生物種是同物種個體所生出的後代具備存活及繁殖能力的生物物種。化石物種是研究人員依據解剖差異所區分出來的形態物種。不同的化石物種可能屬於同一生物物種，也可

---

23 G. Burenhult, 1993, "Image making in Europe during the Ice Age," In G. Burenhult (ed.) *The First Humans*, San Francisco: Harper, p. 100.

24 最新的尼安德塔人基因組序列研究結果似乎相當支持橫向區域連續假說。

能不是。某些化石在形態上非常接近現代人，因此分類相當困難也頗具爭議。舉例來說，索羅人的學名就有Homo（Javanthropus）soloensis, Homo soloensis, Homo primigenius asiaticus, Homo neanderthalensis soloensis, Homo sapiens soloensis, Homo erectus, Homo sapiens erectus等。事實上是因為索羅人的頭骨外型像現代人也像尼安德塔人。最新的鑑定意見是將索羅人頭骨判定為直立人[25]。索羅人可能是末期直立人和現代人結合所產生的後代。

橫向區域連續模型的支持者魏登瑞、沃波夫、索恩和其他學者曾經提出一個連續演化族系，由猿人發展成尼安德塔人，再到現代歐洲人，以及發展成索羅人，再到澳洲原住民。由於索羅人頭骨的年代為二萬七千年前，遠比已知最早澳洲原住民的六萬年前來得晚，因此非洲夏娃模型的支持者宣稱「多區域演化模型在年代上不可能成立」[26]。索羅人本身確實不可能是澳洲原住民的祖先，但索羅人的祖先有可能是。索羅人的年代較晚，可以解釋為直立人和智人在東南亞曾有一段重疊時期，正如尼安德塔人和解剖上的現代人在歐洲的重疊時期一樣[27]。

人類學家研究中國的人類化石時，也發現非洲夏娃或取代理論同樣難以讓人信服。人類學家在中國發掘出近一百萬年來幾乎完全連續的人類活動證據。雲南的元謀人化石和周口店的北

25　相較之下，美洲印地安人由北極圈北美地區遷徙到南美洲南端的速度快上許多，只花了一千—二千年。

26　Guilaine, J., 同前書，102-103.。

27　二〇〇九年三月。發現老年現代人類侏儒骨骸曾經誤導某些人類學家，假設出新的人類物種Homo florensis。這個主題目前仍有爭議，我支持我的朋友鮑伯・艾卡德(Bob Echard)的說法，認為並沒有florensis這種物種。

京人化石都可清楚判定為直立人。另一方面，在陝西大荔發現的頭骨則具備許多現代人特徵。大荔頭骨的年代為二十萬年前，緊接於北京人之後。因此，這項證據有助於解釋由直立人發展成智人的轉變過程。隨移民與當地人類融合而造成的基因混合，可以解釋為什麼現代中國人身上的許多解剖特徵可以上溯到北京人時期。

我們應該了解，取代模型完全承襲自古典進化論：適者生存、舊物種被新演化的近親消滅。但事實上並沒有古生物學證據可證明生物史上曾有生物滅絕的原因是被競爭物種消滅。不僅如此，這個模型也沒辦法解釋不同地區現代人遺傳組成中不同的種族特徵。可區別歐洲人和亞洲個別繁衍族群(民族)的身體特徵，在這兩種民族分開之後的五萬年間似乎沒有演化。這些差異早在歐洲的尼安德塔人和中國的北京人時代就已存在。

但在區域連續模型中，我們可以假設人類連續演化的時間可能超過五萬代，也就是超過一百萬年。人類自始至終只有一種，而最近這段時期，人類物種一直只有一個，這個物種由亞種Homo sapiens erectus演化為另一個亞種Homo sapiens sapiens，沒有滅絕也沒有取代。人類各民族是同一物種的個別繁衍族群(個別繁衍族群)。上次冰川期中，非洲、中東、歐洲、亞洲北部、亞洲南部和大洋洲各有個別繁衍中心。各民族的區域多樣性自古就已存在。區別白種人、黃種人、黑人和澳洲人等主要民族的身體特徵，至少有一部分是由直立人時代傳承至今。新居民並沒有消滅當地居民，而是互相融合。來自入侵者的基因改變了地區繁衍人口的遺傳組成。

上一章談到的吐火羅人與維吾爾人演化史可以說明橫向區域連續模型的理論。吐火羅北歐人沒有被入侵者消滅，而是和蒙古人融合，成為維吾爾人和突厥人。尼安德塔人只是表面上消失，因為現代人身上只有某些比較獨特的解剖特徵不算明顯。某些特徵，例如典型的尼安德塔人頭骨結構，似乎在自然淘汰下消失。LEH等其他特徵則留存下來，成為混種後代遺傳組成的一部分。

那麼，是否有考古證據可以證明歐洲的兩個亞種互相結合？

在德國漢堡附近漢納費爾桑出土的現代人類頭骨年代為三萬六千年前。在聖西塞荷發現的尼安德塔人骸骨和在勒恩洞穴發現的尼安德塔人牙齒，都屬於三萬四千年至三萬九千年前的Chatelperronian佩里戈爾文化層。由此可知，這兩個人類物種曾在歐洲同時並存至少數千年。

智人入侵者如何到達歐洲西北部？他們是征服者嗎？或者說，他們這些訪客是否受到歡迎？尼安德塔人又是怎麼失去身分？近數十年的發現提供了解答這些問題的若干線索。

四萬五千年前首先到達歐洲東部的現代人居所，遠比法國中部尼安德塔人的自然岩石遮蔽處先進得多。這些東方人似乎是以小群獵人行動。沒有證據可證明這些新居民是征服者。他們在一萬年間（或四百代左右）從歐洲東部到達法國，這樣的速度相當溫和。這些舊石器時代獵人並非不停移動，而是在營地或定居地周圍劃定狩獵場，因人口壓力而有必要時才再度遷移。下一代需要新的狩獵場時，就在十或二十公里外建造新營地。最後他們到達歐洲西北部，遇到尼安德塔人。這樣的速度和直立人由非洲到達東南亞地區的每代十五公里相去不遠。

居住在孤立地區的人通常比較好客。我和兒子彼得一起去崑崙山進行地質考察時，開車開了兩天，只看到一個牧羊人。他相當好客，不僅請我們到家中作客，還殺羊款待我們。馬可波羅曾經描述過古代「野蠻」人的殷勤招待，北極探險家也記載過愛斯基摩人的盛情。他們不僅招待食宿，甚至還差遣女性陪伴從遠地來的旅行者。根據人類學者研究，這些風俗的優點是增進孤立族群的基因多樣性。如果新居民能帶來後期舊石器時代製造精良狩獵工具的技術，進行友好接觸的誘因顯然更加明顯。我可以想像尼安德塔人和智人和平共存。剛開始是各自居住，後來則互相融合。

法國和伊比利亞半島的發掘工作提供了和平轉變的證據。穆斯特文化層上方只有尼安德塔人的工具，後期舊石器時代文化層下方僅有現代人類製造的工具，中間的沙泰爾佩龍層則有穆斯特文化和後期舊石器時代文化兩種人造物品。在勒恩洞穴和聖西塞荷的中間層曾經發現尼安德塔人的骸骨。我們可以斷定，最末期的尼安德塔人曾向現代人學習製造新型工具。

現代人身上有尼安德塔人的特徵，證明這種古代人沒有消失，只有某些特徵在混血過程中消失。尼安德塔人的兩項主要特徵為頭顱大和恥骨構造寬。尼安德塔女性臀部寬大，生下大頭的尼安德塔嬰兒沒有困難。但尼安德塔男性的智人妻子生產時會不會有困難？

尼安德塔人的兩項特徵（大頭與寬臀部）在歐洲人身上並不常見，但在北極圈愛斯基摩人和遠親滿洲人身上可以看見。他們和其他個別繁衍族群通婚的結果給了我一些靈感。

一九一二年中國國民革命後，滿洲人大致上只剩下單純的民族名稱，許多滿洲人和中國人結婚。我在休士頓的好朋友關氏夫婦就是這樣的異族夫妻，關先生是滿族親王，關太太是纖細的中國女性。他們的老大身形瘦高，比較像媽媽，但小兒子比較像爸爸。我注意到他們的差別，有一天說：

「關太太，寶寶的頭好大。」

她答道：「還說呢，生他的時候我差點沒命。」

在剖腹生產還很少見的年代，年輕中國女性相當害怕生小孩。關太太只是受了皮肉之苦，我一個表妹則在生下大頭的滿洲混血小孩時失去生命。

跟尼安德塔人相比，智人的恥骨構造通常較窄，也沒有大得出奇的頭顱。如果智人女性和尼安德塔人男性的後代繼承了大頭基因，結果對胎兒可能相當凶險。

考古學家也發現了這種可能性。他們指出西元前3萬年有一種新藝術形式出現。舊石器時代獵人製作胸部大、臀部突出，類似布希曼人外型的維納斯雕像。強調肥大的臀部成為主要藝術形式，時間超過1萬年，區域遍及法國、德國、奧地利、捷克一直到俄羅斯。這些女性象徵或許是護身符，也可能是描繪克羅馬儂人心目中的完美女性典範[28]。我可以猜想得到，歷經多次難產經驗之後，擁有寬大骨盆結構的女性會較受喜愛。

根據這個尼安德塔人和智人結合後的基因流動狀況，母親的臀部無論寬窄，生下小頭的小孩都應該沒有問題。窄臀女孩未來可以生下智人型頭部的小孩，但她本身可能會在生下大頭小孩時死亡。天擇壓力不一定對窄臀不利，但顯然有消滅大頭後代的作用。在尼安德塔人與智人的混血個別繁衍族群中，尼安德塔頭骨基因無法在混血過程中存活，因為有利或中性的尼安德塔人基因無法傳承下去。

---

28 具有智人型頭顱的嬰孩可以生下，而具有尼安德塔人型頭顱的嬰孩則無法在生產過程中存活下來，這可能解釋智人的選擇優越性。

我於一九九六年撰寫第一版初稿時，預測混血的尼安德塔人應該擁有智人型頭部和尼安德塔型身體[29]。沒想到不到三年之後，這個預測就獲得證實。紐約時報的威爾福(John N. Wilford)於一九九九年四月二十六日在國際前鋒論壇報上發表一篇報導〈我們之中還有少數尼安德塔人？〉。另外，里斯本考古學院的齊爾豪(Joao Zilhao)還發現了尼安德塔人和克羅馬儂人的混血兒！

齊爾豪在法國和同事合作研究尼安德塔人在西歐地區的同化過程。他們於一九九八年發現證據，足以反駁尼安德塔人被現代人消滅的普遍說法。他回到葡萄牙後在拉皮多河谷進行發掘，發現了這個混血兒。

這是一具四歲男童的骸骨，有貝殼串陪葬並塗上紅土。臉頰突出和其他面部特徵屬於現代人，但矮壯的身體和短腿則是尼安德塔人的特徵。尼安德塔人專家特里考斯(Erik Trikaus)認為這個發現是「尼安德塔人與歐洲早期現代類融合的第一項明確證據……這具骸骨證明這兩種人類曾經融合、通婚並產生後代。」最末期的尼安德塔人於二萬八千年居住在伊比利亞半島。拉皮多河谷這個男孩的年代是二萬四千五百年前，是純種尼安德塔人消失後約一百個世代。這個男孩應該不是少數通婚的結果，而是許多代尼安德塔人與克羅馬儂人混血的後代。

赫胥黎(Thomas Huxley)於一八六三年指出人和野獸之間的巨大鴻溝稱為猿人，因為人類擁

[29] 二〇〇九年三月。這個推測已經確定是錯誤的：遺傳學家已經在尼安德塔人基因組序列中找到說話的基因。

有非凡的理解和理性語言表達能力。海克爾（Ernst Haeckel）將這個想像的遺失環節稱為無語猿人（Pithecanthropus alalus）。我們的祖先什麼時候演化出語言？語言能力是250萬年前巧人出現之後緩慢發展出來？或者是在十萬年前左右現代人出現之後才快速發展出來？

頭骨的演化對語言能力發展而言極為重要。尼安德塔人的喉頭在喉嚨中的位置高，相當接近平坦的頭骨底部，現代成人的喉頭則明顯低於有角度的頭骨底部。從發聲腔道構造可知尼安德塔人的發聲器官沒有辦法發出現代語言頻率範圍內的聲音[30]。尼安德塔人或許是用簡單的聲音溝通，但克羅馬儂人是因為繼承智人血統才獲得語言和文化。尼安德塔人頭骨構造消失，可能因此加速現代人的興起。語言能力演化和繼承智慧成就因尼安德塔人頭骨構造消失而得以實現，使現代人變得與早期人類不同。

尼安德塔人頭骨基因消失或許可能是自然天擇，但排除深色眼睛與頭髮基因（DEH）似乎沒有什麼優點。轉變成LEH同型合子可能必須有刻意選擇過程輔助才能實現。古希臘的斯巴達人將新生兒放在野外，顯然是為了讓最能適應環境的小孩存活下來。這個傳說或許真有歷史根據。尼安德塔人母親和智人父親結合生下的深色頭髮嬰兒有可能遭到遺棄，以逃避社會譴責。這種選擇過程可能導致深色基因消失，形成金髮藍眼的現代人族群。

在歐洲西北部尼安德塔人的近親繁衍下，現代歐洲人成為個別繁衍族群，與其他地區的個別繁衍族群不同，而其他地區的現代人類則是其他智人和其他直立人混血的族群。沃波夫經常

30 Swadesh, Morris, 1960, *The Origin and Diversification of Language*, London: Routledge and Kegan Paul, 350 pp.

自嘲道，每天早上刮鬍子時都可在鏡中看到尼安德塔人。由頭骨測量結果可以看出尼安德塔人在歐洲留下的特徵。人類學家發現，歐洲東北部人口分為兩種，差別是上顏面突出和顱頂骨的擴大程度。這兩項差異同時也是尼安德塔人和智人之間的區別。這一點形成了一種看法，認為某種臉部特徵的存在是「殘餘尼安德塔人留存在智人族群」的實質證據。換成白話一點的說法就是：我們當中還有少數尼安德塔人。

我的朋友柏格(Wolfgang Berger)寄給我德國人類學家於一九三〇年代撰寫的文章，他們發現在他的家鄉德國法蘭哥尼亞經常可以看到尼安德塔人的特徵，另外他還寄給我一張他的漫畫式自畫像，特別強調他的尼安德塔人臉部表情。歐洲北部人是克羅馬儂人的後代。如果接受區域連續模型，則舊石器時代晚期的傑出藝術家克羅馬儂人，就是尼安德塔人和早期智人的混血後代。難怪柏格以擁有尼安德塔人血統自豪。

克羅馬儂人在解剖上類似歐洲西部和北部現代人。他們曾被形容成高大健壯、長形頭顱(dolichocephalic)，類似現在的北歐人。事實上，他們的頭顱形狀和其他身體特徵差異頗大。有些高達一．八公尺，有些則只略高於一．五公尺。許多人頭骨是長形，但有些則是圓形。

這些留在家鄉的克羅馬儂人，大致可以確定是現在庇里牛斯山中巴斯克人的祖先，但他們有可能是克羅馬儂人和冰川期之後到達歐洲南部的現代人結合的混血後代。德國人類學家提出了一個假設，認為所謂的北歐人、達利人、東歐人、地中海人和歐洲其他民族，都是克羅馬儂人的後代。有些人特別注意到克羅馬儂人維納斯雕像肥翹的臀部，則認為某些克羅馬儂人到達非洲南部，成為布希曼人的祖先。這個想法並不是完全不可能。我們知道有些克羅馬儂人確實向南翻越庇里牛斯山，阿爾塔米拉洞穴中的馬格德林人，就是拉斯科洞穴繪畫作者的近親。中石器時代在西班牙東南部用紅土在岩石遮蔽處作畫的是克羅馬儂人。他們後來到了撒哈拉沙漠，其文化和繪畫風格再從這裡一路向南傳播到南非。

不過，大多數的克羅馬儂人還是留在歐洲。其中一群到了不列顛群島。一九九七年三月二十四日紐約時報國際版有一則轟動社會的報導，報導中說布里斯托一位歷史教師塔給特是九千年前英國切德一名婦女的後代。我聯絡牛津大學教授賽克斯，他證實了這篇報導的真實性。他的研究團隊從在切德峽谷洞穴中發現的切德人臼齒上取出一小段ｍｉＤＮＡ，跟在塔給特身上取得的ＤＮＡ片段進行比對。賽克斯相信，切德人和這位教師擁有共同的母系祖先。切德人的年代是塞爾特人入侵之前，說的不是印歐語。最近的ＤＮＡ研究顯示，愛爾蘭當地人雖然說塞爾特語，卻不是塞爾特人的後代，而是巴斯克人的遠親。他們和皮克特人等不列顛群島中其他島嶼的當地人，則顯然是克羅馬儂人的後代。

另一群克羅馬儂人由法國的冰川期避難處到達北方。他們追逐退卻冰川周圍的大型獵物。當他們在歐洲中部的狩獵區域成為森林後，這些舊石器時代獵人在斯堪地那維亞冰帽縮小時遷徙到歐洲北部的凍土地帶。

斯堪地那維亞沿海地區的冰雪在一萬年前氣候最適期開始時消失。獵人來到丹麥和挪威沿海，他們的後代在冰川進一步後退時繼續朝內陸移動。他們在磨光的岩石表面刻下美麗的圖畫。這些最早期石雕的自然風格，和法國中部馬格德林洞穴壁上的繪畫完全相同。克羅馬儂人帶來了工具，他們的後代保留了馬格德林文化的藝術傳統。這些移民來到一片處女地，和其他人類多少有些隔離下繼續生活了數千年，成為印歐人的祖先。

到達新世界的移民

每個人都有最崇拜的科學家。我最崇拜的科學家是牛頓和斯瓦迪士(Morris Swadesh)。大家都聽說過牛頓，不過斯瓦迪士究竟是什麼人？

斯瓦迪士寫了一本書，書名是《語言多樣化的起源》。我對這個主題很感興趣，我們都想知道自己的起源。我們從哪裡來？我們的祖先怎麼學會說話？他們說的是什麼語言？最接近我們的近親是誰？我們跟他們是什麼時候分開的？這些答案不僅大多還沒有揭曉，甚至連能不能找到答案都難以確定。

像美國語言學家塞皮爾(Edward Sapir)這樣富創造力又勇於冒險的人，經常遭到惡言中傷。他們往往被視為沈迷於「思索」中的怪人。當時的氣氛充滿壓力，塞皮爾一直沒有勇氣公開發表他發現納德內(阿薩巴斯卡)印第安人和印度支那人的祖先曾經說同一種語言。他的學生斯瓦迪士不怕說出想法，卻因此帶來不幸的一生。

斯瓦迪士在紐約市立大學擔任副教授時支持學生運動。他在麥卡錫時代被貼上左翼份子的標籤，沒有獲得續聘。斯瓦迪士的朋友試圖介紹他到哈佛大學，但也沒有獲聘，他的「同儕」並不欣賞他的非主流觀點。他一直沒有工作，最後離開美國，於一九五六年到墨西哥國立大學任教，在那裡創立了語言年代學，後來沒有看到自己的代表作問世便與世長辭。

斯瓦迪士是我的偶像，因為他有勇氣，以及他堅信人類擁有智慧和善意，而且只要是可以解決的科學問題，人類一定都能解決。語言的歷史可說是極為有趣，但實際上無法解答的問題。斯瓦迪士找到了解決這個問題的門徑[31]。

斯瓦迪士依照古典語言學的方法，辨認出語言基本詞彙中的相關詞。舉例來說，西班牙語的*farina*、法語的*farine*、義大利語的*farina*、羅馬尼亞語的*farina*等一系列的詞看起來非常相像，是因為擁有共同的拉丁語源。不過有許多同源詞不是很容易辨認，例如只有語言學家才看得出西班牙語的*hecho*和法語的*fait*之間的關係—這兩個詞都源於拉丁文的*factu*。要辨認出來必須知道音韻變化的規則。西班牙語中的*ch*對等於古法語中的*it*。這類對等現象不僅出現在hecho = fait這個例子，還包括*noche* = *nuit*、*trucha* = *truit*、*leche* = *lait*、*techo* = *toit*、*conducto* = *conduit*、*productor* = *produit*、*dicho* = *dit*、*lecho* = *lit*等。經由辨認這些對等原則，可以驗證各種印歐語言的共通起源。斯瓦迪士接著將這種方法擴展到更外國的語言，如此可以找出美洲印第安語和世界其他語言的同源詞。

格林柏格(Joshph Greenberg)也是優秀的語言分類學者。他年輕時便以傑出的非洲語言分類成就嶄露頭角，並以《美洲語言》一書獲得終身成就。他將種類繁複的美洲語言分成三類，並認為這三類分別代表三波來自亞洲的遷徙行動。格林伯格不僅建立起比較語言學的簡單分類，還讓我們以時間觀點了解美洲原住民語言的散布。最早到達的人說的是美洲印第安(Amerind)

[31] Greenberg, Joseph, 1987, *The Language in the Amercas*, Stanford: Stanford University Press.

語，後來到達的是說納德內(Na-dene)語，最後則是愛斯基摩(Eskimo)語[32]。

格林柏格的勇氣激怒了保守的語言學同行，但遺傳學者斯福札(Cavalli-Sforza)為他平反。DNA研究顯示美國人口大致上正可分為格林柏格提出的三種類別，也就是由西伯利亞來到美國的三波移民[33]。

美洲印第安人是舊石器時代的獵人。他們的祖先來自西方，最遲在二萬五千年前已經定居在西伯利亞。冰川時期海平面較低，白令海峽底部露出海面，沒有海水屏障阻擋移民前往北美洲。二萬五千年前第一批移民到達北美洲的時間有好幾種可能[34]。不過在美國西部的克洛維斯和弗爾薩姆文化以前，美洲印第安人的人造物品相當少。放射性碳測定中最早的年代大約為一萬三千五百，年前[35]。第一批美洲印第安人似乎在美洲西北部停留了好幾千年，原因是北美洲西部的冰川阻斷向南遷徙的通道。直到一萬五千年前冰川期結束，通道沒有冰雪阻擋時，他們才來到南部。後來美洲印第安人很快地向南散布，通過巴拿馬地峽，在很短的時間內就到達南美洲最南端。

32 Cavalli-Sforza, Luca, Menozzi, P. & Piazza, 1988, *The History and Gography of Human Genes*, Princeton: Princeton University Press.

33 美洲原住民起源的主題在*New Scientist*, October, 1998, 24-28曾有探討。

34 Wright, J.W., 1995, *A History of the Native People of Canada*, Hull, Quebec: Candian Museum of Civilization, 564 pp.

35 Cassells, E.S., 1994, *The Archaeology of Colorado*, Boulder CO: Johnson Books, 325 pp.

第二波納德內移民由西伯利亞來到美洲的時間是海平面降低的一小段冰川前進期，稱為「晚得里阿斯階段」。他們最早的遺跡年代為一萬一千年前，他們的人造物品構成了西北史前北極圈文化。這些人以小狩獵群為單位由阿拉斯加南下，同化了其他居民，並吸收較古老的文化。不過，他們在美洲西北部停留了相當久，直到上次小冰川期才有納瓦荷和阿帕契騎士南下美洲西南部[36]。

最後一波橫越白令海峽的移民於西元前三〇〇〇—二五〇〇年來到美洲，這批新移民將西伯利亞東北部文化帶來北美洲[37]。史前愛斯基摩遺跡中曾經發現雕刻刀、小刀、墓穴、拋射武器尖頭、魚叉、刮刀等。這些新居民不會耕作，而是來狩獵和捕魚。他們是第一批有能力克服美洲北極地區嚴酷環境的人類。

塞皮爾、斯瓦迪士、格林柏格、史塔羅斯汀、王士元、盧倫等人都是語言分類學家，他們的工作是將語言分類。我非常欽佩他們能夠重建遠古時代「一個世界、多種民族和單一語言」的狀況。

塞皮爾於一九二一年給朋友柯伯(A.L. Kober)的信件中提到[38]：

36　Wright, 同前書, pp.53-68。
37　Wright, 同前書, pp. 407-448。
38　引用者為W.S.Y. Wang, 1998, in Victor Mair, editor, The Bronze Age and Early Iron Age Peoples of East Central *Asia*, p.526.

> 如果說我發現納德內和印度支那語言間在形態和詞彙上的一致只是「巧合」，那麼上帝所造的地球上所有相似的東西都可說是巧合。

塞皮爾相信納德內印第安人和印度支那人的起源相同，但他不敢發表自己的發現。他的學生斯瓦迪士十分勇敢，接受了老師的假設，並探討了這個大膽假設的結果。

了解有三波移民來到美洲新世界，可讓我們簡略認識亞洲北部不為人知的史前史，他們的語言也提供了一些線索，讓我們了解舊大陸的語言演化階段。

美洲印第安人說的是原始葉尼塞語。這些移民早在歐亞語言分化成現代世界的元祖語言之前就來到美洲。凱特語(Ket)是這個語系目前在西伯利亞僅存的唯一成員。凱特語周圍的地區全都是說烏拉爾－阿爾泰語，因此已經形同孤立[39]。

斯瓦迪士發現納德內語和亞洲北部語言及巴斯克語類似。他將西自不列顛群島，東到大西洋西北沿岸整個範圍內的非印歐語言稱為巴斯克－德內語。沙洛辛後來發現西伯利亞北部葉尼塞河下游河谷一小群人所說的語言相當接近中國人和西藏人說的漢藏語。他進一步發現這些語言和高加索語有關，並提出將原始葉尼塞語納入巴斯克－德內語[40]。源自原始葉尼塞語的漢藏語

---

39 Rhulen, M., 1995. "Linguistic Evidence for Human Prehistory," *Cambridge Archaeological Journal*, v. 5, pp. 265-268. 另外兩位語言學家（T. Bynon與A. Dolgopolsky）及兩位考古學家（Colin Renfrew與P. Bellwood）在同一期中亦有論文發表，抱持與盧倫相同的語言單一起源觀點。

40 Rhulen, 同前書與Wang, 同前書中有相關討論。

正可用來解釋塞皮爾發現納德內語和印度支那語之間的相似狀況。

使用烏拉爾—阿爾泰語的人來自烏拉爾山，朝東遷徙，占據了西伯利亞。說漢藏語的人來自他們的家鄉，現在那裡只剩凱特人還說孤立的葉尼塞語。在歐洲，孤立是因為印歐人向南遷徙。巴斯克人和利古里亞人、伊特拉斯坎人和高加索人隔離。這些語言和其他非印歐語言最後的成員還有人說，但僅限於少數偏遠孤立的地區。

來到中國的入侵者

我們中國人自稱為炎黃子孫，也就是黃帝和炎帝（神農氏）的後代。一九八五年整個夏天，我都在期待著拜謁黃帝陵。這一天終於來了，我們開車到西安北邊的山中鄉村。那裡沒有金字塔，只有一個不確定的始祖的墳墓在森林中。他們建造了一些簡陋的現代建築，稱之為黃帝廟。整塊地方勉強可稱得上古老的東西是一棵千年老樹，而且是在黃帝去世後好幾千年才種的。

導遊講了一段民間傳說。黃帝來自山東省，五千年前發明了指南車，在大霧中得以辨認方位，打敗了來自中原的敵人。戰敗的一方逃往南方，成為貴州省的苗人。後來黃帝率領軍隊到炎帝的領土，打敗了炎帝，中國統一，黃帝成為全中國第一個統治者。

不過我拜謁過黃帝陵之後，其實沒有什麼新的收穫。這個故事是孔子記述，再經過歷史考證而來[41]。不過我一位研究中國語言和民族的朋友王士元倒是告訴了我一些東西。黃帝和炎帝，甚至我們漢族，其實都不是中國當地人，我們是來自亞洲北部的入侵者。除了語言證據之外，考古學家也在中國的石雕中發現了確證。石雕中記錄了說漢藏語的人向南遷徙的歷史[42]。

冰川時期的中國人是周口店的山頂洞人。魏登瑞曾經仔細研究過三個完整的頭骨。他相當驚訝地發現這三個頭骨各有不同的種族特徵，一個類似原始黃種人、一個是美拉尼西亞型，另一個則是愛斯基摩型[43]。以現代觀點看來，他的發現其實並不出乎意料。山頂洞人本來就是當地的北京人(屬於直立人的一種)和智人移民的混血人種。這種人類和他們在亞洲南北部的近親，是黃種人、美拉尼西亞人和愛斯基摩人未分化前的共同祖先。

最遲在八千年前，人類就在長江中下游栽種稻米。這些人說的是所謂南方諸語，又稱為苗傜語[44]。在岩石上雕刻的人是來自亞洲北部的外來入侵者。這些入侵者分成兩路來到中國。東邊的一路從滿洲到達山東，再從山東到沿海的江蘇和浙江等地。這些新石器時代農民在連雲港刻下了令人稱奇的石雕，這些石雕描繪了中國歷史上最著名的傳說故事。西邊的一支經由內蒙

41 Weidereich, Franz, 同前書。

42 Clover, I.C., Higham, C.F.W., 1996. "New evidence in early rice cultivation in South, Southeast and East Asia," in D. Harris (ed.), *The Origins and Spread of Agriculture and Pastoralism in Eurasia*, London: Univ. College London Press, 413-441.

43 Soong Yaoliang, 1998, *Investigations of Chinese Petroglyphs*（中文）, Taipeh: Lianjin Publishers, 389 pp.

44 Soong Yaoliang與Richard Bodman曾經比較中國與太中文平洋西北沿岸的石雕，參見Soong, 同前書，p. 385.。

古而來，越過黃河，到達山西和陝西。這些沙漠藝術家以繪畫和雕刻描繪游牧民族的生活，包括狩獵、畜牧、男歡女愛和戰爭，而定居的居民則大多雕刻宗教主題，例如太陽、月亮和星星等[45]。

中國北部石雕的題材和風格跟北美西北部納德內人的雕刻幾乎完全相同[46]。這兩種民族間的文化近似可以理解，因為他們的祖先都是說葉尼塞語的西伯利亞人。漢藏人向南遷徙，納德內人向東遷徙，凱特人則留在家鄉。

漢藏人不是新石器時代的中國當地人，苗傜人才是當地人，但被入侵者趕到亞洲南部。中國的漢族和義大利的義大利族一樣，都是來自北方的入侵者的後代。說漢藏語的民族於西元前三〇〇〇年占領中國，當時所謂氣候最適期的溫暖氣候即將結束。義大利人於西元前一〇〇〇年另一次小冰川期占領義大利。匈奴、突厥、蒙古和滿洲等說阿爾泰語的民族南下來到中國，印歐人和日耳曼部落也因為相同的理由南下：他們都是因為氣候變冷而離開家鄉。

中國西南部的苗人是新石器時代居住在中原的農民。他們的語言不是漢語，而是屬於東南亞和大洋洲民族的語系，這些民族包括泰國人、印度支那人、台灣原住民、馬來西亞人、印尼

45 Wang, William S.Y. 1998. "A linguistic approach to Inner Asian Ethnonyms," In V. Mair (ed.), *The Bronze Age and Early Iron Age Peoples of East Central Asia*, pp. 508-534.

46 關於中國周圍民族的考古研究概述可參閱王明珂的傑出專題著作「華夏邊緣」（台北：允晨文化），頁四五九。

人、菲律賓人、波里尼西亞人，以及部分美拉尼西亞人[47]。

新石器時代晚期，有人耕種的田地範圍不只包括中國中部的黃河及長江流域，還包括青藏高原北邊周圍、內蒙古，以及滿洲西部。這些民族大多是定居農民，同時也畜養豬、狗、牛、羊和雞等家畜，以補充食物來源。耕種的面積越來越大，農村也越來越繁榮。後來氣候突然變冷，接近西元前二〇〇〇年時，中國西北部變得異常寒冷[48]。在年代較近的文化層中，出現的動物骨骼增多，而農耕器具變少，顯示由農耕退化為畜牧文化。豬隻變少，取而代之的是大量的羊。農民變成了牧羊人，或者更有可能的狀況是，他們被來自北方的游牧民族征服或取代了？

第三個千年末來到中國的游牧民族入侵者是北方的羌人。他們說的漢藏語跟蒙古人、滿洲人、韓國人和日本人等其他民族說的烏拉爾—阿爾泰語有關。

斯堪地那維亞語言學家發現印歐語和烏拉爾—阿爾泰語相當近似，還創造了諾斯特拉提克語這個詞來稱呼他們共同的始祖[49]，但漢藏語被排除在諾斯特拉提克語之外。這些語言學家宣稱使用烏拉爾—阿爾泰語的人比較接近印歐人，跟漢藏人關係較遠[50]。這個結論完全違背常理。舉

47 Pedersen, Holger, 1931, *Linguistic Science in the Nineteenth Century*, Cambridge, Mass., 另可參閱 Bjoern Collinder 的著作。

48 Kerns, J.C., 1984, *Indo-European Prehistory*, Huber Heights, Ohio: Centeringstage One, 180 pp.

49 von Humboldt, Wilhelm, 1836, *The Diversity of Human-Language Structure and its Influence on Mental Development of Mankind*, translated by P. Heath,Cambridge: Cambridge Univ. Press, p. 232.

50 Schleicher, August, 1863, *Die darwinische Theorie und die Sprachwssens-chaft*, Weimar.

例來說，我經常被誤認為說烏拉爾—阿爾泰語的日本人，但我的日本朋友從來沒有被誤認為德國人。黃種人各族群之間接近的血緣不僅表現在外型近似上，從許多遺傳標記上也可區別黃種人和印歐人。

認為說烏拉爾—阿爾泰語的人比較接近印歐人而與漢藏人關係較遠的錯誤觀念，起源於對中國語言特性的誤解。這個誤解可以追溯到洪堡德時代。他認為中文是「拙劣的思想工具」，只有單音節詞，「沒有文法標示」[51]。中文被他歸類為「孤立語言」，可能還停留在語言發展的最原始階段。他認為使用烏拉爾—阿爾泰語的人因為「接觸到優越的印歐人，因此得以進入黏著語的中間階段」[52]。

洪堡德宣稱中文不是有屈折變化的語言可說大錯特錯。如果他學過說中國話，就會發現中國話在動詞變化跟德文或梵文一樣有屈折變化，甚至可能更多變。

喬姆斯基的文法結構分析中有所謂的雙重性，每種語言都有兩種最小單位。主要(或文法)單位是詞，次要單位是沒有意義的聲音或音素，其功能只是用來識別主要單位的文法意義[53]。

---

51 Chomsky, A.N., 1958, *Syntactic Structures*, The Hague: Mouton.

52 日本以往由中文借用的漢語單詞，發音和中文原單詞相同。這些詞不是同源詞，而是假性同源詞，因為相對應兩個詞並非來自同一起源，而是有一方借用自另一方。參閱 Wang, William S.Y.,1996, Language and the evolution of Modern Humans, in K. Omoto and P.V. Tobias（editors）, *The Origins and Past of Modern Humans-Toward Reconciliation*, pp. 247-262.

53 參閱 R.A.D. Forest, *The Chinese Language*, London: Faber and Faber, pp 109.

中文裡的單一音節可能是詞、詞的一部分、詞根，或是音素。動詞現在式也可當作詞根。詞根可以添加一或多個音素，用來表明文法意義。以下我們用「來」和「去」說明中文的動詞變化：

現在式	來	去
過去式、現在完成式	來了	去了
過去完成式	來過了	去過了
未來式	要來	要去
假設語氣	如果要來	如果要去
否定	不要來	不要去

這些動詞變化，包括現在式、過去式、完成式、未來式、假設語氣和否定等都和屬於烏拉爾—阿爾泰語系的日文相同。在中國口語裡，詞根的音和表達特定文法意義的音素結合起來，形成多音節的口語詞。因此，這樣的結合方式和有屈折變化的語言中的多音節動詞沒什麼不同。

中文之所以被誤認為單音節語言，是因為將音素誤認為詞。事實上，中文裡的單音節字通常是音素而不是詞。音素不僅是助動詞，還是名詞的字首和字尾，只不過是寫成分開的字，看起來好像跟名詞本身是不同的詞。

或許我們可以用日文來說明中文的結構。日文詞彙分為三類：「和語」是日文原本的詞、「漢語」是借用自中文的詞，「外來語」則是借用自其他語言的詞。「漢語」詞寫成由名詞字首或字尾組成的注音符號，與名詞結合，形成多音節的詞。

以下是兩種語言間幾個假性同源詞的例子[54]，音素以楷體標示，並以連字號分隔中文字，舉例如下：

日文	中文	意義
第一	第一	第一
同人	同人	同一個人
先月	上月	上個月
時間內	時間內	某段時間內
新式	新式	新式樣
昨年來	去年來	去年以來

值得注意的是，中文的名詞字尾具有後置詞的功能，日文和其他烏拉爾—阿爾泰語言也有相同的文法工具，和印歐語言中的名詞字首前置詞相反。

[54] Forest, 同前書，p. 28。

考慮比較周到的語言學家，例如瑞典的卡爾格倫(B. Kalgren)等，一直認為古代中國人所說的語言有屈折變化，他們還在孔子編纂的《詩經》中發現了名詞語尾變化的證據。周朝銘文文法中，詞的位置也可隨意放置，就是承襲自以字尾區別格的時代[55]。

洪堡德和他的信徒受到種族偏見蒙蔽，又不了解代表口語音素的書寫單字不是詞，因此將中文視為劣等語言。他們不知道中國口語中有動詞變化、語尾變化、格詞尾、字首和字尾等。這個傳統錯誤十分根深柢固，連某位漢學家都曾經說過[56]：

> 毫無疑問地，如果我們只知道現代型態的口語中國話，我們會將中文詞視為多音節。必須了解古代中國語言，才能確定這些詞都是源自單音節詞。

這位自稱的專家「覺得確定」，因為他根本不懂古代語言，只看過古文。中國小學生都知道古代的書寫中文跟口語是不一樣的。現代中文裡的「看見」在五四白話文運動之後跟口語完全相同。不過古代書記官習慣只取其中一個字以節省人力，要在碑石或竹簡上刻字時，也經常使用縮寫。將「看見」比做夾雜不清的「看—見」，正顯示其傲慢自大。猜測多音節的現代中文詞是單音節的古代中文詞組合而成，也證明其傲慢自大。

55 Swadesh, 同前書，pp. 271-284。

56 Ruhlen, M., 1994, *On the Origin of Languages*, Stanford: Stanford Univ. Press, 342 pp.

在結論中我想強調，認為烏拉爾—阿爾泰語比較接近印歐語，與中文關係較遠是錯的。這個錯誤的想法源自於烏拉爾—阿爾泰語和印歐語是多音節及有屈折變化的優越語言，而單音節的孤立中國話是劣等語言這種種族主義觀念。烏拉爾—阿爾泰語和漢藏語都是亞洲語言，烏拉爾—阿爾泰人和非印歐人之間關係是比他們和印歐人更加接近。

一個世界，多種民族，單一語言

納德內人在歐亞語言分化成印歐語系和非印歐語系之後越過白令海峽。他們離開之後，非印歐語系被孤立，周圍是烏拉爾—阿爾泰人和印歐人。有一種孤立的語言稱為布魯肖語(Burushaski)，使用者約五萬人，居住在巴基斯坦北部喀喇崑崙地區的罕薩河谷。納哈利語則是在印度被印歐語包圍的孤立語言。歐洲的孤立民族包括黑海—裏海地區的高加索人、地中海東部沿岸的伊特拉斯坎人和西部沿岸的利古里亞人，以及大西洋沿岸的巴斯克人。他們都是被印歐語使用者包圍的非印歐人族群。

前面曾經提過，斯瓦迪士發現巴斯克語、漢藏語和納德內語間的近似之處，所以提出巴斯克—德內總語系[57]。盧倫(Merritt Rhulen)則更進一步，比較了布魯肖語、納哈利語和高加索語[58]。

冰川後時代是遷徙的時代，也是語言起源和散播的時代。斯瓦迪士提出了語言擴散的「擴

57 Swadesh, 同前書，pp. 271-284。

58 參見許靖華，一九九六，“Could global warming be a blessing for mankind,” *Terrestrial, Atomspheric, and Ocean Sciences* (Taiwan), v. 7, 375-392.

大中心模型」[59]。十萬年前首先出現智人的中東地區，是各個語系的交會點。各個語系由這個中心像輪輻一樣分散出去。巴斯克—德內總語系朝西擴散，橫越歐洲地中海沿岸，朝北到達歐洲南部，朝東到達亞洲北部和北美洲。伊勒姆—德拉威分支朝東南擴散，到達波斯和印度。尼羅—撒哈拉語系散布到非洲南部和西南部。更外圍的包括遠東地區的南亞語系、澳洲的澳洲語系和新幾內亞的印度—太平洋語系，以及歐洲北部的印歐語。

在最溫暖的氣候最適期，歐洲的語言界限似乎相對而言比較穩定。獵人和採集者相當滿足於這塊伊甸園。他們隨獵物遷徙，但不需要像旅鼠或蝗蟲一樣出走。歐洲東南部和中部的人向安納托利亞人學習耕作，定居的農民種植作物。歐洲中部林木蔥鬱的低地人煙稀少，湖上居民則在湖邊建立拓居地。歐洲中部和南部人使用一種相當接近巴斯克語的語言。在此同時，原始印歐人仍是歐洲北部的個別繁衍族群，只有在氣候最適期即將結束時學習過農耕。

再往東一點曾經發生過大規模人口移動。漢藏人向南遷徙。他們必須離開嚴寒的北方，尋找有陽光的地方，就如一千二百年後的印歐人一樣[60]。烏拉爾—阿爾泰獵人來到西伯利亞，適應了北方的惡劣環境。楚克奇—堪察加人留在西伯利亞，阿留申—愛斯基摩人橫越白令海峽，到達北美洲[61]。有些人學會畜養牲口，成為北方的游牧民族。

---

59 Rhulen, 同前書。

60 Kuehn, H., 1932, *Herkunft und Heimat der Indogermanen*, reprinted in Anton Scherer（1968）*Die Urheimat der IndoGermanen*, pp. 110-116.

61 Pokorny, J, *Die indogermanische Spracheinheit*, reprinted in Anton Scherer（1968）*Die Urheimat der*

漢藏人進入中國引發了骨牌效應。苗傜人被迫離開中原，他們朝南遷徙，又造成人口壓力和朝海外遷徙。來自中國南部和越南的南亞民族橫越台灣海峽，遷徙到菲律賓，再經過各島嶼到達密克羅尼西亞和波里尼西亞。優秀的波里尼西亞航海人最後到達紐西蘭、復活節島和夏威夷。

氣候最適期於西元前第三個千年後半接近尾聲時，歐洲南部和亞洲西部住的是使用非印歐語的民族。接下來，大規模的印歐人散布即將展開。

擴散與基礎

我的家族發源於揚州。我小時候這個地方叫做江都，唐朝時稱為廣陵。揚州這個地名相當古老，可以追溯到秦始皇時代。一九四九年之後，又改回揚州這個舊地名。

江都、廣陵和揚州這幾個地名都是中文。地名改變並沒有反映出族群種族的變化。住在江都、廣陵和揚州的人一直是漢族，說的是相同的中國北方方言。

另一方面，歐洲的地名則常透露出當地的歷史。瑞士東北部的弓塔林根曾是弓塔爾家族的村莊。阿勒曼尼人清除了原始森林，成為農耕的先鋒。以往沒有人來過這裡，從此他們就在這裡定居。弓塔林根一直稱為弓塔林根。但蘇黎世在羅馬時代稱為Turicum。阿勒曼尼人來到之前，住在蘇黎世的是羅馬人和塞爾特人，從這個地方的羅馬地名就可看出這一點。

IndoGermanen, 375-384.

歷史學家和語言學家使用底層（substratum）這個詞，意思是一個地區的原始居民構成入侵者的基礎。我們從巴塞爾到史特拉斯堡或慕爾海姆，從村莊的名字可以看出，阿爾薩斯人原先是講德語的。阿爾薩斯擁有底層，因為在一六四八年阿爾薩斯被法國併吞之前，當地人是日耳曼人。瑞士的地名大多是德文，但也有伊利里亞文、塞爾特文或羅馬文，可以從中看出阿勒曼尼人入侵之前，這裡曾經有些什麼人。

地名只是底層的一種，還有一種底層是曾經或短時間成為個別繁衍族群的殘存者。歷史學家可以藉由研究村莊小孩的身體特徵，追溯阿瓦爾人姦淫擄掠的路線。繼承自匈奴的蒙古人眼皮不會消失，所謂的「遺傳標記」會一再出現。許多來自瑞士東部的人可以證明「匈奴」曾經到過那裡。

底層這個概念有助於判別印歐人來到某個地方之前，當地人說的是不是印歐語。印歐人不是發源於印度，真正的原始印度人是德拉威人。印歐人不是發源於中東，閃族從有歷史以來就住在那裡。印歐人不是發源於安納托利亞，在西台人入侵前後，當地人是說胡里語和盧維語。印歐人不是發源於非洲，那裡是含米特人和其他非印歐人的地方。印歐人不是發源於歐洲南部，在古希臘人、伊利里亞人、義大利人、烏恩—費爾德人入侵之前，希臘和義大利住的是伊特拉斯坎人和利古里亞人，伊比利亞半島上則是巴斯克人。印歐人不是發源於法國或德國南部，地名的底層透露出烏恩—費爾德人和塞爾特人入侵之前，當地已經有非印歐人居住。印歐人不是發源於不列顛群島和愛爾蘭，在塞爾特人和薩克森人來到之前，住在那裡的是皮克特人和巴斯克人[62]。

斯堪地那維亞北部的拉布蘭也不是印歐人的故鄉，因為後來拉普人（或稱薩米人）來到這裡。他們的語言屬於烏拉爾—阿爾泰語系。LEH基因在拉普蘭相當常見，顯示亞洲北部入侵者和北歐當地族群曾經融合。拉普人也會做石雕，在其中描繪麋鹿、熊、鳥、魚、海洋哺乳動物、人、船和幾何圖形。這些具有藝術氣息的圖畫和早年馬格德林文化後代所刻的自然風格形象有根本上的差異。

依據底層準則，我們不可以說俄羅斯南部不是印歐人故鄉，因為庫恩（Kuehn）在俄羅斯南部找不出印歐語的底層[63]。而且，高加索地區有「孤立」語言存在，顯示黑海—裏海人的原始民族並不是印歐人。金布塔斯宣稱庫爾干人使用原始印歐語，而這種語言則源自克羅馬儂人的語言。依照往例，金布塔斯還是沒有證據就做出結論，而且她的想法完全不合理。金布塔斯認為距離相當接近的不同族群會在幾千年內發展成差異極大的個別繁衍族群，這種想法完全違背常理。庫爾干人為什麼在北邊的鄰居決定使用芬蘭—烏戈爾語時開始使用印歐語？如果兩個民

62　參見H. Krahe, 1954, *Sprache und Vorzeit*, Heidelberg: Quelle & Meyer以及A. Toche, 1977, *Krahes alteuropaische Hydronymie und die west-indogermanischen Sprache*, Heidelberg, Winter.
德語地區沒有非印歐語的河流名稱，無法證明印歐人之外的其他民族沒有在這個地區居住過。歐洲中部就曾有過新石器時代族群。由所謂高山種族身體特徵所提供的人類學證據可以看出，曾有不同的個別繁衍族群出現融合，包括較早到達的印歐人和非印歐人等。伊利里亞的河流名稱在瑞士不算少見，而且日耳曼語言的伊利里亞基礎中不一定能看出非印歐人的語言基礎。

63　Killian, Lothar, 1988, *Zum Ursprung der Indogermanen*, Bonn: Habelt, pp. 121-153.

族的文化交流頻繁，怎麼可能阻擋基因交流？金布塔斯假設斯堪地那維亞半島的北歐人是某種非印歐人和俄國來庫爾干人入侵者融合的混血後代，純粹只是幻想。少數庫爾干征服者的遺傳組成怎麼可能完全涵蓋大批當地人口？這些問題的答案相當簡單：只要拋棄金布塔斯的荒謬想法，這些問題根本不存在。

離開發源地的各種印歐語言向非印歐底層借用單詞。值得注意的是，日耳曼語是各種印歐語中唯一沒有底層的語言。更值得注意的是，斯堪地那維亞半島南部和德國北部只有很少數地名可判定為非印歐語[64]。

尼安德塔人、克羅馬儂人和亞利安人

印歐人的故鄉只是冰川期後世界史中的一小部分。一萬年前德國北部和斯堪地那維亞半島南部冰川退去後，克羅馬儂人遷徙到歐洲北部。他們成為波羅的海沿岸淺色眼睛與頭髮同型合子的個別繁衍族群，也是印歐語的原始使用者。

源於尼安德塔人與克羅馬儂人的北歐「起始人」相當適合成為魏登瑞、沃波夫和索恩等人類學家提出的「橫向區域連續」模型的一部分。歐洲北部的「起始地」很適合成為曼恩、席姆等語言學家和柯西納(Kossina)與季里安(Kilian)等考古學家提出的Birch/Beech/Salmon地區的一部

64 布魯納的職業是中學老師，但他對語言極富熱情，可以說是一位「準語言學家」。他曾在瑞士聖加爾自行出版的《金石學學會會刊》中發表這個突破傳統的看法。

分。歐洲北部起始地(Urheimat)的北歐原始人(Urvolk)使用的原始語(Ursprache)很適合成為斯瓦迪士和盧倫等語言分類學家提出的「擴大中心模型」的一部分。

歐洲北部的克羅馬儂人留在故鄉，成為印歐人個別繁衍族群。法國南部和西班牙北部的克羅馬儂人也留在故鄉，但他們沒有避開來自歐洲東部或中東的新移民進入。他們和新居民婚配融合，成為巴斯克人和歐洲地中海沿岸居民的深色眼睛與頭髮祖先。使用原始巴斯克語的人由布列塔尼半島向西遷徙，到達威爾斯和愛爾蘭。他們向東遷徙到歐洲中部，因此有許多河流與村莊是巴斯克語名稱。第三支克羅馬儂人從西班牙橫越直布羅陀海峽，建立了撒哈拉文化，獵捕動物及在撒哈拉湖泊中捕魚。

因此，我們了解印歐人是克羅馬儂人的後代，而克羅馬儂人則是尼安德塔人和智人的混血。他們是於冰川期結束後來到波羅的海沿岸。他們的語言就是印歐體系，在北歐一直居住了西元前第三個千年後半，但是令人費解的問題依然存在：印歐人為何突然離開故鄉，到了印度就是所謂亞利安人，到了新疆就是所謂吐火羅人，他們是不安份要去征服世界呢？還是家鄉環境惡化，不能不走？

| 第六章 |

離開寒冷的北方

耶和華對該隱說：「現在你必從這地受咒詛。你種地，地不再給你效力，你必流離飄蕩在地上。」

——《聖經》，〈創世紀〉四章十一節

四千年前發生了一些狀況。撒哈拉地區的湖泊乾涸，人類向東遷徙到尼羅河河谷，或向南遷徙到熱帶非洲西部。中東地區和印度河谷的青銅器時代文明式微，人類離開城市和農場。阿爾卑斯山湖泊氾濫，人類逃離湖邊的居住地。歐洲北部非常寒冷潮濕，人類離開家園，尋找有陽光的地方。

此時發生的狀況，有些科學家將它稱之為「四千年前事件」。其實這個名稱是錯誤的，因為它並不是持續數年或數十年的天氣事件或一連串事件，而是氣候出現劇烈變化，全球冷化持續數個世紀，氣候最適期也隨之結束。

四千年前沒有阿爾卑斯山冰川

蘇黎世的瑞士聯邦理工學院於一九六七年聘請我擔任實驗地質學教授。在此之前我一直是理論學者，沒有人知道我對實驗器材相當在行。那年夏天，我在愛丁堡參加國際沉積學會議時又見到了艾莫瑞。他是海洋地質學的先驅，一直是年輕科學家從事研究的動機來源。

他說：「聽說你現在在瑞士。」

我說：「對。」

「你為何不研究研究瑞士的湖泊？」

我從來沒想過這件事。我想了一下，猶豫地說：「好啊，有何不可？」

「那麼到五號展覽廳來找我，我告訴你怎麼做庫倫堡。」

庫倫堡是瑞典海洋學家。他設計了一種器材來取樣海洋沉積物，稱為庫倫堡活塞取芯管。

這種器材可由船上放到深海海底，鑽入海底沉積物，取出數公尺深的樣本。庫倫堡沉積物芯可讓我們了解比較近代的海洋歷史。

我到五號展覽廳找艾莫瑞。他在一張面紙上畫出庫倫堡的概略圖。艾莫瑞的熱忱很有感染力，但我沒有完全被說服。瑞士技工沒有辦法由畫在面紙上的「藍圖」做出東西，我也不確定聯邦理工學院願不願意冒險投下大筆資金研究湖泊，而且他們原先是希望我成立岩石力學實驗室。除此之外，我沒有機械工廠，也沒有技工。事實上我完全沒有後援，沒有副手、沒有助理，也沒有學生。

在命運的安排下，我從愛丁堡回來後不久，瑞士一位女士打電話給我。

「我找許教授，謝謝。」

「我就是。」

「我女兒的美國朋友來到這裡。他是你在河邊分校的學生，他想到瑞士聯邦理工學院你那邊唸書。」

「好啊，有何不可？」

凱爾特第二天就來了。這位高大黑髮的年輕人在男女合校一向很出鋒頭，但我不記得他是否是個聰明的學生。

「你想做什麼？」

「不知道，你要我做什麼都可以。」

「好，我上個月剛見過艾莫瑞，他覺得我們可以研究瑞士的湖泊。」

「有何不可？我沒問題。」

這三個偶然間的「有何不可」啟動了我們在聯邦理工學院的湖泊地質學研究計畫。在艾莫瑞的好構想、凱爾特的好個性，以及聯邦理工學院好行政單位的財務支援下，這個計畫沒有理由失敗，而且最後也真的沒有失敗。

凱爾特花了將近十年做他的博士論文，研究蘇黎世湖的沉積物。這座湖位於海拔四百一十公尺處。蘇黎世的氣候溫和，冬季時湖泊鮮少結冰。現在湖底只有一種稱為「湖白堊」的化學沉澱物。凱爾特的庫倫堡只能取樣六—七公尺的沉積物。下層部分是純白堊，但上層部分，也就是近四千年沉澱下來的部分，則不是純淨的。這個改變引起了凱爾特的興趣。四千年至今的氣候顯然有所改變。有些時期比較潮濕、沖刷較強，來自山中溪流的砂石沒有全部被攔截在上游的瓦倫湖中，混濁的水流出，沉澱在蘇黎世湖中，成為白堊中的雜質。

我們在大學時讀過安提夫(Ernst Antev)關於全新世這一萬年間氣候的作品。他說在全新世前半的氣候最適期時，北美洲西部地區比較溫暖乾燥，後來變得比較寒冷潮濕。凱爾特在蘇黎世的研究顯示冷化現象遍及全球，但瑞士變化最劇烈的時間是距今四千年前。

因此氣候最適期時比現在溫暖，那麼在最適期之前情形又是如何？

在距今約一萬八千年前的冰川期最高峰，北美地區的一半、整個斯堪地那維亞半島以及歐洲中部山地都被冰層覆蓋。後來冰川開始退卻，到距今一萬五千年時步調加快。斯堪地那維亞半島南部脫離冰川，一種阿爾卑斯山的小白花—仙女木出現在丹麥，當時此地是退卻冰川邊緣的凍土地帶。科學家將冰川期後第一段氣候時期稱為「舊仙女木期」。

冰川前沿退後一些又前進一些，但最後氣候在擺盪之間又逐漸變暖，針葉林與混合林取代了歐洲的凍土地帶。接著在距今約一萬一千年前[I]，冰川捲土重來。這一段比較短暫的寒冷時期中，阿爾卑斯山的仙女木又回到丹麥，因此稱為「新仙女木期」。接著寒冷時期再度結束，所謂的「更新世冰川期」終於結束，接續其後的「全新世」於一萬年前展開。

前面曾經提過，全新世前半的全球氣候相當溫暖，但四千年前左右，全球平均氣溫開始下降，全新世後半又下降了幾次。凱爾特在研究湖底沉積物時發現這些變化的證據。他取得了全新世的沉積物芯，但他想取得蘇黎世湖底的新仙女木期、舊仙女木期和更古老的冰川時期沉積物。

凱爾特一直要求我爭取經費在蘇黎世湖鑽挖深層鑽孔。需要的經費高達一百萬美元，不過我覺得不大可能爭取得到。後來我相當驚訝，聯邦理工學院提供了經費，因此我們在一九八〇年春天開始在蘇黎世湖鑽挖。

當年有三個學生從中國來。趙先生來自農村，趙先生以往的成績並不太出色，因此他被分配到凱爾特的實驗室擔任「苦力」工作。凱爾特人很好，他很喜歡中國和中國人。趙先生幫了很大的忙，並且獲得機會協助描繪從蘇黎世湖鑽孔中取出的首批鑽芯。有一天他衝進我辦公室，我很不高興被打擾，我站起來想趕他出去：

「趙先生，你要找我可以等休息時間。我有二十個學生，如果大家都這樣闖進來，我就沒

I 後冰川時期的特徵是舊仙女木期後的氣候短暫劇烈變動，包括 Bolling 期冰川前進。

時間做自己的事了。」

「不過我有急事，許教授，我發現紋泥了！」他相當興奮，把一張相片塞到我手裡。

我看著相片，開始失去耐心。

「趙先生，你讀過昆恩和米利歐里尼的經典論文嗎？這種一層層的紋層沉積物不是紋泥。」

「不過它真的是紋泥，我問過凱爾特，他也同意。」

我打電話給凱爾特。

「凱爾特，趙先生在我辦公室，他說他發現了紋泥。」

「是的，許教授，那是新仙女木期的紋泥。我幫他做過分析，沒問題。」

紋泥是瑞典地質學家德耶爾(De Geer)提出的名詞，指的是沉積在湖底的薄層泥沙和黏土，一層紋泥代表每年一次的沉積循環。波羅的海是個大淡水湖時，湖底也有紋泥沉積。二次世界大戰前，德耶爾計算瑞典的紋泥，表示斯堪地那維亞半島的冰帽於一萬年前左右完全退卻。我們相信他的說法，雖然我們大多沒看過紋泥。後來到了一九五〇年代，兩位沉積學家投下一枚震撼彈。他們表示所謂的「紋泥」是春季風暴後水下水流在湖底沉積下來的，因此每年的紋泥可能超過一層。昆恩和米利歐里尼的構想相當好，他們的理論也成為典範。一九七〇年代，我們在蘇黎世確實以儀器偵測到這類水下水流，而且我們在某些狀況下可取樣到一年內多達五層紋泥，也就是風暴沉積物。因此這個問題解決了，紋泥不是每年沉積一層。但是現在我知道了一點：凱爾特和趙先生發現的是真正的紋泥。他們說紋泥真正的定義是頂端的黏土層，黏土是冬季的典型沉積物，而每年只有一次冬季。

紋泥是在每年冬季結冰的湖泊中每年沉積一層。在一般狀況下，溪流終年都會將沉積物帶入蘇黎世湖。泥沙粒子沉降的速度很快，但黏土粒子沉積得相當慢。黏土和泥沙粒子的沉積通常不會分開，因為較晚開始、速度較快沉下去的泥沙粒子，會趕上較早開始、速度較慢的黏土粒子，因此兩者會一起沉積下來。但在冰凍的湖中有好幾個月，泥沙粒子不會被帶入湖中。停留在湖水冰塊下只有黏土粒子會單獨沉積在湖底，形成黏土層。因此冰凍湖泊的冬季沉積物是黏土層。在湖泊每年結冰的氣候中，夏季會有一個泥沙層，冬季會有一個黏土層。夏季泥沙和冬季黏土是構成年度紋泥的一對沉積層。

如果凱爾特和趙先生對紋泥起源的解釋是正確的，那麼紋泥應該只會出現在每年結冰的山中湖泊。我們提出一項研究阿爾卑斯山湖泊的計畫。這個提案爭取到經費，我們的預測也獲得證實。在阿爾卑斯山年年冰凍的十座湖泊中，全都發現了紋泥。紋泥最上層的黏土層是所謂「冰川奶」的沉積物，這種綠色懸浮液的來源是冰川融化的水。

歐洲中部的湖泊必須要好幾星期氣溫為零度以下才會結冰。這種狀況在一九六三年蘇黎世湖結冰時曾經出現，距今已有四十年。蘇黎世湖在小冰川期時結冰頻率較高。發現紋泥代表蘇黎世湖在新仙女木期每年冬季都會結冰。當時好幾星期的零度以下氣溫是正常而非例外。

紋泥是特殊氣候狀況的標記，現在我們獲得了研究過去氣候的有力工具。阿爾卑斯山高山湖泊是目前的紋泥沉積地點。氣候一直是這麼冷嗎？我在聯邦理工學院的最後一個學生雷曼，進行了一項研究來解答這個問題。

雷曼在上恩加丁谷的西瓦普拉納湖發現了紋泥。他已經知道會發現紋泥，但沒有想到最早的紋泥竟然是四千年前。氣候最適期沒有紋泥沉積現象。這座湖當時沒有每年結冰，沒有冰川奶沉積物是因為這裡沒有冰川奶，而沒有冰川奶是因為當時沒有冰川。

四千年前，剛好又是這個神奇數字。我打電話給凱爾特，他當時在美國明尼蘇達州。

「凱爾特，在四千年前之前沒有紋泥沉積現象。」

「沒錯，我早就想到了。這二十年來我一直跟你和大家這麼說，不過你們都不相信我。我們都知道從氣候最適期到全新世晚期出現了變化，但只有我相信四千年前在全世界同時出現氣候變化。溫暖時期在西元前第三個千年末結束。」

我答道：「現在我相信了。」

撒哈拉的大湖

一九八九年在巴黎舉行的全球變遷會議中，我認識了伯替馬赫（Nicole Petit-Maire），這位馬賽大學教授研究撒哈拉地區氣候變遷多年。我聽說過撒哈拉在氣候最適期是湖泊之國的說法，現在我有機會獲得第一手的資訊。

沒錯，她告訴我當時氣候不僅比較溫暖，也比較潮濕；不只是非洲北部低緯度地區如此，中東和亞洲同一緯度的地區也是如此。撒哈拉地區確實曾經有大淡水湖。伯替馬赫自己在馬利工作。那裡在九千五百年到四千年前是溫暖時期，雨水相當多。魚群從尼日河和塞內加爾海岸遷徙到撒哈拉伯。湖邊的土地生長著棕櫚樹和青草。許多地方都曾經發現中石器和新石器時代的工具，許多證據可證明撒哈拉沙漠當時有人類居住。

這些人是什麼人？

石壁上的繪畫和雕刻提供了線索。考古學家庫恩(Herbert Kuhn)曾經這麼描述他的經驗[2]：

> 我們必須騎駱駝好幾小時穿越沙漠。太陽相當大，眼前的景色一望無涯。沙漠橫亙在我們面前，看起來好像是一片汪洋。我們沒碰到其他人，連商隊也很少見到。突然有座山矗立在我們面前，還有石塊和岩石。再靠近一點，從遠方就可看見繪畫和雕刻。繪畫的內容有大象、犀牛、水牛、河馬、羚羊、長頸鹿等。畫中總是有一個獵人拿著弓箭，站在動物前面。

這些壁畫的風格和西班牙東部拉凡丁的壁畫相同。非洲各地都曾發現同類的壁畫。據說歐洲人剛剛來到非洲時，布希曼人還在畫這種壁畫。畫這些畫的人和現在的布希曼人一樣以狩獵為生，不飼養家畜也不種植作物。哈西埃爾阿比歐德附近古代湖泊沉積物中曾經發現人類骸骨，這種人居住的時間約為八千五百年到七千五百年前。這些骸骨具有所謂「北非克羅馬儂人」的特徵。這些中石器時代獵人後來被新石器時代的陶器製作人取代[3]。

伯替馬赫的研究結果應該可以讓所有人相信在九千五百年到四千年前這段時間，撒哈拉地

---

2 參見N. Petit-Marie et J. Riser（editors）1983, *Sahara ou Sahel?*, Librairie R. Thomas, Paris, pp. 473 pp.

3 Kuhn, Herbert 1955, *Der Aufstieg der Menschheit*, Frankfurt: Fischer, p. 54.

區的氣候相當潮濕。不過有些科學家連常識都欠缺。他們像宗教信徒一樣不斷鼓吹基本教義。他們只會用計算機來研究自然現象。我見過一個這樣的人，是在世界氣象組織（WMO）工作的知名學者。

當時是一九八〇年代初，我和他一起到瑞典參加國家海洋理事會議。世界氣象組織的宗旨是推廣對氣象的了解，但現在WMO還發行「世界氣象新聞」、舉辦氣候變遷研討會，同時參與世界氣候研究計畫（WRCP）[4]。由於我不太了解氣象學，因此我想這位在WMO工作的旅伴應該可以給我提供一些啟發。我猶豫地問道：

「有些地質學家發現證據，證明撒哈拉地區五千年前比較溫暖，同時也比較潮濕，沙漠中曾經出現過淡水湖。」

「不會，不可能。」

「不過他們真的找到證據了。」

「這是不可能的！」他加重語氣重複了一次。「在撒哈拉沙漠出現草地是不可能的事！」

「為什麼不可能？」

「你沒聽過『哈德里環流圈』嗎？」

「沒有。」

「地球自轉的力使水氣由低緯度朝熱帶和高緯度移動。所以沙漠都在低緯度地區。水氣在

4 *World Climate News*, No. 13, June 1998. Geneva: WMO. 12 pp.

撒哈拉地區會上升，不會下降。因為在溫度較高的時期水氣更是會上升，所以撒哈拉沙漠在溫暖時會更乾旱。」

我當時還沒認識伯替馬赫，所以不確定地質證據的氣候意義。我沒有跟我的朋友爭執。地質學家或許弄錯了，物理學家通常懂得比較多。

我朋友可能也跟他在ＷＣＲＰ研究數學的同事說過同樣的意見。氣候模式建立學者曾經在《科學美國人》上發表文章告訴一般大眾，撒哈拉地區在氣候溫暖時會更加乾旱。他們的結果出自神奇的黑盒子—電腦。我們這些「集郵者」在「科學事實」面前還能說些什麼？我們有什麼資格質疑上流階層手握的神器？

不過我讀過伯替馬赫的專題論文之後，又有了勇氣。我開始理解到否定她的結論就等於否定常識。物理學家經常否定常識，甚至採信了愛因斯坦的相對論。但我們學自然科學的人仍然試圖以日常語表達我們對自然界的理解。有時候常識確實合理。多年之後我認識一位氣象學家，他在物理學方面不及我這位在ＷＭＯ工作的朋友，但在海洋學方面則比他優秀。他不認為撒哈拉沙漠現象難以理解，我向他提出質疑時，他答道：

「喔，這很容易解釋，氣候雨量和哈德里環流關係不大。非洲西部接收的水氣來自大西洋的季風。全球暖化時季風較強，為撒哈拉地區帶來較多的雨水。」

我問他關於哈德里環流圈的問題時，他笑道：

「哈德里環流當然有[5]，但是水氣平常是空氣推來的。你看過電視氣象預報嗎？降雨通常是由風暴或氣象鋒面帶來。中國南部的緯度和撒哈拉地區一樣，都位於哈德里環流圈中，但是有稻田。那裡沒有沙漠，是因為來自東南方的季風會帶來雨水。」

「中國南部一億年前曾經是沙漠。如果你說的對，那麼當時應該沒有季風。」

「你應該知道古地理學，你的同事告訴我，當時沒有南海，印尼群島當時是乾旱地帶，因此來自太平洋的季風沒辦法到達中國南部。」

氣候模型研究大多忽略了季風影響。我曾經提過印度洋季風在歷史上的全球暖化時期曾經使阿拉伯沙漠綠化，因此大西洋季風曾在氣候最適期使撒哈拉地區綠化的理論相當合理。後來撒哈拉地區的湖泊乾涸，是因為四千年以前全球冷化所造成。

伯替馬赫在馬利所做的研究是一種返測：如果理論成立，就可藉以預測事實。現在一切看來都相當合理。撒哈拉地區的湖泊於距今四千五百年前開始乾涸，而撒哈拉地區於四千年前成為石塊荒漠。地質記錄顯示在七千到六千五百年前和五千年前左右都曾經有過乾旱時期。環境惡劣時期的沉積物中沒有人類居住的遺跡，只有溫暖潮濕的時期才有人住在撒哈拉地區。撒哈拉文化於氣候最適期結束時開始朝東遷移。發掘結果證實撒哈拉和埃及藝術關係相當密切。埃及文化層最早的陶器的繪畫風格跟新石器時代的岩石雕刻與利比亞陶器繪畫完全相同，其他文

5 最近才有人提醒我，告訴我：「哈德里環流圈將水氣輸送到熱帶，Ferrel環流圈將水氣輸送到高緯度地區。」請讀者見諒我以比較寬鬆的定義使用「哈德里環流圈」這個詞。

化遺跡的比較結果也證實這種相似性。所謂的埃及格澤陶器是在阿爾及利亞的奧蘭區和西班牙的阿美里亞發現的。藍姆(Lamb)依據考古紀錄認為，西元前第四個千年的環境惡化，迫使獵人和放牧人朝西遷徙到埃及的沖積平原，五千二百年前左右，農業文明開始在這裡發展[6]。交流過程包含雙向交通，西克索入侵者於三千七百年前將馬帶入埃及，因此利比亞岩石上的馬一定是在這個時間之後才刻上去的。乾旱使環境變得越來越不適宜居住，而近三千年的撒哈拉地區沉積物中，人類居住的跡象也相當少。除了向東遷徙，撒哈拉人也分數個階段向南遷徙。戴蒙(Jared Diamond)最近總結的語言學研究中提到了這次人口移動[7]。

除了較晚來到的北方的非亞人和馬達加斯加的澳斯特羅尼西亞人，非洲民族還有使用科伊桑語、尼日—剛果語，以及尼羅—撒哈拉語的民族，以及俾格米(矮子)人。這些矮人以狩獵和採集為生，沒有自己的語言，而是使用鄰近民族的語言。他們可能是克羅馬儂人和亞非人入侵前的非洲當地民族。

以往稱為「布希曼人」或「霍屯督人」的科伊桑人也是以狩獵和採集為生。他們的分布範圍曾經廣達非洲東部大部分地區、非洲中部和南部。他們的文化近似於以狩獵為生的克羅馬儂人，違反撒哈拉文化的早期散播情形。來自撒哈拉地區的移民來到南方，與當地民族融合，因此其混血後代使用科伊桑語言。

---

6 Lamb, Hubert H. 1966, *The Changing Climate*, Methuen, London.

7 我參考了很多戴蒙(一九九八)在*Arm und Reich*, Fischer, Frankfurt, 550 pp. 中對非洲人口移動的解釋。戴蒙則參考了很多格林伯格關於班圖語起源的語言學證據。*Jour. African History*, v. 13 pp. 189-216.

尼日—剛果、班圖和非班圖等語言的使用者以種植作物為生，他們於西元前三〇〇〇年到西元五〇〇年之間由喀麥隆和奈及利亞東部向外散布。這次來自北方的大規模遷徙也是發生在四千年前左右！尼日—剛果語的使用者最後到達赤道以南的非洲大陸，只剩下科伊桑人留在乾旱的孤立地區。

最後，非洲東部和中部還有一些尼羅—撒哈拉語的使用者居住在孤立地區。他們可能是被亞非移民融合之前向東遷徙的原始撒哈拉地區民族。

氣候變遷似乎是這些遷徙行為的根本原因。

青銅器時代文明的衰敗

中東地區是農業和文明的搖籃。人類首先在美索不達米亞和安納托利亞嘗試生產食物，現在這裡的地面植被實在稱不上茂密。比沙漠邊緣更適合種植作物的地方很多，因此我們有理由懷疑中東地區是否一直是乾旱地帶。

中東地區現今的氣候是冬季寒冷多雨、夏季炎熱乾燥。降雨來源主要是來自歐洲的西北風和來自地中海的西風。南風現在被來自陸地的北風阻擋，而來自印度洋的熱帶風暴很少到達內蓋夫沙漠這麼北邊的地方[8]。全新世初期的氣候與現在不同。以往有季風帶來的夏季降雨。在氣

8 參見 Stephen Burns, Albert Matter 等人在 *Geology*（26. 499-502, 1998）的文章。

候最適期和其他溫暖時期，中東地區的氣候比現在潮濕[9]。

一九九五年我到以色列時，曾經到內蓋夫沙漠邊緣的迦南城市阿拉德旅遊。這個城鎮的設計顯示出具備高水準的都市計畫。市中心有個大型水庫，但水槽目前是空的。阿拉德市人口稠密的居住地曾有數千名居民。後來人類突然捨棄這個城市，而且已經沙漠化的住宅並沒有遭到戰爭破壞的跡象[10]。這個青銅器時代早期居住地是因為乾旱而被捨棄的嗎？

一年後，我到明尼亞波利造訪我的學生凱爾特。他很高興我終於對他的研究感到興趣。我們的角色對調過來，他成了老師，我則成了學生。我告訴他我在以色列的旅遊經歷，他聽到退休的老師跟新發展如此脫節時笑了一下。我不知道耶魯大學的魏斯(Harvey Weiss)曾經進行跨國研究，探討美索不達米亞地區青銅器時代早期文明的衰敗。凱爾特還說，他們剛剛發行一本新書。他們發現了明確證據，顯示西元前二二〇〇年左右氣候突然出現變化。區域性乾旱迫使種植作物的農民放棄位於非洲東部、巴勒斯坦、安納托利亞、美索不達米亞北部和南部以及阿曼灣等地的居住地。衰敗幾乎是在各地同時發生[11]。

9 El-Moslimany, A.P., 1994, “Evidence of Early Holocene summer precipitateon in the continental Middle East,” In Bar-Yosef, O and Kr, R. (eds), *Late Quaternary Chronology and Paleoclimates of the Eastern Mediterranean*, ASPR Tuscon, Cambridge. pp.121-130.

10 Ruth Amiran, et al., 1994. *Tel Arad-The Canaanite* City. The Israel Museum, Jerusalem, 4 pp.

11 Weiss, H., Coury, M.A., Wetterstrom, W., Guichard, F., Senior, F., Meadow, R., and Curnow, A. 1993. “The genesis and collapse of third millennium north Mesopotamian civilization,” *Science*, v. 261, pp. 995-1004.

我趕緊找書來看，發現最新的發展相當值得注意。從敘利亞北部的納巴塔到印度的印度河河谷，亞洲西部的城市都在四千多年前被人類捨棄。沒有激烈行為的跡象，也沒有軍事征服的證據。在中東各地，這個現象的發生時間被精確地記錄在青銅器時代早期及中期文化遺跡之間的「空白層」。被稱為空白是因為其中沒有人類居住的遺物。西元前二二〇〇年以前，城市相當繁榮、有水灌溉田地，有人種植作物。後來乾旱跡象出現，田地和居住地被捨棄了三百年左右。後來在西元前一九〇〇年的青銅器時代中期，農民又回到美索不達米亞地區的田地。在第二個千年中期，印度河河谷城市再度成為亞利安人的天下。

最近出版了一本研討會專題論文集「西元前第三個千年的氣候變遷與舊世界的衰敗」[12]。其中的33篇論文主題包含中東地區的環境災變、尼羅河洪水氾濫、非洲北部及熱帶地區的氣候突變，以及印度河古文明的衰敗。大多數論文贊同魏斯的結論，認為西元前二二〇〇年左右，氣候突然急遽惡化。

又是西元前二二〇〇年！安納托利亞的田地被捨棄、阿卡德帝國瓦解、古埃及王國式微、印度河河谷的城市荒漠化。沒錯，這些居住地是被捨棄，而不是被破壞。印度西北部的哈拉帕文化向東遷徙到降雨較多的地區[13]。寒冷乾旱氣候對亞洲西部造成的影響確實十分深遠。

12 參見N.H. Dalfes, G. Kukla, and H. Weiss, 1998, *Third Millennium BC Climate Change and Old World Collapse*, Springer, Heidelberg.

13 Stein, B. 1998, *A History of India. Blackwell*, Oxford, pp. 50-51.

湖上居民失去的家園

我們研究湖泊的第一年，有一天一位體格健壯的年輕人走進我辦公室。他自我介紹他是羅夫，是蘇黎世市的水底考古學家。我曾經聽說過「湖上居民」，它是凱勒(Ferdinand Keller)於一八五四年冬天的重大發現。當年天候乾旱，蘇黎世湖的湖水比平常降低約半公尺。凱勒在湖邊發現新石器時代居所的基樁。他認為這些房子原先是建造在水中的腳柱上。現在這個人告訴我這些房子不是建造在水中，而是建造在地面上。

我說：「真的嗎？」

羅夫說：「對，我們相當確定。這些小屋中火爐附近的地板有燒焦的痕跡。」

「所以這種屋子不是建造在水上？」

「對，它們是建造在湖邊，因為要將基樁打入鬆軟的泥巴比較容易。除此之外，他們也不用砍伐沒有樹木生長的森林。」

因為我也曾經用花園木樁打進家中後院的冰磧石，所以我很能體會羅夫的考量。不過他來找我不是為了來教我，而是來找我幫忙。現在這些基樁在數公尺深的水中。是這些居所滑進湖裡，還是湖水水面上升淹沒了它們？

我研究一會他的相片，然後回答道：

「不對，羅夫先生，這些基樁原本就在那裡。移動的是湖底，我們將這種移動稱為**潛移**。通常斜坡不是潛移而是滑坡，整個湖岸滑到湖中深處。但從相片看來，基樁跟原先打入的位置距離不遠，只有略微傾斜。」

「許教授，謝謝你。我們也覺得是湖水上升淹沒居所，但還是希望請專家提供意見。」

「那裡發生過洪水嗎？」

「不知道，這些人離開得很倉促，連東西都沒有帶。我們發現了漂亮的木製器皿、石斧的把手在水裡泡了這麼多年還是完整無缺。但湖裡沒有屍體，人可能在大水來到前已經走了。」

「洪水是發生在什麼時候？」

「目前掌握的資料還無法確定，青銅器時代居住地之前和之後都有過洪水。」

後來我跟羅夫沒再聯絡過，但三十年後為了撰寫關於青銅器時代早期文明衰敗的文章，我打電話到他辦公室。這位駐市考古學家已經退休，但他的助理跟我談過，給了我幾份再版資料。

我們現在知道新石器時代農民曾在蘇黎世湖畔居住許多代。最初有人居住的年代是西元前第五個千年末，第一次洪水發生在西元前三五〇〇年左右。這裡被捨棄數百年後，新的居民來到此處，這些人的最後幾代製作了繩紋陶器。後來在西元前二四〇〇年左右，湖邊的村莊再度被捨棄，一直到西元前一六〇〇年之後，湖畔才再度有人居住[14]。

歐洲中部在氣候最適期時氣候相當溫和。山岳冰川於西元前三三〇〇年第一次返回到南蒂

14 Jacomet, S., Magny, M., and Bruge, C.A., 1993, *Die Schweiz von Palaolithikum bis zum fruhen Mittelalter*, Basel: Schw. Ges. f. Ur-& Fruhgeschichte, pp. 53-58.

羅爾山中，正是「冰人奧茲」。奧茲是深色頭髮、衣著整齊的中年男性。他上山的時候，使用弓箭，帶著一把銅製斧頭。他在秋末收割後離開村莊，死在暴風雪中。雪結成冰，奧茲就這樣埋葬在蒂羅爾阿爾卑斯山中，直到一九九一年被發現[15]。奧茲的死預告了歐洲中部第一次冰川前進。

全球冷化時期，歐洲中部夏季潮濕，阿爾卑斯山冰川規模增大。湖水水面正如羅夫的同事所發現，在小冰川期時上升。第一批蘇黎世湖居所於西元前三五〇〇年被淹沒，比奧茲埋葬在冰川下更早。後來氣候再度轉為溫暖乾燥，不過蒂羅爾山中的冰原還是沒有完全融化。這一段溫暖時期是氣候最適期的末尾。湖水水面再度下降，人類得以在原先的地點建造新的湖上居所。Horgan人經歷了六百—七百年的好時光，但第三個千年末，氣候再度改變。湖水水面無情地再度上升。湖上居民再度倉皇逃離。不過，他們的家和東西保存在水和泥巴中，歷經四千多年依然完整。

塔克拉馬干沙漠的木乃伊

一個學生讓我注意到一九九五年五月九日《前鋒論壇報》上的一篇文章：

---

15 參見Konrad Spindler, 1994, *The Man in the Ice*, New York: Harmony Books, 297 pp.

追蹤亞洲早期白種人

> 最近在中國西部塔里木盆地所發現，距今一千四百年到四千年的木乃伊，從外貌看來相當接近歐洲人，有些則類似愛爾蘭人或威爾斯人。他們使用的語言是目前已消失的吐火羅語，也很接近塞爾特和日耳曼語言。

第一具木乃伊發現時我聽說過，是在新疆發現的紅色頭髮女性白種人，一九八三年我在烏魯木齊博物館看到了這具木乃伊。現在報紙報導賓州大學的梅爾(Victor Mair)召集了語言學家、考古學家、歷史學家、分子生物學家和其他學科的學者，在費城舉行研討會，提出最新的研究結果。梅爾當時說：

> 這具塔里木盆地白種人木乃伊應該可以確定是印歐人族系最東邊的現身記錄，同時由於它們的年代相當早，和印歐人由家鄉向外散播有關聯，因此有人認為它們在判定印歐人擴散地點方面將扮演重要角色。

也就是說，塔里木盆地的白種人，又稱為五堡人，是解答亞利安人問題的關鍵。我們必須解釋兩件比較反常的狀況。第一，五堡人出現的地點比俄羅斯南部、伊朗和印度所謂的絲音民族更偏東方，但他們使用的是西方的顎音語言。第二，四千年前左右，他們在很短的時間內移動了很長的距離，從歐洲西部到中國西北部的塔克拉馬干沙漠定居下來。

四千年前，又是這個數字！

我寫信給梅爾，他回信道：

> 去年我在京都大學人類學研究所擔任客座研究教授，看到幾篇日本學者的文章。文章中提到西元前二〇〇〇年左右，氣候曾經嚴重惡化，我感到很有興趣。這個時間正好和印歐人開始由本廷山脈發源地朝各地遷徙的時間相同。您的信印證了這些重大氣候轉變。
>
> 我的研究團隊成員很早就猜想當時可能發生某些災難事件，使印歐人離開家鄉，遷徙到塔里木盆地這麼遙遠又似乎不適合居住的地方。收到您的來信，現在我們朝真正原因又邁進了一步。

梅爾請我提供一篇論文放進他的專題論文集，我很高興地答應了他的請求。我唯一不贊成的是他用了「本廷山脈發源地」這個說法。目前並沒有本廷山脈發源地曾在西元前一八〇〇年左右發生重大災害的證據，但重大災害曾經在西元前二〇〇〇年降臨在印歐人在歐洲北部的發源地。

梅爾提出，西元前第一和第二個千年時在塔里木盆地的原始居民，是吐火羅人的祖先，而吐火羅人在西元九世紀前一直使用某種印歐語言。梅爾同時指出，五堡人擁有長型鼻子、深凹的雙眼和金色頭髮，這些都是北歐人血統的特徵[16]。

---

16 Mair, Victor, 1993. Progress for Project entitled, "A Study of the Genetic Composition of Ancient Desiccated

除了頭骨尺寸，最具說服力的人類學證據則是來自五堡木乃伊的ｍｔＤＮＡ分析結果。粒線體原先是類似細菌的獨立有機體，在生物演化過程初期和有核細胞進入共生模式。細胞為粒線體提供營養和保護，粒線體則負責管理能量作為交換。高等生物每個細胞擁有多個粒線體，每個粒線體擁有自己的特定ＤＮＡ。ｍｔＤＮＡ沒有重組，同時只能透過母系血統傳播。歐洲人和非歐洲人ｍｔＤＮＡ變體的相同部分非常少。舉例來說，單倍群Ｈ在歐洲比較常見，涵蓋瑞典、芬蘭、義大利等國人口約百分之四十的粒線體血統，但在一千一百七十五名非白種人中只有三人擁有。法蘭卡拉奇(Paulo Francalacci)研究過五堡木乃伊的樣本，他發現這些木乃伊全都屬於單倍群Ｈ。這個結果印證了新疆這些古老屍體來自歐洲的假設[17]。

巴柏(Elizabeth Barber)和古德(Irene Good)的紡織品研究也有很大的收穫[18]。有一種古代紡織品「是一種獨特的歐洲斜紋織法目前已知最東的出現紀錄」。另外，五堡人身上的格子羊毛布料和新石器時代丹麥墓葬中類似布料的織法和花紋都非常近似。斜紋是起源於歐洲的織法。五

Corpses from Xinjiang China," *Early China News*, v. 6, pp. 4-9. 另可參閱Victor Mair (ed), *The Bronze Age and Early Iron Age Peoples of East Central Asia*, Institute for the Study of Man, Washington DC, 2 volumes, 899 pp. 中的多篇文章。

17 參見Paolo Francalacci的新疆古代乾屍ＤＮＡ分析論文。Victor Mair (ed), *The Bronze Age and Early Iron Age Peoples of East Central Asia*, Institute for the Study of Man, Washington DC, v. 2, pp. 537-547.

18 參見E.J.W. Barber與Irene Good的論文 "Bronze Age cloth and clothing of the Tarim Basin," Victor Mair (ed), *The Bronze Age and Early Iron Age Peoples of East Central Asia*, Institute for the Study of Man, Washington DC, v. 2, pp. 647-670.

堡人的格子斜紋布和蘇格蘭便帽與現在蘇格蘭塞爾特人穿戴的衣帽完全相同。相反地，中東的傳統織法是表緯織法，形成了敘利亞的掛毯和裏海的絨毛毯技術。這種紡織技術最後也傳到塔里木盆地，但那是在時間上晚了許久。斜紋布製造者於西元前第二個千年來到這裡，而且是直接來自歐洲西部。

吐火羅語言研究證實了這些語言自原始印歐語的早期分支演化而來[19]。科學家曾經以為我們不可能證明原始印歐語的使用者是藍眼金髮的人類，因為沒想到會發現木乃伊。現在我們發現木乃伊了！確定從北歐遷徙到塔里木盆地的人就是現在吐火羅人的祖先之後，印歐人的發源地是歐洲北部也就無庸置疑。使用吐火羅語的人於西元前二〇〇〇年左右向東橫越大草原。他們穿越了烏拉爾—阿爾泰語使用者的土地，這一點從吐火羅語中有許多借用自芬蘭—烏戈爾語的字彙就可證明[20]。

19　參見D. Ringe, T. Warnov, A. Taylor, A. Michailov的論文“Computational cladistics and the position of Tocharian,” Victor Mair (ed), *The Bronze Age and Early Iron Age Peoples of East Central Asia*, Institute for the Study of Man, Washington DC, v.1, pp. 391-414.

20　參見E. E. Kuzmina的論文“Cultural connections of the Tarim Basin people and pastoralists of the Asian steppes in the Bronze Age,” Victor Mair (ed), *The Bronze Age and Early Iron Age Peoples of East Central Asia*, Institute for the Study of Man, Washington DC, v.1, pp. 63-93.

北方人

北方冰帽在一萬五千年前左右開始快速融化。冰川前緣，在冰島傳說中稱為「巨牆」，當時矗立在斯堪地那維亞半島南部。一萬一千年前左右，冰川期結束之前，冰層最後一次前進，並於一萬年前恰到好處地停下。快速的全球暖化形成持續五千年到六千年的氣候最適期，當時的氣候比現在溫暖。獵人和漁人和搶劫者都聚居在波羅的海沿岸。

接下來的一大進步是農業革命，形成了以糧食生產為特徵的新式社會。農業是西元前八〇〇〇年左右中東地區新石器時代最初的人類所發明。新石器時代文化先傳播到歐洲東南部，再擴散到歐洲中部，但一直到西元前六〇〇〇年左右才到達歐洲北部，又過一千年才到達斯堪地那維亞半島。

由於經常需要烹煮穀類和其他植物，促使人類尋求更好的容器。中石器時代的獵人和採集者使用不透水的籃子，新石器時代的農人發明了陶器。陶器製作最早可追溯到西元前七〇〇〇年的歐洲東南部和安納托利亞，這些地方住的是新石器時代最初的農民。陶器於西元前第六個千年傳到歐洲中部，居住在長形房屋的農民以直線條紋裝飾陶器。在黏土做的器皿燒製之前，表面劃上曲線或鋸齒線作為裝飾。直線條紋陶器的德文字是Linearbandkeramik，製作這類陶器的人稱為ＬＢＫ人[21]。他們居住在德國中部、波蘭中部、奧地利、捷克和斯洛伐克。ＬＢＫ人的居

21 Alasdair Whittle的*Europe in the Neolithic*（1996, Cambridge Univ. Press, 443 pp）可提供許多資料。他根據豐富的資料推斷從LBK到繩紋陶器等歐洲新石器時代文化，大多是在當地演化出來，因為有文化轉移連續性的

住地通常位於肥沃的土壤，在河谷或地勢較低的水邊。值得注意的是，這種陶器沒有出現在超越黃土最北端界線的歐洲北部。這條界線剛巧和上次冰川最南端的界線大致相符，同時它也是分隔畜養牲口的德國北部和種植作物的德國中部之間的自然界線。接下來，歐洲中部的陶器是以形狀來區別，而不是裝飾花紋。考古學家曾經研究過漏斗頸陶文化（ＴＲＢ文化，西元前四〇〇〇—三三〇〇年）和球狀細頸陶文化（西元前三三〇〇—二六〇〇年）。

歐洲中部的ＬＢＫ人居住在森林中。從德國南部的河流名稱看來，這些人使用的是與西班牙的巴斯克有關的語言。從西元前四〇〇〇年左右，歐洲中部人開始將死者埋葬在仔細建造的土堆、石堆和平台型墳墓中，有單一或集體墓葬。他們的骸骨有很大的比例為圓形頭顱，身體特徵則有明顯不同。

界線以北最早的新石器時代居民是原始印歐人。南邊的ＬＢＫ人已經在種植作物時，他們仍然靠收集為生。德國北部人和丹麥人於第四個千年初開始以燃燒和砍伐清除森林，斯堪地那維亞半島南部人則依然以狩獵和捕魚為生。

新石器時代晚期，歐洲北部人也製作陶器，製作方法和ＴＲＢ人相同。西北部歐洲人的墓葬習俗與其他人不同，是以巨石建造而成。最早的巨石遺跡建造在布列塔尼半島，而從伊比利亞半島到英國和丹麥的大西洋沿岸各地都有巨石建築物，但歐洲中部和東部則沒有。

牲口在新石器時代相當於黃金，穩固的領導地位則是建立在牲口所代表的財富上。海登

確實證據。

(Brian Haydon)認為，新石器時代的酋長從西元前三〇〇〇年開始建造巨石陣和其他巨石建築，他們在這些「石器時代的大教堂」舉行非基督教至日節慶的耶誕儀式[22]。在歐洲大陸上，人類則以巨石建造壯觀的集體墓葬遺跡，也就是巨石墓。

西元前三〇〇〇年後，歐洲開始使用青銅器，墓葬風格出現改變。在歐洲北部和東部，尤其是萊因河和維斯杜拉河之間的地區，可以發現埋在矮土堆下的單人墓葬。較西元前三〇〇〇年略早一點，歐洲中部陶器的形狀也開始改變。漏斗頸陶器被鐘形陶器或球狀細頸陶器文化取代。以考古學術語來說，是TRB被球狀細頸陶文化取代。圖林根地區的農民發明了另一種新的陶器裝飾[23]，在燒製之前，用線或繩索在濕軟的黏土器皿上壓印花紋作為裝飾。西元前二七〇〇年左右，瑞士的湖上居民承襲了這種製作繩紋陶器的習俗，西元前二五〇〇年左右，歐洲北部的牧人也承襲了這種習俗[24]。不過，某些丹麥和斯堪地那維亞半島部落比較保守，仍然是以刻劃或凹下的符號來裝飾陶器。

他們用石斧清除森林，以便畜養牲口。使用繩紋陶器的北歐人發明了新型工具。他們不將

22 Brian Hayden則在書中寫了一節關於巨石文化的傑出內容（同前書）。

23 科西納，同前書。

24 科西納認為繩紋陶器的起源在德國中部。金布塔斯和信徒則犯了很大的錯誤，認為繩紋陶器的起源是俄羅斯南部的庫爾干高原，但庫爾干高原上的墳墓中發現的陶器完全不同。L. Kilian和A. Hausler提出明確的證據，證明繩紋陶器文化與西元前第三個千年後半歐洲北部的北歐人相當類似（參見Kilian的*Zum Ursprung der Indogermanen*, Bonn: Haelt, pp. 92-97）。

斧頭綁在木製把手上，而是在斧頭上鑽出把手孔，再將把手穿過這個孔[25]。他們在遷徙和征戰途中就是使用這種穿孔的戰斧。

科西納將西元前第三個千年後半居住在歐洲北部的人類稱為「繩紋陶器／戰斧／單一墓葬人」。我們曾經在上一章中提到，第一批北方人是追蹤凍土地帶大型獵物的克羅馬儂獵人。他們在冰帽融化後來到北方。一直到一萬一千年到一萬年前的新仙女木期，傳說中稱為「巨牆」的冰川前緣一直矗立在挪威南部和瑞典。冰島的「埃達佛魯斯帕」是神祇世界的故事。北歐先鋒並沒有征服當地族群，而是忙著消滅「森林巨人」——長毛象。斯堪地那維亞冰帽完全消失前，這種長毛動物曾經遊走在冰帽周圍[26]。這裡不論是語言或地名都沒有更早的文化存在的徵兆。北歐人是這片土地的新居民，也是這片處女地第一次有人居住。

北歐人的生活方式在氣候最適期中逐漸演進。他們獵取數量豐富的小動物，同時學習大量收穫的捕魚技術。他們製作籃子，並且採集穀粒。他們不再在洞窟中繪畫，而在挪威的裸露岩石上雕刻圖形。後來他們還學會了畜養牲口。文化改變了，但人沒有改變。惠特爾發現它有連貫性：ＴＲＢ於新石器時代轉變為繩紋陶器／戰斧／單人墓葬文化，在德國各地都有連貫性。德國沒有發生大規模人口取代，沒有出現過外來者入侵，也沒有當地人被入侵者征服。北歐人

25 事實上這種戰斧最初是在中東以青銅製成，歐洲北部的戰斧僅以石頭製造。

26 Berger, W. Ho 1991. In D.W. Muller et al.（eds）, *Controversies in Modern Geology*, Academic Press, London, pp. 115-132.

這個個別繁衍族群一直居住在歐洲北部[27]。在歐洲進行田野工作的考古學家一再驗證了這個結論。歐斯墨(Einar Ostmo)研究挪威的血統傳承，沒有發現外來者入侵挪威的證據[28]。格林印卡斯(Agirdas Girininkas)研究了波羅的海國家的血統傳承，同樣表示波羅的海周圍的人一直在波羅的海地區狩獵、採集和耕種，從第一次冰川消失之後就一直居住在這個地區[29]。

沒錯，北方人是舊石器時代來到這裡。在平原上四處移動的獵人之間沒有語言障礙。一直到新石器時代革命之後，印歐人也變成定居的農人之後，才開始分化出方言。分裂可能始於西元前五〇〇〇年左右，在幾千年之間，德國和斯堪的亞的西分支使用顎音語言，而波羅的海地區的東分支則使用絲音語言。

原始印歐人是愛好和平的農人和畜牧人。他們可能有一點懶散，就如塔西圖斯描述他們的日耳曼後代一樣。他們住在森林附近的小片空地上。他們畜養牲口，並且種植裸麥和大麥。他們會說故事，也慶祝耶誕節。他們過得快樂且相當知足。那麼他們為什麼會想離開這裡，征服大草原、山地和沙漠呢？或者是他們自甘墮落而去征服他人？

我們又回到了老問題：吐火羅人為什麼來到塔克拉馬干沙漠？

---

27 Whittle, A., 同前書，p. 287.

28 Einar Ostmo, 1996. K. Jones-Bley and M.E. Huld (eds), *The Indo-Europeanization of Northern Europe, J. Indo-Eur. Studies*, Monograph 17, 23-41.

29 A. Girininkas, 1996. K. Jones-Bley and M. E. Huld (eds), *The Indo-Europeanization of Northern Europe, J. Indo-Eur. Studies*, Monograph 17, 23-41, 42-47.

歷史上只有一種動機能讓這些人離開家鄉，就是他們不得不離開。因為氣候變遷使氣候最適期結束，因此印歐人必須離開家鄉。史前時代曾經發生全球冷化的證據，在自然科學研究中已經相當清楚。在波斯古經《阿維斯陀》中也可看到歷史紀錄：亞利安人的家鄉曾經被描述為一年有十個月冬天和兩個月夏天[30]。

印歐人不是離開家鄉去打仗，他們和旅鼠一樣，離開家鄉是因為面臨饑荒。面臨饑荒是因為他們沒辦法，飼養的牲口或種植的作物不足以養活自己。他們飼養的牲口或種植的作物不夠是因為氣候最適期於西元前第三個千年結束。這次自然災害也導致人類離開乾旱的撒哈拉地區、青銅器時代文明衰敗、湖上居所被水淹沒，以及印歐人向外擴散。

第一批印歐人移民像聖經時代的海上民族或凱撒時代的赫爾維蒂人，或是上個世紀的美國的摩門人一樣遷徙。男女老幼拋棄家園，一起遷徙，靠雙腿步行或乘坐馬車，必要時還得保護自己。赫爾維蒂人、吐火羅人、阿勒曼尼人和摩門人遷徙的主要動機不是征服，而是移民。所以印歐人與其說是征服者，還不如說是移居者。沒錯，有必要時他們會戰鬥，但大多數人都想找處女地或廢棄的農場。第一批北歐人是在冰川離去後來到斯堪地那維亞半島。吐火羅人來到中國的沙漠綠洲，帶路者就是印歐人的「摩西」。根據近代的研究，即使是惡名昭彰的亞利安人，也不需要為印度河河谷破壞負責，他們只是南下定居在被建造者沙漠化的城市。

印歐人在氣候最適期非常愛自己的家鄉。他們可以打獵和捕魚，就像亞當和夏娃在伊甸園

30 L. Killian, 1988, *Zum Ursprung der Indo-Germanen*, Bonn: Haelt, p. 33.

裡一樣。後來他們學會飼養牲口和耕作田地，就像亞伯和該隱一樣。他們在上帝的眼中一定是犯了過失。土地不再給他們效力，他們流離飄盪在地上。印歐人是在小冰川期離開家園，這是近五千年來四次小冰川期中的第一次。北方人將感受到冷化的第一波衝擊：西元前二五〇〇年過後不久，印歐人開始向南遷徙。全球開始冷化，也將改變山中湖泊沿岸歐洲中部人的生活，他們的居住地將在西元前二四〇〇年被淹沒。波羅的海地區的絲音民族向南遷徙，他們遇到了本廷—裏海地區的當地民族，就像羅馬時代的哥德人一樣。印歐人在大草原的庫爾干人之間建立殖民地，後來某些部落繼續向南遷徙到伊朗和印度。德國和丹麥的顎音民族向東遷徙，前進到巴爾幹半島、希臘和安納托利亞，他們也是第一批經由絲路到達新疆的旅者。

移民可能分成數個階段，歷經多個世代，可能定居在處女地，例如塔克拉馬干的吐火羅人，或是與當地人融合，例如印度—伊朗人的祖先在本廷—裏海地區和堆墳建造者融合一樣。

小冰川期於西元前二二〇〇年到達最高峰時，亞洲西部的新石器時代農民也開始受害。美索不達米亞地區最壞的狀況在數百年後結束，定居者於西元前一九〇〇年左右回到自己的農場，印歐人移民離開後就沒有再回來。

遠東地區也有類似的遷徙活動。一波波漢藏語使用者南下，對奧斯特羅尼西亞人造成壓力。略早於距今四千年前，波里尼西亞人的祖先從越南和中國南部來到台灣，再從台灣沿著各島嶼到達菲律賓、印尼和太平洋島嶼。

全球冷化終結「氣候最適期」

我的同事談起「四千年前事件」。但這不是一個事件，四千年前是一個千年氣候變化的結束，但氣候最適期的結束則是逐步到來，地方不同，時間也不同。這不是單一事件，而是小冰川期逐漸到來。人類的遷徙也不是事件，而是人類離開家鄉，尋找有陽光的地方。

終結氣候最適期的全球冷化，以後還有一波小冰川期將會到來。耶穌基督誕生之後還有另外兩波。地球氣候是不是有週期性變化？

| 第七章 |

氣候變化的循環

這些不認識的陌生人來自文明以外的地方。他們坐著車、實心輪的重型貨車，拉車的是駝背的閹牛，上面堆滿了家庭用具和家具。男女老少都有，這些外來者不斷行進……這個可怕的隊伍不論停留在哪裡，都會留下燒毀的房屋、殘破的城市和遭到踩躪的作物。沒有人阻止得了這些外來者，他們擊潰所有的抵抗。

——凱勒（Werner Keller）, *The Bible as History*

古代世界的萌芽時代——也就是古希臘和羅馬的古典世界——跟隨在地中海偉大的青銅器時代文明和「黑暗時代」開始之後出現。

——Colin Renfrew, "Foreword," *The Centuries of Darkness*

一九九四年，台灣大鬼湖沉積物芯中兩道白色條紋引起我的興趣，開始研究氣候與歷史的關聯。繼續研究下去之後，我發現在印歐人向外擴散的時代，是一次年代更早的小冰川期。一九九六年我回到蘇黎世後，這個模式開始逐漸成形。歐洲北部人和亞洲北部人的大規模遷徙至少分成三個階段，高潮是分別在西元前二〇〇〇年、西元四〇〇年和西元一六〇〇年。如果週期性確實存在，其時間間隔應該是一千二百年左右，因此在西元前八〇〇年前後應該還有一次小冰川期和大規模遷徙。是否有科學證據或歷史紀錄可以證明？

希臘黑暗時代氣候變遷的歷史證據

希臘的多里安人入侵相當引人好奇，我們對希臘黑暗時代的事件所知極少。這個歷史事件是否與氣候變遷有關？布萊森（Reid Bryson）和莫瑞（Thomas Murray）認為確實有：這次入侵，或者說青銅器時代文明開始消失，是由邁錫尼一場旱災所引發。他們曾於一九七七年提到[1]：

> 邁錫尼市的遺址位於希臘南邊陽光普照的平原上。耶穌誕生前一千二百多年，邁錫尼曾是偉大文明的中心……西元前一二〇〇年之前，邁錫尼的勢力突然開始沒落。西元前一二三〇年，邁錫尼的主宮殿和穀倉遭到攻擊焚燬。邁錫尼的其他中心，包括皮洛斯和梯林斯，也出現衰敗和破壞的徵兆。邁錫尼文明的衰敗和沒落十分突然和徹底，關於它的記憶只留存在傳說中，而這些傳說

1 Reid Bryson and Thomas Murray, 1977, *Climate of Hunger*, U. Wisc. Press, Madison, p. 4.

一直到謝里曼(Heinrich Schlimann)於一八七〇年代開始發掘後才重見天日。

關於邁錫尼帝國因旱災而衰敗的說法，是由著名古典學者卡本特(Rhys Carpenter)所提出[2]。他提出柏拉圖所說的傳說來支持它的假設。目前的歷史證據相當少，只有西元前十三世紀末在利比亞的饑荒和在安納托利亞的旱災和可當作參照[3]。德魯斯(Robert Drews)引用了希羅多德和邁爾奈普塔的卡納克碑文，以及某些西台人的說法作為證明。不過他認為，這些歷史證據還不足以支持卡本特的乾旱理論。德魯斯比較贊成青銅器時代文明是被使用鐵製武器的入侵步兵毀滅的說法。

布萊森是氣候學家，有科學基礎可證明他的假設。他指出一九五五年一月的異常氣候型態使伯羅奔尼撒半島的降雨量減少了百分之四十。布萊森推測，如果一九五五年的氣候型態持續數年或數十年，邁錫尼就可能發生嚴重乾旱。

儘管了解饑荒可能導致黑暗時代降臨，詹姆士(Peter James)卻發現難以證實這個「普遍乾旱理論」，他以史前氣候學的論點來反駁布萊森[4]：

---

2 Rhys Carpenter, 1968, *Discontinuity in Greek Civilization*, W.W. Norton, New York.

3 Robert Drews, *the historical facts pertinent to the end of the Bronze Age in the Middle East*（Princeton Univ. Press, 1993, 252 pp）.

4 James, P., 1991, *Centuries of Darkness*, Jonathan Cape, London, p. 313.

如果預期它會對全歐洲造成影響，那麼乾旱理論的支持者就必須解釋，許多歐洲中部和北部花粉放射性碳年代鑑定紀錄顯示，當時曾經出現過潮濕氣候。

詹姆士忽略了氣溫變化有可能遍及全球，但降雨變化不一定遍及全歐洲。我曾經提到過歐洲北部寒冷潮濕，而歐洲南部寒冷乾旱的天氣型態。這種天氣型態正可印證布萊森於一九五五年一月觀察的歐洲天氣：伯羅奔尼撒半島冬天更加寒冷，降雨減少了百分之四十，匈牙利的降雨則增加了百分之十五，挪威的降雨也高於一般水準。氣候的歷史紀錄驗證了這種天氣型態。歐洲中部和北部非常潮濕，歐洲南部則乾旱。洪水破壞了匈牙利的文明，挪威的雪線向山下移動，此時邁錫尼則遭到乾旱侵襲[5]，因此詹姆士的反對理由並不成立。小冰川期可能發生在歐洲地中海沿岸寒冷乾旱的黑暗時代。

西元前八〇〇年左右可能非常寒冷的理論，其實是由語言學家希爾特(Hermann Hirt)也提出過[6]。他認為日耳曼語言中的變母音(umlaut)應該是西元前八〇〇年的全球冷化所造成。天氣非常寒冷時，北方人講話時不想把口張得太開。例如要發 a 的音時會將口半閉，形成變母音 ä。亞洲北部部落的語言也有類似的母音變化。舉例來說，土耳其語在一個詞中往往有四—五個 ü。瑞士山中的方言同樣也有比較多的變母音，而且阿爾卑斯山中可能非常寒冷，冬天氣溫往

---

5 Bryson, R., Lamb, H.H., and Donley, D.L. 1974, "Drought and the decline of Mycenae," Antiquity, v. 48, pp. 46-50.

6 Hermann Hirt曾推斷元音變化和氣候之間的關係，參見Habilitationsschrift of 1892 *Ueber die Urheimat der Indogermanen*（同前書）。

往低於攝氏零下三十度。近代語言學家捨棄了希爾特的假設[7]，因為希爾特並未提出變母音的確實改變時間。

希臘黑暗時代全球冷化的證據也可在中國古代歷史中找到。青銅器時代的商朝，氣候溫暖潮濕。中國北方可以種植稻米，絲綢業相當興盛。西元前一一二二年，商朝被周朝取代。史官將商朝滅亡歸咎於統治者昏庸無能，但由這次事件和希臘黑暗時代的關聯可以看出，此時可能發生了氣候災難。周朝反抗軍獲得飢餓的民眾支持後，商朝隨之覆亡。氣候持續惡化，小冰川期於西元前第二個千年來到後，中國歷史上出現了以下的記錄[8]：

西元前九〇三年	長江與漢江結冰，許多牲口無法度過嚴寒的冬季。
西元前八九七年	長江與漢江結冰，許多牲口無法度過嚴寒的冬季。
西元前八五七—八五三年	連續六年大旱。
西元前七七八年	七月降霜。
西元前七八三—七七三年	作物欠收、饑荒，民工挨餓。
西元前七七三年	夏季異常寒冷，杏與桃僅在十月有收成。

7 參見H. Lussy（1974）, *Umlautprobleme im Schweizerdeutschen*, Huber, Fraufeld, p. 80.

8 劉紹民，《中國歷史上氣候之變遷》，頁二五九。

非常寒冷乾旱的氣候持續近兩百年。農作物年復一年欠收。農村奴工起而反抗，外來入侵者也由西北方前來。最老的長城也就是在這段時間造的。儘管有西元前八世紀末對匈奴的軍事勝利，反抗活動依然難以平息。最後到了西元前七二二年，首都不得不由西安遷往洛陽，代表西周正式結束。根據中國歷史記載，氣候要到西元前七世紀才會再度轉為溫暖潮濕。

希臘黑暗時代氣候變遷的科學證據

卡本特的理論是建構在間接的遷徙及系統瓦解證據之上。他發現邁錫尼人拋棄了城市，於黑暗時代遷徙到克里特島和賽浦路斯。那裡有穀物和其他食物倉庫的破壞遺跡。他們成為「飽受旱災之苦的民族不得不訴諸暴力」的受害者[9]。卡本特的說法讓我想到三國演義的情節，多里安人在他的描述中宛如黃巾賊的前身。

小冰川期發生在黑暗時代的證據，也可從古植物學研究得到[10]。歐洲北部植物群顯示，在所謂「亞大西洋」時期，氣候由溫暖乾燥轉為寒冷潮濕。歐洲西北部許多沼澤的白色和黑色泥煤之間有明顯分界，可以證實曾出現這樣的變化。白色泥煤中發現的人造物品是青銅器時代的工具，而黑色泥煤則屬於鐵器時代。變化的發生時間目前推定在西元前八五〇年。氣候變化對史

---

9 卡本特，同前書。

10 感謝Bas van Geel告知她一九九八年論文的標題 “Solar forcing of abrupt climate change around 850 calender years BC”（共同作者O.M. Raspopov, J. van der Plicht, and H. Renssen）in *Natural Catastrophes during Bronze Age civilizations*（editors B.J. Beiser, T. Palmer & M.E. Bailey）, BAR International Series, pp. 162-168.

前農人造成極大的影響。荷蘭北部的發掘成果也顯示，有人居住的時期於青銅器時代晚期完全停頓，一直到西元前九世紀的「黑泥煤」時期地下水位上升，這個地區才再轉為適合居住。

海平面的變化也提供了一些證據[11]。大冰期後，南極冰帽融化過多時，海平面上升，而在全球冷化時，上升的速度會減緩或停頓。目前科學家已經發現近似週期性的減緩循環，年代分別是距今九千年、七千六百年、六千五百年、五千一百年、四千二百年、三千二百年、一千九百年和三百五十年前[12]。三百五十年前(西元一六五〇年)剛好是上一次小冰川期，而一千九百年前(西元一〇〇年)則是哥德人離開家鄉前往波羅的海沿岸的時間。三千二百年前(西元前一二〇〇年)正是布萊森推測邁錫尼發生乾旱的年代。這些時間上的巧合，進一步證實了地中海地區在黑暗時代氣候寒冷乾旱的說法。四千二百年前則是亞利安大遷移時代。

格陵蘭冰層中變化的塵土濃度，也顯示全球變遷有循環性[13]。塵土大多是全球冷化時期由亞洲中部吹來。塵土中的細沙落在中國北部的黃土高原以及台灣山中湖泊底部。最細的黏土顆粒可移動超過半個地球，落在格陵蘭冰原上，埋入冰川之中。氣流最強，或可說是天氣最冷的時

11 Fairbridge, R.W. and Hillairie-Marcel, C., 1977, "An 8000-year palaeoclimatic record," *Nature*, v. 268, pp. 413-416.

12 A. Meese, M.S. Twickler, and S. I. Whitlow, 1995. "Complexity of Holocene climate as recongructed from a Greenland ice core," *Science*, v. 270, pp. 1962-1964. 另外，美國賓州大學的Richard Alley也給了我未發表的GISP冰核分析結果。

13 Grove, J.M., 1997. "The spuatial and temporal variation of glaciers during the Holocene in the Alps, Pyrenees, Tatra and Caucasus," *Palaoklimaforschung*, v. 24, pp. 95-103.

期，冰中塵土層的厚度也最厚。格陵蘭冰層中的塵土層紀錄顯示這種循環性，而塵土厚度達到最高峰的幾年，則和近五千年來幾次小冰川期的最高峰大致相符，我做出這個假設的主要依據是歷史證據。現在有了資料表明，西元前一二〇〇年的塵土最大值最為明顯，這更證明希臘黑暗時代確實有全球冷化現象！

山中冰川前進則是屬於另一類的科學證據[14]。在阿爾卑斯山西部，冰川在西元前第二個千年後半全都前進（洛本期）。在阿爾卑斯山東部，當時冰川前進的幅度甚至超過小冰川期冰磧丘的末端。冰川證據印證了科學證據，證明西元前第二個千年末的全球冷化十分嚴重。

阿爾卑斯山中湖泊的湖面變化也提供了證據[15]。湖面在寒冷潮濕的夏季會上升。洛本前進期的高水位淹沒了青銅器時代湖上居民的家園。氣候再度轉為溫暖乾燥時，湖面下降，新的居民是塞爾特人，在羅馬時代的拉坦諾文化全盛時期達到頂點。

沉積物也提供了關於氣候變遷的訊息[16]。一個德國團隊在死海海底鑽挖井孔，發現黑暗時代鹽層沉澱在海底時，中東地區氣候那時是寒冷乾燥。而希臘文化時代有泥層沉積時，氣候則比較溫暖潮濕。

---

14 Jacomet, S., Magny, M. and Burga, C.A., 1995. Klima - und Seespiegelschwankungen im Verlauf des Neolithikums und ihre Auswirkungen auf die Besiedlung der Seeufer, In *Die Fruhgeschichte*, Basel, pp. 53-58.

15 Jorg Negendank等人的論文（一九九七），*Naturwissenschaften*, v. 84, pp. 298-401.

16 Peter James引用Oliver Gurney的作品，讓我注意到西台人的火葬習俗。

甕棺墓地人、多里安人入侵與寒冷時期的海上民族

土葬是古代人較常採用的埋葬方式，火葬通常不被採用，尤其是保存遺體牽涉到永生的時候。歐洲從尼安德塔人的時代開始一直是採用土葬。舊石器時代歐洲北部獵人偶爾採用火葬方式[17]，後來新石器時代丹麥農民進一步發展了這種技術。他們選擇火葬可能是因為要在冰凍的土地上埋葬遺體比較困難。第一批印歐人移民將這種習俗帶到安納托利亞、伊朗、中國西北部和印度。火葬需要溫度很高的火焰，不過在青銅器時代之前，火葬並不常見。在歐洲北部的森林地區，火葬逐漸取代土葬，到青銅器時代晚期已經完全取代[18]。

歷史上採用火葬的民族中，最著名的就是甕棺墓地人[19]。火葬是突然出現的。上奧得河河谷的盧薩蒂亞和波希米亞地區的人首先開始採用這種方式，以甕棺墓地取代墳墓。青銅器時代晚期，他們的村莊和火葬儀式快速成長，甕棺墓地文化也很快地由發源地向東擴散到烏克蘭和俄羅斯南部、向東南經過巴爾幹半島到達希臘和安納托利亞、向南到奧地利和德國，並越過阿爾卑斯山到達義大利和西西里島，向西經過法國到達伊比利亞半島。

甕棺墓地人突然出現以及快速擴散，顯示有人由北方大規模向外遷徙，而北方長久以來一

17 參　見P.V. Globb's *Danish Prehistoric Monuments*（London: Faber and Faber, pp. 137-216） and Johannes Brondstad's *Nordisches Vorzeit*（Nermunster: Wachholtz Verlag, p. 317）.

18 F. Morton, 1995, *Hallstatt und die Halstattzeit*, Verlag des Musealvereines, Hallstatt, 122 pp.

19 Maspero, Gaston, 1895, *Histoire ancienne des peoples de l'Orient classique*, Paris, 2 vols.

直採用火葬。這個假設有語言學證據支持，因為甕棺墓地人說的是印歐語。

他們為什麼遷徙？這些北歐人為什麼又離開歐洲北部？

知道小冰川期發生在青銅器時代末之後，遷徙的動機就很明顯了。北方的印歐人必須再一次放棄農場，找其他地方來種植作物及畜養牲口。飢餓的農民起而離開。他們是盧薩蒂亞和奧地利和德國的甕棺墓地人，以火葬方式處理遺體。因為人口壓力十分龐大，他們繼續向南遷徙。伊利里亞人到達巴爾幹半島、義大利人到達義大利，弗里吉亞人到達安納托利亞、多里安人則入侵了伯羅奔尼撒半島。海上民族從歐洲東南部入侵利比亞和埃及，最後定居在賽浦路斯和巴勒斯坦。

小冰川期迫使北方的印歐人離開家鄉，地中海地區陷入黑暗時代。這是一場大災難。邁錫尼王朝消失，強盛的西台王國滅亡。黎凡特(地中海東部諸國)大城市遭到破壞，連亞述王國也衰弱下來。埃及的第二十王朝成為新王國最後的朝代，法老的榮耀也隨之告終。

十九世紀末的學者發現青銅器時代文明衰敗和外來者入侵有關。有人指出，用以紀念拉美西斯三世戰功的埃及浮雕上出現的非利士人，看起來很像歐洲人。他們顯然不是閃米特人。馬伯樂(Gaston Maspero)提出了遷徙的骨牌理論。佩拉斯吉人到利比亞是被多里安人趕過去的。另外，海上民族到埃及和巴勒斯坦，是被弗吉里亞人從安納托利亞趕過去的。多里安人和弗吉里亞人到南邊則是被來自巴爾幹半島的北方入侵者趕過去的。

海上民族侵入黎凡特和埃及沿岸，參與利比亞軍隊和法老作戰。不過他們不僅是入侵者，也是移民，而且他們來自遷徙的國家。聖經中有關於這些印歐人大規模遷徙的記述。記述者描述他們來到時的情景相當令人害怕。這些不認識的陌生人來自文明以外的地方。他們坐著車、實心輪的重型貨車，拉車的是駝背的閹牛，上面堆滿了家庭用具和家具。男女老少都有，這些外來者不斷行進。隊伍前方是武裝的人。他們手持圓形盾牌和青銅製的刀劍。因為人數非常多，所以他們周圍塵土漫天。沒有人知道他們來自何方，這個浩浩蕩蕩的行列首先出現在馬爾莫拉海邊。他們從這裡沿著地中海岸向南行進。威武的船隊在蔚藍的水上朝同一方向航行，大群船隻載著武裝的人。這個可怕的隊伍不論停留在哪裡，都會留下燒毀的房屋、殘破的城市和遭到蹂躪的作物。沒有人阻止得了這些外來者，他們擊潰所有的抵抗[20]。

但拉美西斯擋住了他們。這位法老在位於馬迪納特哈布的陵廟牆上的浮雕中宣揚自己的功績。在浮雕中，海上民族聯軍駕著戰車作戰，家人坐著實心車輪、以公牛拉的車跟在後面。拉美西斯取得決定性勝利，但海上民族不久後就捲土重來，從海上攻擊。拉美西斯再度獲勝，海上民族被逐出埃及沿岸。後來他們轉往迦南沿岸[21]。高大的印歐人成為非利士人。後來其中一人，也就是巨人歌利亞，將在歷史上最著名的戰役中和大衛決一死戰。

拉美西斯對海上民族漂流的記述，看起來很像一千多年後凱撒在「高盧戰記」中對赫爾維蒂人出走的描述。那一群包含男女老幼的烏合之眾不是組織嚴謹的入侵軍隊。海上民族是不得不離開家園的絕望民族。他們把家當堆在牛車上，找尋有陽光的地方，在有需要時方才起而戰

20 Werner Keller, *The Bible as History.*

21 Tubb, J.A., 1998, *The Canannites*, British Museum Press, London, 160 pp.

鬥。

沒錯，他們不得不離開家園，因為甕棺墓地人來了。

甕棺墓地人本身或許並沒有南下到希臘或安納托利亞，但他們的火葬習俗卻被多里安人帶到伯羅奔尼撒半島。多里安人從希臘西北部經過邁錫尼到達希臘本土。邁錫尼宮殿被破壞就是這些當地反抗軍的傑作。邁錫尼糧倉遭到燒毀，讓人聯想到明朝末年飢餓農民的作為，亂民將搶不走的東西全部燒光。邁錫尼當時動盪不安，許多人離開伯羅奔尼撒半島。上層階級逃到內陸的隱蔽地點或坐船渡海，例如賽浦路斯就有來自邁錫尼的皇族墳墓[22]。留在希臘的居民則深受傷害。他們目睹生計被毀，生活在恐懼的陰影下。人口大幅減少，大片已經耕作的土地雜草叢生，道路也無人維護。政治凝聚力逐漸降低，貧窮揮之不去。黑暗時代降臨，但留下來的人仍然大多具有邁錫尼性格。

希臘的黑暗時代一開始，移民由歐洲中部大批進入義大利，義大利人使用一種原始形式的拉丁語，他們是羅馬人的祖先。他們的鄰居法利希人使用另一種方言，於西元前一〇〇〇年到達，略早於鐵器時代初期的開端。義大利北部維爾卡蒙尼卡河谷的雷蒂雅明文和法利斯坎與非常接近。許多人認為，向南遷徙的部落是奧地利的甕棺墓地人。他們越過阿爾卑斯山到義大利，也帶來火葬的習俗。大約在同一時間，法國的甕棺墓地人越過庇里牛斯山，在西班牙定居。

22 V.R. d'A. Desborough, 1972, *The Greek Dark Ages*, Ernst Benn Ltd. London: 388 pp.

義大利以往曾經有非印歐人。希羅多德指出弗里吉亞人到達安納托利亞西部，造成愛琴海民族遷徙到義大利北部，他們就是義大利的伊特拉斯坎人的祖先。這個說法最近獲得進一步支持，愛琴海島嶼上有一塊西元前五一〇年左右樹立的石碑，刻有伊特拉斯坎方言。不過這些出現伊特拉斯坎語的地方，很可能是先前廣泛散布後形成的孤立地區。印歐人向南入侵，造成非印歐人在零散地區被孤立，例如義大利北部的伊特拉斯坎人，以及希臘另一個使用伊特拉斯坎語的民族。

中東地區黑暗時代的開始與印歐族的西台帝國崩潰有關。依據埃及年表，最後一個西台殖民地的年代早於西元前十二世紀初。西台帝國沒落後，在安納托利亞中西部發現年代最早的物品，屬於西元前八世紀的弗里吉亞王國。考古記錄在青銅器時代中期有明顯的空白。維利科夫斯基(Immanual Velikovsky)認為這段不連續期間是人為造成，因為歷史學家判定西台帝國結束的年代有誤。詹姆士也發現青銅器時代晚期結束的年代應該較晚，因此他將希臘黑暗時代的期間縮減為西元前一〇〇〇—八〇〇年，也就是為時二百年左右[23]。考古學家或許還需要整理取得的資料，但現在沒有人否認以往曾經發生大災難，不過時間還不確定。

目前有許多種假設來解釋青銅器時代結束。布萊森和卡本特認為原因是地中海地區的乾旱，德魯斯則提出軍事的解釋：擁有改良武器的入侵者消滅了舊文明[24]。黑暗時代出現小冰川期

23 Drews, 同前書。

24 這些記述是由希臘文和拉丁文學翻譯成德文，引用者為G. Herm (*Die Kelten*, Berchtermunz Verlag, Augsburg, 1996, p.15).

的科學證據和人口遷徙的歷史證據告訴我，歷史會不斷重複。西元前一二〇〇到八〇〇年，以及二二〇〇到一九〇〇年的兩次大災難，都和劇烈氣候變遷發生在同一時間。小冰川期到來，使難民離開冰凍的北方，他們的到來造成地中海地區文明沒落。印度—伊朗人到達的時間正好和青銅器時代早期文明崩潰的時間相同。多里安人和海上民族到達於青銅器時代末期。在這些人口遷徙行動之後，日耳曼民族於基督紀元初期遷徙，而在距今最近的小冰川期則是歐洲西部國家的殖民化。

氣候變遷有循環性，人口移動也有循環性。在文明史的發展過程中，一樣有循環重複現象。

溫暖時期的希臘人、羅馬人和塞爾特人

新石器時代歐洲中部的當地族群是所謂的ＬＢＫ人，從西元前第六個千年開始居住在這裡。後來繩紋陶器與戰斧印歐人（也就是亞利安人）從歐洲北部來到這裡。青銅器時代末的下一次小冰川期來到的入侵者是甕棺墓地人。他們也是印歐人，而且在山頂建造城堡。這種人會打獵、畜養牲口，也會耕種田地。他們會做生意，也會作戰。最重要的是，他們以火葬處理遺體。印歐人將社會分成至少三個階級：領導者、戰士貴族和自由農民。從墳墓中的陪葬品豐富程度來看，國王和貴族幾乎一定採用火葬。自由農民，包括征服之前的當地族群，則火葬和土葬兩者兼採。

甕棺墓地人被塞爾特人取代。奧地利哈爾施塔特村史前墓地中的墳墓，記錄了這次取代。

在這裡發現了大約兩千個墳墓，年代較早的墳墓（大約為西元前一二〇〇—八〇〇年）是甕棺墓地人的甕棺，年代較晚的墳墓（大約為西元前八〇〇—四五〇年）則是塞爾特人的骸骨。

塞爾特人是誰？他們是從哪裡來的？

塞爾特人於西元前四五〇年左右開始向外擴散，擴散的中心是歐洲西北部，但他們的發源地可能是其他地方。數百年後的羅馬時代，塞爾特民族的分布範圍西到愛爾蘭，東到安納托利亞。西元前三—四世紀，羅馬人將塞爾特人稱為「Galli」，希臘人稱他們為「Galatai」或「Keltoi」。希臘歷史學家狄奧多羅斯（西西里）寫道：「他們的外貌讓人望而生畏。」他們高大健壯，皮膚白皙。他們的頭髮是金色，看起來好像森林裡的惡魔。許多人留著鬍子，但也有人不留鬍子。他們穿有色的襯衫、長褲和披風，以蘇格蘭格子呢的布料做成[25]。

塞爾特人來到南方，接觸到伊特拉斯坎人和羅馬人。西元前四〇〇年，伊特拉斯坎人在義大利的勢力達到最高峰，占領了托斯卡尼到台伯河之間的第勒尼安海岸，影響力向東延伸到威尼斯，向北到達瑞士的湖泊地區。後來塞爾特人從阿爾卑斯山另一邊來到這裡。狄奧多羅斯寫道：「他們和伊特拉斯坎人交易，沒有一天不發生衝突，他們開著大軍到來，將伊特拉斯坎人逐出波河平原，將肥沃的土地占為己有。」

塞爾特人定居在義大利，就像一千年後丹麥人定居在東英格蘭一樣。他們成為優秀的農

---

25 James F. Wilson and others, 2001, "Genetic evidence for different male and female roles during cultural transitions in the British Isles," *Proc. Nat. Acad. Sci.*, v. 98, p. 5078.

人，在此建立居住地，最後形成城市，例如麥迪奧拉農（即米蘭）、杜理農（杜林）、貝爾戈蒙（貝加莫）。米蘭在落入羅馬人之手以前，已經是個富有的塞爾特城市。

塞爾特人於西元前三九〇年占領羅馬，在此之前，塞農人攻打了伊特拉斯坎人的城市克魯西烏姆（丘西）。有人以為此時這些金髮巨人沉溺於葡萄酒，想拿下蒙特普爾恰諾的葡萄園。事實上塞農人是因環境所逼而遷徙。狄奧多羅斯寫道：「當時亞得里亞海沿岸太熱，塞爾特人必須離開遭到疾病侵襲的沿海低地。」他可能說對了，正當歐洲享受全球暖化時，亞得里亞海沿岸潟湖成為蚊蟲的繁殖溫床。羅馬人前來協助伊特拉斯坎人時，塞爾特人向羅馬前進。他們劫掠羅馬，圍困卡皮托利尼山七個月，最後取得一千磅黃金贖金後撤退。

塞爾特人繼續不斷侵擾希臘羅馬世界。他們入侵巴爾幹半島，亞歷山大大帝於西元前三三五年在這裡接見亞得里亞海塞爾特人代表團。他們繼續南下希臘，於西元前二七九年占領德爾斐，後來被埃托利亞人阻擋。他們越過博斯普魯斯海峽，於西元前二七六年前定居在弗里吉亞。接著他們劫掠安納托利亞，後來於西元前二三〇年被帕加馬擊敗。羅馬人到西元前一九二年才在阿爾卑斯山近側高盧取得優勢地位。他們於西元前一二四年征服阿爾卑斯山西部另一邊的普羅旺斯，阿爾卑斯山遠側高盧的塞爾特人則被夾在羅馬和條頓部落之間。最後凱撒出現，於西元前五八年完全併吞高盧。

甕棺墓地人的帝國，從不列顛到土耳其，最後都被塞爾特人占領。這些人被征服，但來自歐洲西北部的一小群四處遊走的塞爾特人是否消滅了他們？基因研究得到的答案是否定的。

塞爾特人到達不列顛群島，帶來哈爾施塔特和拉坦諾文化和塞爾特語言。現在在威爾斯和愛爾蘭仍有人使用塞爾特語。科學家原本認為塞爾特人遷徙取代了當地族群，但基因研究否定了這個想法。愛爾蘭人、威爾斯人和原始盎格魯撒克遜人在遺傳上與現在的巴斯克人類似，顯示他們擁有新石器時代歐洲非印歐人的血統[26]。

相同地，歐洲中部哈爾施塔特和其他地方的變化比較傾向文化轉變，族群變化幅度相當小[27]。希臘和羅馬對塞爾特人的描述主要針對戰士階級。從骸骨看來，戰士和平民在身材和頭形方面有明顯不同。塞爾特戰士或許是征服者，但他們並沒有消滅或完全取代當地居民。因此，甕棺墓地人在歐洲中部被塞爾特人取代，可能類似於中世紀日耳曼人再度征服易北河和奧得河間土地的狀況：統治者易人，下層階級則互相融合。

歐洲西北部的原始塞爾特人可能是，也可能不是當地甕棺墓地族群的後代。在羅馬時代，歐洲北部人是日耳曼人，包括條頓人和辛布里人等。波塞多尼奧斯表示日耳曼人居住在萊因河以東，和塞爾特人的土地隔河相望。日耳曼人其實也是塞爾特人，而且是最純粹的塞爾特人[28]。他們是留在家鄉的塞爾特人，皮膚較白、頭髮顏色較淺、眼睛通常比較藍，而且比較野蠻。他們沒有跟其他歐洲人融合，依然是個別繁衍族群，就塔西圖斯的觀點看來可說是「純粹民

---

26 Fritz Moosleiter, 1996, “Kelten in Flanchgau,” in E.M: *Feldinger Archaologie beiderseits der Salzach*, Salzburg: Landesarchaologie, 60-74.

27 Mair, V.H., 1998, “Die Sprachamobe,” In V. Mair（ed.）, 同前書，pp. 835-856.

28 關於German這個詞的起源有許多種說法。G. Herm提出的說法（Die Kelten, Augsburg: Berchtermunz Verlag, 1996, p.107）未被普遍接受，但這種說法對日耳曼人和塞爾特人之間的密切關係是個有趣的解釋。

族」。

希臘羅馬的征服時代

塞爾特人於西元前三九〇年占領羅馬，曾被比作八百年後西哥德人的成就，事實上更應該和維京人在一千二百年後的功績相提並論。塞爾特人於西元前七—五世紀開始向外擴散時，是溫暖時期，所以在家鄉並沒有苦於饑荒。舉例來說，鐵器時代晚期的拉坦諾人，起源於西元前五世紀後半，是塞爾特人再度興起。拉坦諾文化擴散到法國、伊比利亞半島東北部、義大利中北部、瑞士、德國南部、奧地利、捷克和匈牙利。從拉坦諾墳墓中大量的黃金看來，他們顯然沒有遭遇饑荒。當時到處都有肥沃的田地，塞爾特人成為富有的農牧人。他們當然沒有遭遇饑荒，而且還在各地建造城堡，也就是山頂的防禦堡壘。他們製造的武器比犁還多。他們渴望更多的侵略、更多戰爭、更多征服。塞爾特人和哥德人不一樣，他們沒有被迫離開家鄉，塞爾特人不是旅鼠。他們向外侵略，跟阿拉伯人、突厥人、蒙古人，以及維京人一樣，他們是成群結隊的蝗蟲！

除了塞爾特人之外，當時還有塞西亞人。他們控制黑海沿岸，而羅馬人則使地中海成為羅馬的內海。歐洲由此幾乎完全被印歐人控制，巴斯克、伊特拉斯坎、高加索等非印歐族群則被排擠到孤立地區。

塞西亞人的祖先在印歐人第一次遷徙到阿爾泰地區時來到亞洲中部。塞西亞人向西遷徙開始於黑暗時代末。塞西亞人沒有拋棄家園，許多人留在西伯利亞西部和阿爾泰山地區。入侵者將西米里人趕出高加索地區，再跟著難民到達安納托利亞。他們出現在波斯邊界。他們跟亞述國王結盟，成為烏拉爾圖的統治者。後來他們入侵敘利亞和猶太地區，於西元前七世紀到達埃及邊界。塞西亞人最後因米底亞人而被迫退出中東地區，在俄羅斯南部建立帝國。個別的小群劫掠者向西遠達匈牙利和普魯士東部。希臘城市曾經向塞西亞人進貢。西元前五—七世紀的國王陵墓是史上最奢華的墳墓。塞西亞王國一直是軍事和經濟強權，一直到西元前一世紀，薩爾馬特人的勢力才和他們平起平坐。後來這兩個族群都於西元二世紀被哥德人征服。

塞西亞人和塞爾特人一樣，可以和維京人相提並論。塞西亞軍隊和其他印歐人軍隊一樣，完全由自由人組成。塞西亞人也和塞爾特人一樣會剝下俘虜的頭皮，用頭骨做成杯子。和塞爾特人一樣，這些野蠻人應該被送上法庭為掀起戰爭負責，但他們卻受到讚揚！

當時的文明人行為又比較好嗎？

當時的文明人是亞述人、巴比倫人、米底亞人、波斯人、希臘人、馬其頓人、腓尼基人、迦太基人，還有最重要的羅馬人。他們可恥的行為受到更大的讚揚。我們聽說過亞歷山大大帝這個稱號，其實最大的是他的貪婪。我們聽說過凱撒，他建立的傳統最後造就出威廉二世和尼古拉二世沙皇這樣的統治者。西方文明的極致是「自由世界」的社會進化論思想和德國的國家社會主義。等同於蝗蟲群的侵略行為被當成英雄主義的模範。

黑暗時代的「文明曙光」成為模範。文明成為組織化野蠻行為的同義詞。印歐人，不論是塞爾特人、塞西亞人、希臘人或羅馬人，恬不知恥地自稱為優越民族。他們其實是劫掠的蝗蟲群，應該以自己的行為為恥。更愚蠢的是許多西方歷史家歌頌凱撒、征服者威廉、克努特大帝、柯爾特斯和皮薩羅、拿破崙、俾斯麥。希特勒實行大屠殺之後，暴君和戰犯才開始失去大眾對他們不切實際的幻想。

氣候與中國歷史的循環

東方歷史有什麼不同嗎？其實沒有。

苗傜人發明了種植稻米，但沒有享受到和平。來自西伯利亞的入侵者南下。炎黃子孫終於打敗了當地民族，於五千年前占據了中原。後來的統治者是三皇五帝，當時中原有大象和犀牛漫步。黃帝的妻子(嫘祖)於西元前三〇〇〇年左右發明絲綢，用桑葉餵養蠶。桑樹現在只生長在長江以南，但當時嫘祖是在中原種植，現在中原的氣候太過寒冷乾旱，不適合種植這種闊葉植物。

溫暖潮濕的氣候持續下去，西元前第三個千年末，中國中部低窪地區經常發生洪水。禹成為當時的大英雄。孔子記述禹經過九年奮鬥，終於治水成功，因此舜將帝位禪讓給他，禹於西元前二二〇〇年左右建立夏朝。

在西方四千年前事件時在中國也是一段寒冷乾旱時期的開始。中國湖泊沉積物的花粉研究顯示，禹的時代氣候越來越乾旱[29]。禹非常幸運，因為全球冷化使他的治水工作更加容易，降雨

29 Shi, Y. 1992, *The Climates and Environments of Holocene Megathermal in China*, China Ocean Press, Beijing, 212 pp.

減少，為害的洪水也隨之消失。[30]

我們對夏朝所知不多，但商朝是一段和平富庶的時期。接著下一次氣候反轉到來，全球冷化造成商朝覆亡，也終結了中國的青銅器時代。寒冷乾旱的氣候持續下去，於西元前一〇〇〇年左右到達最高峰。外來部落於西元前一〇〇〇—八〇〇年間入侵中國北方，正是歐洲地中海地區的黑暗時代。這些入侵者是游牧民族，原本是騎馬的牧民，後來成為農民。西周君主跟北方蠻族作戰，最後周朝首都向東遷到洛陽。

中國的氣候在西元前七〇〇年快速轉好。中國北方維持了數百年溫暖潮濕的氣候，西元前六世紀，許多地區曾連續八年冬季沒有冰雪。一直到西元前四世紀，中原鄉間還可看見老虎、大象和犀牛。桑樹、麻、竹和稻等現在只有南方才有的植物，當時在中國北方都有種植。在氣候最溫暖的時期，春天提早一—二個月到來，柳樹在二月轉綠、桃樹在三月開花、燕子歸巢、蟬在六月開始鳴叫。在這段溫暖時期，中國北方的年平均氣溫高出攝氏一．五度。

溫暖氣候維持了數百年。老虎、大象和犀牛繼續在原野漫遊。中國北方仍然可種植桑樹、麻、竹和稻等。絲路上的居住地發展成城市。中國歷史上的春秋戰國時期正當西方的古希臘時代。中國這段「黃金時期」時的君主、諸侯和貴族恣意揮霍上天恩賜的良好氣候。他們將時間浪費在內戰上。小諸侯互相征伐、大諸侯征服小諸侯，最後秦始皇將他們全部征服。他的部隊

30 在撰寫這一段關於中國氣候和歷史的文字時，我的主要參考資料為劉紹民，《中國歷史上氣候之變遷》，頁二二五九。

毀掉了中國所有的好東西。

秦始皇死後，一位揭竿而起的農民平定了混亂的情勢，成為漢高祖。中國轉變成和螞蟻相仿的國家。風調雨順時期的豐收，為軍事擴張提供了稅收。西漢成為可和羅馬相提並論的帝國。漢武帝將匈奴趕到長城外，成為和同時代的凱撒相當的大英雄。中國史學家和西方史學家同樣有英雄崇拜的症狀。

不可避免的狀況後來還是發生了：下一次小冰川期於西漢末年到來。遍地饑荒下，反抗的農民起而推翻了皇帝，時間略晚於西元前第一個千年末凱撒徹底擊潰赫爾維蒂人。

秦漢時代的中國和羅馬帝國相當，但其中有一個差別。秦始皇征服的各民族在種族上都是中國人。縱使強大如秦朝的軍力，秦始皇仍沒有征服北方蠻族的能力或野心，只是採取守勢，將戰國時期建造的城牆修築成連續的長城。

中國人繼續留在長城以南，二千年來一直採取跟北方蠻族和平共存的政策。不論是匈奴、吐火羅人、突厥人、蒙古人或是滿洲人。即使是中國歷史上最好戰的漢武帝和唐太宗，也和西域各國建交結盟，維持絲路暢通。西方邊境的羌人被逼退，定居的中國農民在灌溉技術幫助下，定居在半乾旱的土地。沒有羅馬征服阿爾卑斯山近側和阿爾卑斯山遠側高盧的軍事行動，也沒有榮耀許多格馬尼庫斯、阿勒曼尼庫斯、哥德庫斯等的遠征軍。在遠東地區，生活方式差異強化了種族區別：西部和北部的游牧民族，以及南部和東部的定居農民。

太陽神是無情的。有如蟻后的皇帝無法永遠享有富貴。可能出現全球冷化，農民群起反叛，也可能有北方的蠻族入侵。從農村招募而來的步兵抵擋不了騎馬的職業戰士。亞洲北部人一次次地征服中國。接下來兩次小冰川期，他們都南下，中世紀溫暖期間，他們也在中國各地遊走。中國在漢朝之後於西元三—六世紀被胡人統治，唐宋之後於西元十一—十四世紀被遼、金、元統治，明朝之後則於西元十七—二十世紀被滿洲人統治。

統治中國的外族通常會將中國的防禦政策改變為帝國主義的擴張政策。忽必烈不僅征服了中國，他的鐵騎也征服了北方的韓國、南方的西藏和緬甸。只有在遠征日本時，颱風摧毀了蒙古人的艦隊，讓日本免於受韃靼人荼毒。清朝初年的皇帝採取攻勢，他們發動三次軍事行動，將西域變成中國的一省。他們使韓國、西藏、緬甸和印度支那的王國成為中國的藩屬。歐洲分裂成擁有自治權的王國或共和國時，中國則被外族統治者結合成統一的大帝國。

漢族於一九一二年發動革命，推翻清朝。在共產主義帶領下再次發動革命，於一九四九年成立中華人民共和國。中國的基本政策是對前清殖民地少數民族給予自治權，但新的獨裁執政者並沒有放棄蒙古人和滿人的帝國主義。中國的小學生接受極端大漢族主義的教育。西藏、突厥斯坦中國地區，以及內蒙古都被稱為是中國不可分割的一部分。抱持不同看法的中國人都被當作妨害中國統一的叛徒。

氣候創造歷史

在這一節中，我要總結我對舊世界歷史的看法。

黑暗時代終結時，正當西方的希臘羅馬世界興起和東方的漢朝統一。沒錯，惡劣氣候轉好了數百年。人類隨之興盛，創造了音樂、藝術、文學和哲學。但隨著財產和空閒時間增多，人類被貪婪蒙蔽，想要更多的東西：更大的權勢、更多的錢，以及更多的墮落。

羅馬帝國興起之後就步入衰亡。漢朝的擴張也因匈奴入侵和大批中國人南遷而中斷。饑荒時代之後又是貪婪征服的時代，征服者包括維京人、阿拉伯人、突厥人和蒙古人。全球暖化對人類不一定是好事。

中世紀溫暖期在小冰川期到來後結束。歐洲的海上民族為飢餓的農民找到殖民地，殘暴的士兵蹂躪歐洲中部。中國農民在寒冷乾旱時起而反叛。

近一百五十年來的全球暖化正當國家富足時期。人類的貪婪使財產無法公平分配。在這個富足的世紀發生了兩次世界大戰、自由運動和恐怖行動。

不論氣候是好是壞，世界上總是有戰爭。人類文明史就是一部戰爭史。小冰川期為需求而戰，氣候最適期為貪婪而戰。氣候創造了歷史，但人類的痛苦永遠揮之不去。

| 第八章 |

新世界與其他地區的全球變遷

年平均氣溫的小幅變化，將嚴重影響生長季節的長短，進而影響農民可種植玉蜀黍的海拔高度。

——K.L. Peterson, *Dolores Archaeological Program*

氣候平均值與變異性改變，會擾亂重要的身體與生物系統，而人類健康依據這些系統在生物或文化方面進行調整。

——A.J. McMchael, *Education and Debate*

政府建立在為群眾謀福祉的共生關係之上。

——M.E. Moseley, *The Incas*

氣候變遷如果確實遍及全球，寒冷和溫暖時期對美洲應該也會和歐洲一樣造成影響。氣候是否在新世界的文明留下印記？氣候是否在南亞、大洋洲或世界其他地區文明的歷史上留下印記？

被捨棄的阿納薩齊懸崖住所

一九九四年，約翰・瓦爾米(John Warme)和我一起進行地質旅行，我告訴他我快退休了。他要我去科羅拉多州，科羅拉多礦業學院有個凱克講座教授的職位。我婉拒了他的邀請，因為我已經有了其他安排。

約翰・瓦爾米沒有輕易放棄。我在耶路撒冷擔任客座教授時，收到一封戈登寫來的傳真。他們邀請我於一九九六年度到礦業學院任教。當時我對氣候對人類歷史的影響相當感興趣。由於我對美洲史前史所知不多，因此我想，去科羅拉多州任教是個認識美國考古學家研究成果的好機會。

我於一九九七年新年過後到達丹佛，很快就體驗到高山地區凜冽的寒冬。我到達之後當天就有暴風雪來襲，氣溫低於零下三十度，旅館房間的暖氣不夠。約翰・瓦爾米派一個學生來幫忙，協助我抵擋嚴寒。太陽出來之後，環境變化的相當快。高速公路上的雪很快就消失。第一個週末我開車到霍皮族保留區，那裡是阿納薩齊人的後代居住的地方。

阿納薩齊人又稱為普韋布洛印地安人，是愛好和平的農民。他們在科羅拉多高原邊緣和大盆地發展出很進步的文化，其中最著名的就是弗德台地上的懸崖居民。

西方的北美印地安人大約在基督誕生的時代開始從事農業。原來越過白令海峽的移民以小群來到這裡。當時人口壓力不大，人類有幾乎無窮的空間可以探索，並以狩獵和採集維生。西元最初幾世紀氣候轉壞，可能迫使人類依靠自己的作物維生。古印地安人成為筐籃製作者。最後他們學會製作陶器，成群居住在矮屋中。文化演進在第一個千年中慢慢進行。

在弗德台地附近的北部地區，筐籃製作者居住在低地，當時他們簡陋的小屋僅能大致抵擋高原冬天酷寒的風雪。阿納薩齊人於西元八─九世紀來到弗德台地，溫暖時期人口擴增。後來演變成村莊的石造連棟房舍，建造地點在高原頂端之下。他們繼續建造矮屋，將矮屋用於儀式。居住地沿著沖積平原邊緣建立，永久居住地也出現地下水農業。氣候在西元九〇〇年左右變得更為溫和，台地頂端終於也有人居住。不過溫和的氣候只持續不到幾百年。人類於西元一二〇〇年左右開始離開台地頂端，向南遷移，到海拔較低的地方建造著名的懸崖住所。懸崖住所也只使用了一個世紀左右。許多家庭於西元十二世紀初又開始遷離，少數人遷徙很快地變成大規模出走。弗德台地於西元一三〇〇年幾乎完全荒漠化[1]。

西部阿納薩齊的科羅拉多高原地區也有類似的發展。西元十─十二世紀人口持續增加，有一段擴張時期。在所有可居住的地區，村莊都被農場取代。卡延塔中心地區的人類向西擴散到大峽谷地區。居住地點的人工製造裝置功能完全正常。村莊在經濟上可以自給自足。但是擴張

1 G.J. Gumerman & J.S Dean, 1989, "Prehistoric cooperation and competition in the western Anazasi area," in L.S. Cordell (editor), *Dynamics of Southwest Prehistory*, pp. 99-148.

於西元十三世紀突然停止。某些高處居住地被捨棄，居住地點向下移動，遷移到支流峽谷和主流的交接處。和弗德台地一樣，西部阿納薩齊人居住的地方也變得越來越冷。西元十三世紀，狀況持續惡化。卡延塔地區的居住地也同樣在西元一三〇〇年左右被捨棄[2]。出走行動相當有條理，沒有慌亂的跡象。可攜帶的物品都被帶走，門口也被封閉，似乎還打算再回來住。移民向南移動，在中間地點暫時停留過一兩個世紀。最後這些人聚居在幾個避難所，包括霍皮台地、傑第托河谷，以及小科羅拉多河兩岸。西元十七世紀西班牙人來到時，亞利桑那州除了某些霍皮村莊之外，所有社區都已被捨棄。

阿納薩齊人也在新墨西哥州聖胡安盆地耕種。現在這個地方的環境不是很適合農業，但有許多阿納薩齊人的廢墟。發掘成果顯示，廈谷峽谷和其他地方的阿納薩齊人口於西元八—九世紀開始增加。狀況持續轉好，人類開始進入地勢更高的地方，在海拔二千公尺以上的區域種植作物。廈谷峽谷的居住率於西元一一〇〇年後不久到達最高峰，在此之後，居住地點減少，而且建造在地勢較低的地方。後來整個族群於西元十三世紀突然分散[3]。廈谷的族群朝南遷徙。但他們依然居住在村莊中，例如弗瑞喬爾峽谷和新墨西哥州帕哈里托高原的族群。他們建造獨立的居所或小村莊，通常僅容納兩、三家人。西元一三〇〇年，阿納薩齊人不得不完全捨棄四州交界地區的家園，向南遷徙到人口快速增加的里約格蘭地區。這裡的生活依然以農業為中心，

---

2 D.G. Noble, 1981, *Ancient Ruins of the Southwest*, Northland, Flagstaff, Arizona. pp. 36-43.

3 W.J. Judge, 1989. "Chaco Canyon – San Juan Basin," in L.S. Cordell (editor), *Dynamics of Southwest Prehistory*, pp. 209-261.

人類種植玉米、在低地種植豆類和南瓜。不過他們只住了兩或三世紀就再次遷徙。西班牙人於一五四一年來到里約格蘭地區時，也只發現了一些印地安人[4]。

早在歐洲人發現美洲時，科羅拉多高原上令人驚奇的阿納薩齊廢墟已經荒漠化。弗德台地的懸崖住所是多層石造建築構成的城市，其中有些才建好不久就被拋棄。

阿納薩齊人為什麼離開？他們為什麼沒有回來？

戰爭理論曾經是普遍認可的解釋。學者表示，當時他們可能與猶他人或阿薩巴斯卡人發生戰鬥。但這些參與戰事的部落到西元十七世紀才來到美國西南部，因此不可能成為數百年前大批出走的理由。

也有人推測可能是村民之間發生衝突。不過小規模爭執或許可能造成一兩個村莊人口減少，但不可能導致整個地區所有村莊和城市都被捨棄。除此之外，我們也找不到敵對狀態的證據。

另外也可能是遭到瘟疫侵襲。的確，我們不清楚阿納薩齊人為什麼一方面在弗德台地和夏谷峽谷頂端建造建築物，一方面又必須到河谷耕種田地，高地的氣候比較好。不過，高山地區的生活應該比較健康，也沒有明確的理由可證明傳染病導致農耕族群放棄自己的農場。

拋開以上這些可能說法，考古學家現在比較支持一兩種環境解釋：阿納薩齊人離開是因為氣候變遷。

---

4 Noble, 同前書，pp. 175-184。

西元一三〇〇年這個時間相當值得注意。這是舊世界中上一次小冰川期到來的時間。

廈谷村莊被捨棄的時間較早，但它們位於比較不利於農業的地區。大半阿納薩齊人於西元十三世紀末離開聖胡安和弗德台地。這些流浪的阿納薩齊人後來居住在小科羅拉多河上游和白山地區，最後這些居住地也於西元一四五〇年被捨棄。弗瑞喬爾峽谷的居住地也是向南遷徙的中繼站，但這些位於南方的住所要到十六世紀才被拋棄，到了西元十七世紀，最南端的里約格蘭河谷居住地也沒有人居住[5]。小冰川期到達最高峰時，阿納薩齊人朝更南邊移動。

試圖解釋阿納薩齊人之謎的理論必須能夠解釋(一)遷徙的時間，(二)被捨棄的居住地沒有人回來住，以及(三)人口遷徙是朝南的單向移動。人類向南移動一段距離，找到暫時避難所住一兩個世紀，但厄運女神再度到來。她總是追上他們，可憐的移民就必須再度打包行李，流浪到更遠的地方。

他們的厄運嚴格說來就是小冰川期。全球冷化就是他們的厄運，他們受到的詛咒。

寒冷氣候帶來了什麼？

乾旱是相當常見的解釋。美國西部樹木年輪研究結果顯示有每二十二年一次的近似週期性乾旱，在西元一二七五—一二九九年之間，弗德台地就有一段嚴重乾旱時期。

不過乾旱經常發生。阿納薩齊人建造了穀倉，並且適應了經常乾旱。不僅如此，在乾旱週

[5] Cordell, L.S., 1984, *Prehistory of the Southwest*, Academic Press, San Diego, p. 313.

期結束之後，他們也可以回家，不需要放棄城市，永遠不再回來[6]。我自己的勘查經驗顯示缺水應該不是阿納薩齊人離開的原因。我在盛夏時節造訪聖胡安山地，那裡到處都有很多水。聖胡安山中有永久性溪流。山脈間的草地翠綠得像公園，事實上在科羅拉多州，它們就被稱為「公園」。看不出阿納薩齊地區曾於西元十三世紀末變成荒漠。事實上在阿納薩齊人離開後，氣候變得更寒冷，但降雨增加。如果流浪的移民是因乾旱離開，他們應該會回來才對。

針對阿納薩齊人拋棄聖胡安居住地這個問題，羅恩(A.H. Rohn)曾經這麼評論[7]：

> 西元一二七六——一二九九年的大乾旱不一定導致全數遷徙。儘管有多項環境因素影響史前普韋布洛印地安人的生活，即使細微的變化也可能導致適應上的反應，但這些反應並不需要遷徙。因此只有兩種可能的原因：純粹社會、政治或宗教方面的原因，或者是迅速擴增的人口造成生態完全崩潰。

羅恩不認為有什麼理由造成生態完全崩潰，因此「越來越傾向於接受普韋布洛人大規模遷徙純粹為文化因素所導致的解釋」。

羅恩忽略了第三種可能。生態崩潰不是因為人口迅速擴增，而是氣候出現災難性及無法恢

---

6 參見Rohn, A.H., 1989 in L. S. Cordell and G.J. Guderman (eds), *Dynamics of Southwest Prehistory*, Smithsonian Press, Washington DC, p.167.

7 Rohn, 同前書，p. 167。

復的變化。

我要強調西元一二八〇年或一三〇〇年在舊世界是很重要的一年，這兩個年代都可說是上次小冰川期開始的時間。阿納薩齊人在全球開始冷化時離開，他們離開是因為高原太冷。在他們向南遷徙的過程中，必須不斷拋棄暫時居住地，甚至在一六八〇年離開南方的里約格蘭河谷，當時正值小冰川期的最高峰。

全球氣溫改變攝氏一、兩度，為何會導致大規模出走？

阿納薩齊人靠農作物維持生活。如果氣溫變化足以導致農作物欠收，他們就必須離開。

全球氣溫改變攝氏一兩度，可能造成阿納薩齊地區農作物欠收嗎？

彼得森(Kenneth Peterson)認為會。他「綜合了各項證據，認為年平均氣溫的小幅變化，將嚴重影響生長季節的長短，進而影響農民可種植玉蜀黍的海拔高度」[8]。因此他認為生長季節縮短是導致阿納薩齊人離開聖塔菲山地的原因[9]。

玉蜀黍是阿納薩齊人賴以維生的食物。玉蜀黍每年需要一百一十天到一百三十天的生長季節。一九九六年四月底我到弗德台地和聖胡安時，儘管處於全球暖化時期，當時地上依然有雪，可以想見小冰川期時雪應該停留得更久。阿納薩齊人可能要等到五月才能開始耕種。我想

---

8 參見Cordell, L.S.的論文，L.S. Cordell and G.J. Guderman, 同前書，pp. 293-335。

9 參見E.S. Cassells, 1983, *The Archaeology of Colorado*, Johnson Books, Boulder, 325 pp; G.J. Gumerman（editor）, 1988, *The Anazasi in Changing Environment*, Cambridge U. Press, 317 pp., 與其他許多關於阿納薩齊人史前史的著作。

起來有個東德朋友曾經告訴我，如果到五月中還不能開始整地，當年就沒有收成，因為生長季節太短。

阿納薩齊人顯然使家鄉變成了荒漠，因為他們沒辦法收成作物，和歐洲北部的印歐人一樣。在歐洲北部，確實還有些印歐繩紋陶器製作者留在那裡。但是他們倒退回中石器時代的狩獵和採集生活方式，並飼養少數牲口作為輔助。阿納薩齊人沒有學習馴養牲口。雖然聖胡安地區的「公園」地貌對畜養牲口而言是非常適合的地區。不過人不能吃草，阿納薩齊人必須朝南遷徙，遷移到生長季節仍然夠長的地方。不過無情的全球冷化在整個小冰川期中亦步亦趨地追著他們，最後，他們不得不完全放棄農耕。

柯戴爾(Linda Cordell)曾經提到小冰川期里約格蘭地區居住地的擴充現象，表示人口明顯增加，有移民來到此地。從西元一三〇〇年開始，這裡有相當大的聚居群落。在亞利桑那州，來自北方的難民居住在稱為「大屋」的貧民區，因為它是一棟很大的泥磚建築，可容納數千人。一種稱為「里約格蘭釉」的新式瓷器一直製作到一七〇〇年[10]。新式瓷器有一項顯著的特色，就是從里約格蘭地區到霍皮地區的圖案編排十分一致。當時似乎曾經出現工業革命，移民必須生產成品，並出售瓷器維持生計。阿納薩齊人現在有了瓷器，而且能夠遷徙。

阿納薩齊人的傳說寫在他們留下的廢墟中。最大的促成力量是全球變遷，也就是小冰川期到來。如果我們沒有在舊世界的歷史紀錄中找到這些線索，就無法找出元兇。

10 Cordell, 同前書。

失落的馬雅城市

馬雅文明於西元八世紀末達到全盛時期時，分布範圍由墨西哥的恰帕斯州和瓜地馬拉的佩滕地區到宏都拉斯西部和薩爾瓦多北部。西元九〇〇年滅亡之後，馬雅的土地再度變為熱帶森林[11]。一七四六年，索利斯神父和兄弟、兄弟的妻子和小孩來到帕倫克。他們來尋找可以耕種的新土地，但偶然間發現了石造房屋的廢墟，那些是馬雅遺跡的移民所建造的。

帕倫克只是古典時期許多失落的城市其中之一。後來陸續發現了許多壯觀的遺跡，包括科潘、季里古阿、亞其蘭、彼德拉斯內格拉斯、多尼恩、烏斯馬爾、卡布納、沙耶爾、博南帕克，以及規模最大的蒂卡爾等處。遺跡中有金字塔和石碑，石碑上還刻有象形文字。目前已知最古老的馬雅建築，是位於瓦哈克通的金字塔，大約建造於西曆紀元開始時。最古老的象形文字石碑發現於蒂卡爾，上面記錄了對應西元二九二年的日期。另外，在一百一十處以上的城市或儀式中心也發現了其他象形文字。

近二十年來，馬雅文字終於被解讀出來。馬雅文字其實不是象形文字，而是拼音文字。文字內容包含日期、人名和事件。奇怪的是，馬雅文化最傑出的成就不是位於氣候宜人的南方高地，而是位於低地熱帶森林中。

他們是什麼人？他們來自何處？去了哪裡？為什麼離開？又是什麼時候離開的？

馬雅歷史分為四個階段：西元前一五〇〇—西元三〇〇年的前古典時期、西元三〇〇—六

11 Baudez, C. and Picasso, S., 1984, *Lost Cities of the Maya*, London: Thames and Hudson, Ltd., 175 pp.

〇〇年的早古典時期、西元六〇〇—九〇〇年的晚古典時期，以及西元九〇〇—一五二七年的後古典時期。馬雅人屬於美洲原住民的一個大族群，使用同一語系的語言。他們可能是由瓜地馬拉西北部來到低地。城市建造於古典時期，以往曾被認為是儀式中心，現在考古學家則認為人民和祭司都住在城市中。

馬雅人是新石器時代人類，一直到西元九〇〇年才知道金屬，當時他們已經遷往猶加敦。他們沒有黑曜石可供製作石造用具，因此必須和高地人交易以取得黑曜石。馬雅人也沒有玉可供製作首飾，這種珍貴的石頭同樣必須進口。馬雅人的經濟基礎是農業，農民居住在郊區分散的居住地，以種植玉蜀黍為生。

馬雅人不是中美洲地區唯一的文明。墨西哥的其他民族也留下了文明遺跡。墨西哥河河谷中的大城特奧蒂瓦坎建造於西元二世紀，相當於他們的古典時期（一五〇—九〇〇年間）初期。薩波特克人則開發了阿爾班山，他們最古老的城市可追溯到西元前六世紀，而在西元前二〇〇年到西元一五〇年的前古典時期，他們已經有了文字和曆法。年代更早的文明還有墨西哥灣沿岸奧爾梅克人的拉文塔文化（西元前一二〇〇—四〇〇年）和聖洛倫索文化（西元前一七〇〇—一五〇〇年）。前古典時期開始於西元前一八〇〇年左右，但玉蜀黍早在西元前第六個千年就已開始種植。前古典時期的農人建立了小型居住地，他們製造陶器、使用紡織機織布、製造石造用具，並使用黏土製作女性塑像。

中美洲農民是狩獵和採集者的後代，族系可以追溯到上舊石器時代北美地區的長毛象獵人。馬雅語使用者的分布地帶從猶加敦半島沿墨西哥灣海岸一直延續到瓦斯特加[12]。他們建立了奧爾梅克文明，而屬於馬雅語言的瓦斯特克語，目前在韋拉克魯斯州北部仍有人使用。傳說中表示奧爾梅克人來自塔莫安禪，在馬雅語中是「雨霧之地」[13]。似乎馬雅人不是來自遠方的入侵者。

古代馬雅人來自瓜地馬拉西北部。第一批遺跡建造者於耶穌基督誕生後不久來到低地。他們來到的這片土地不是處女地。第一批居民從西元前二〇〇〇年就居住在此，小型居住地則建造於西元前一〇〇〇年。古典時期的新居民建造了城市及鋪設道路。他們也相當擅長航海，貿易範圍既廣又遠，北至坦皮科、南到巴拿馬，甚至可能遠達南美洲。

科潘和蒂卡爾在古典時期持續開發數個世紀後，建設活動突然中斷，顯然西元九或十世紀出現了不尋常的狀況。考古學家在這個「古國」中沒有發現年代晚於西元一〇〇〇年的遺跡。馬雅人突然離開他們居住的城市。這個突如其來又無法回頭的瓦解使許多考古學家感到困擾。馮海根(von Hagen)提到[14]：

> 馬雅人由數百個城市大舉出走不能歸因於暴力。雖然馬雅人離開了，但廟宇、祭司宅邸、金字塔和石碑目前依然存在。我們沒有發現曾經出現災難性氣候的證據，或是曾經發生毀滅性戰爭或

---

12 Coe., M.E., *Mexico: From the Olmecs to the Aztecs*, London: Thames and Hudson, Ltd., 215 pp.

13 Coe, 同前書。

14 von Hagen, V.W., 1962, *Sonnen Konig Reiche*, Th. Knaur, Munchen, 367 pp.

傳染病的跡象。

究竟發生了什麼事？馬雅人是離開了還是滅絕了？他們為什麼離開自己的城市和田地？有些考古學家試圖忽視這個謎，而將這個事件視為正常。他們認為只有儀式中心被捨棄，原因是農民起而反抗「使他們工作過度」的統治階級。他們的說法不怎麼有說服力。農民習慣於工作努力，而且習慣於為活命而努力工作，只有在挨餓時才會造反。我們是否找得到氣候變遷造成糧食危機的證據？

關於這點的各方看法不一。乾旱一向被認為顯而易見。但乾旱來來去去，發生的頻率相當高。即使乾旱持續一段時間，等到雨水再度出現，人類應該也會回到此地。此外，這裡也幾乎找不到熱帶森林可能變成荒漠的證據。

另外一派極端看法則認為是降雨太多。雨水過多使樹木生長過快，難以砍伐。這派說法認為農民砍伐樹木的速度太慢，無法種植作物。這種說法也相當令人存疑。

另外還有其他比較特別的解釋。一九九七年春天我造訪賓州大學時，看到另外一個學者觀點。這些專家認為可能沒有乾旱，但雨水可能太多。

我問道：「他們沒辦法砍伐樹木嗎？」

「不是的。這個民族的動員能力強到可以建造城市，要砍掉幾棵樹當然不成問題，尤其是這還牽涉到他們的生計。」

「那他們為什麼大舉出走？」

「原因是土壤侵蝕。當地農民採行刀耕火種農業，跟目前新幾內亞的「新石器時代」農民一樣。以灰燼做為作物生長的肥料。因為河谷土地全被祭司或統治階級占領，用來建造儀式中心，所以窮苦的農民必須在丘陵地區耕種。西元九與十世紀，小氣候最適期達到最高峰，大雨降臨。雨水不斷落下，刀耕火種法的土壤被沖刷消失，土地變得貧瘠，沒有辦法種植作物。」

這個說法相當不錯，我差點就相信了，但後來我看到瓜地馬拉低地的相片。那裡有波狀丘陵，但沒有像新幾內亞那樣切割相當深的峽谷。刀耕火種田地應該會像喀麥隆的草地一樣長滿綠草，雨量再大也沖刷不走土壤。

沒錯，馬雅人沒有滅絕，而是遷移到其他地方。一項估算認為馬雅有三百萬人口。遷走的不只是祭司或統治階級，而是全部三百萬人，而且這次大舉出走和糧食生產危機沒有關係。

他們為什麼離開？又去了哪裡？

移民大多朝北方移動。猶加敦半島和瓜地馬拉高地的人口於西元一〇〇〇年後大幅增加。馬雅藝術和建築在這些國家再度出現。奇琴伊察在西元五世紀時還是小城市，古典時期馬雅消失之後才發展成今日看到的壯觀景象。最初的金字塔和城堡是西元九八七年之後所建造。

他們為什麼離開壯麗的城市和肥沃的田地，到北方建立新城市，開發新田地呢？

有一天，我和來自巴塞爾熱帶研究所的同事一起旅行時，突然談到一件事。當時我們聊到全球暖化和所謂的「溫室災難」。

他問我：「現在有全球暖化嗎？」

我說：「上個世紀以來，全球平均氣溫一直微幅提高。」

「你認為暖化的原因是大氣中的溫室氣體嗎？」

「我有點懷疑。大氣中的二氧化碳含量從上個世紀中以來一直增加，全球氣溫應該也會相對增加。事實上觀測記錄顯示近一百五十年中趨勢曾經逆轉三次。」

「那麼暖化是自然現象嗎？」

「這是很可能的。我們才剛剛脫離小冰川期。」

「所以全球氣候會越來越熱？」

「如果可以用過去的歷史來預測未來，那麼氣候最暖的最高峰還沒來到。」

「我很關心這一點，你知道致命的瘧疾嗎？」

「我在小時候住在中國西南部時得過瘧疾，但它不會致命。」

「這種致命的疾病只會經由某種熱帶蚊蟲傳染。目前這種蚊蟲的分布受限於攝氏二十二度冬季等溫線。低於這個溫度，這種蚊蟲的孑孓無法生存。目前這條等溫線大約位於南北緯十度之間。如果全球平均氣溫提高，這種病媒蚊的分布範圍就可能擴大。」

「大概擴大多少？」

「如果全球平均氣溫提高一到兩度，這種病媒蚊可能遠達南北緯十五到二十度。這樣可能造成大災難！」

當天晚上我回到家後，拿出地圖察看科潘的位置。科潘位於北緯十六度，其他更靠北邊的馬雅城市都位於北緯二十度附近。

全球氣候變遷以各種方式影響人類的健康和福祉。有些影響是有利的。氣溫提高在寒帶國家表示冬季會比較溫和，從而降低冬季的嬰兒和老人死亡率高峰。不過，有許多可預測的影響是不利的。氣候變化將會干擾人類根據氣候進行調整，以維持健康的身體和生物系統。一篇著名的期刊文章提到：「傳播瘧疾、登革熱、錐蟲病、病毒性腦炎和血吸蟲病等疾病的生物分布受到氣候影響，將改變傳染病的發生風險。」[15]

我在巴塞爾的同事說得對。在非洲進行的觀察研究顯示，氣候暖化明顯造成瘧疾朝高緯度與高海拔地區移動。確實有報告指出，在數個大陸的瘧疾病例增加與全球暖化有關。

我找到了！現在我搞清楚了！

馬雅人必須離開遍布森林的低地，是因為國家有病媒蚊。他們必須遷徙到北邊的猶加敦半島和西北邊的高地。馬雅人來到和離開的時間提供了線索。古典時期馬雅人於西曆紀元開始時遷徙到熱帶低地，當時是全球冷化時期的開端。他們在這裡居住到西元九〇〇年，中世紀溫暖期已持續一段時間。以後瓜地馬拉的熱帶低地更為熱了，而冬季氣溫已降到攝氏二十二度左右。全球暖化時期來到後，年度最低氣溫可能高於臨界氣溫，因此孑孓冬天仍能存活。隨著氣候逐漸暖化，病媒蚊最後可能入侵馬雅帝國。森林變得不適於人類居住，跟巴拿馬運河建造者到熱帶工作時所看到的狀況一樣。

馬雅古典時期的開始剛好和小冰川期的開端相同。人類從高地向下遷徙，清除森林，整地

---

15 Andrew Haines and A.J. McMichael, 1997, *Global climatic change: the potential effects on health*, *BMJ* 315, 870-874以及Haines與McMichael在BMJ（315, 870-874）和Ecosystem Health（1, 15-25）的論文，以及其他人的論文。

耕種。人類越來越興旺，因為氣候適宜，土壤又肥沃。人口增加，社會變得井然有序。馬雅人建造金字塔，樹立石碑。特權階級得以安穩統治，農民則滿足地耕種與收穫。

馬雅人建造船隻，進行海上貿易。他們於西元八或九世紀到達巴拿馬，帶回病媒蚊。起初這些蚊蟲在馬雅的冬季無法存活，但後來氣候逐漸暖化，到西元九世紀末已經開始高於臨界氣溫。攝氏二十二度等溫線朝北移動到北緯二十度附近，因此病媒蚊得以存活繁殖。瘧疾大流行爆發，人口大量死亡。存活者向北遷徙到氣候比較寒冷乾燥的猶加敦半島和西北方高地，逃離病媒蚊的棲息地。他們重新建造新城市，耕種新田地。古典時期馬雅帝國的土地則被捨棄，再度成為熱帶森林。

印加帝國的合併

如果我們在阿爾卑斯山前沿由西向東走，會覺得地貌改變不大，因為這裡屬於同一個植被區和氣候區。但如果我們在南美洲的太平洋沿岸由西向東走，很快就會穿越海岸沙漠和河谷綠洲，接著會看見科蒂耶拉山脈的高山草原和高原，再由東側一路下降，到達後面的山地和叢林。兩者之間的差異其實可以想見，因為阿爾卑斯山是東西走向，安地斯山則是南北走向。

降雨有顯著差別是安地斯山氣候的特色。南方夏季時，因熱而形成的低壓胞在南美洲中部上空形成，由南大西洋吸取水氣。在此同時，高原上空的對流活動在安地斯山地區形成降雨。因此，雨水大多在十二月到三月之間落下。不過，由西向東的大氣環流定期會被聖嬰現象產生的西風所阻擋。這些都是氣象事件，而且發生頻率在氣候變遷時期通常會較高。

科蒂耶拉山脈的西坡比較乾燥。高度低於一千八百公尺時幾乎完全沒有降雨，使安地斯山的峭壁和太平洋沿岸一片荒蕪。有很短的河流由山地流向沙漠。在河流上游可以透過灌溉補足雨水，採用梯田耕作。不過，海岸沙漠居民雖然可以利用特殊的天氣狀況，但非常依賴海洋資源。舉例來說，在聖嬰現象期間，海岸在南半球的冬季經常被濃霧籠罩。有一種特殊的植物稱為Loma，可以在此生長，用於餵養牲畜、綿羊和山羊。在聖嬰現象時期，漁民捕到的魚可能很少，但獵人則因栗色羊駝成群在霧濛濛的平原上覓食而大有斬獲。

秘魯與智利安地斯山的冰川在冰川後時期完全退卻或消失。不過到西元前二〇〇〇年、三〇〇年和六〇〇年左右，冰川再度出現[16]。冰川出現的時間跟舊世界的小冰川期時間差不多。在氣溫降低之外，降雨一定扮演了相當重要的角色。同時冰川前進和高原湖泊水面之間的關聯相當小，因為水面不僅與冰川融化水量有關，也與降雨量有關[17]。

氣候對最早期的安地斯山民族影響並不明顯，因為他們是以狩獵和採集為生。熱帶北部和東部的原住民進入新石器時代後，於西元前三〇〇〇年左右開始製作陶器。不過，秘魯中北部則是到西元一八〇〇年才開始使用陶器。的的喀喀湖和智利北部的民族到西元前一四〇〇年後才開始實行農耕。剛開始是採用雨水耕作，但灌溉傳入之後，乾地也可開發用於耕種。最後，

16 Moseley, M.E., 1992, *The Incas and their Ancestors*, London: Thames and Hudson, 272 pp.

17 Abbot, M.B. et al., 1996, *Holocene paleohydrology of the tropical Andes from lake records*, Quzaternary Reasearch, 47, 70-80.

灌溉加上廣闊的梯田開拓了陡峭乾旱的山坡[18]。

查文文化在溫暖時期相當興盛。早期查文文化的人工物品年代大多為西元前八〇〇到三〇〇年間。高地居所大多位於三千公尺以上。農民飼養駱馬及種植玉蜀黍。這個國家在基督紀元開始前不久的全球冷化時期衰亡。查文文化銷聲匿跡的同時，海岸沙漠民族莫希和納斯卡逐漸興盛。這些人主要依靠海洋資源為生，但也建造隧道和運河來灌溉作物。

全球冷化末期，聖嬰現象造成的強烈風暴再度來襲，海岸莫希文化沒落。新的民族在其後的溫暖時期出現，同樣擅長在高地耕種。這些民族包括高地中部的瓦里人和的喀喀高原的蒂瓦納庫人。蒂瓦納庫文化的全盛時期為西元五〇〇—七五〇年間，正好是莫希文化的沒落時期。最後這個高地帝國於西元一〇〇〇—一一〇〇年完全瓦解，略早於舊世界的小冰川期。

在安地斯山區耕種的成效取決於種植的植物種類、可耕種的土地區域、降雨，以及氣溫和陽光等因素。在海拔較高、較乾燥的科蒂耶拉地區，只有雨水充足或是採用特殊灌溉方法的平地可以耕種。的的喀喀湖周圍的蒂瓦納庫人成為富有民族，因為他們發明了「壟田耕作法」。壟是人工堆高的長形種植表面，周圍是較低的壕溝，壕溝內有不流動的水，作用是維持地下水位高度。壟內填入圓石和鵝卵石，形成滲透性的地下水層，將水儲存在其中，以便在乾季讓植物繼續生長。

18　Valero-Garces, B.L. et al., 1996, *Limnogeology of Laguna Mischati: evidenxe for mid-to late-Holocene moisture changes in the Atacama Altiplano*（northern Chile）, J. Paleolimnology, 16, 1-21.

蒂瓦納庫文化沒落的原因是乾旱使湖水水面下降，造成地下水位降低，人工地下水層無法儲存水分供農業使用。居所遷移到其他地方。最後，新的灌溉技術引進安地斯山高地後，科蒂耶拉山脈陡峭東坡上的印加人將取代的的喀喀湖畔的蒂瓦納庫人。印加人建造梯田，以便運用由陡峭峽谷流下的急流進行灌溉。他們的村莊，包括著名的馬丘畢丘，都位於山頂，村民定時下山，到山區鄉間照顧玉蜀黍、可可、棉花和其他日常作物的田地。印加人還在外圍建立衛星社區，形成「經濟列島」。這麼做的優點在於能在中間的荒地投下最少的水與人力，取得距離遙遠的分散資源。

印加人其實是向首先開墾梯田和在陡峭地帶進行灌溉的瓦里人學會梯田耕作。他們的開墾技術讓他們得以耕種原先利用率相當低的大片土地。質樸的瓦利帝國印加居民居住在山頂，後來變得相當有組織，進而發動征服戰爭。他們擴大地盤的方式是將被征服者遷離鄰近的山頂居住地，安置在地勢較低、沒有防衛的社區。印加帝國的民族很快就拓展到環境差異極大的多個地區，從海拔大約為二千公尺的山地、高山山谷，一直到海拔高又潮濕的高山荒原。經過一段時間的合併後，印加人從高山下來，征服了秘魯中部和南部的荒漠低地。強大的沿海國家奇穆是最後被征服的國家，於西元一四七〇年併入印加帝國。

托帕印加可說是南美洲的亞歷山大大帝。這位天才戰術家沿科蒂耶拉山脈將帝國領土拓展了四千公里以上，從厄瓜多爾中部延伸到智利中部。維繫一個帝國一向不容易，但印加統治者的成就相當值得稱道。他們延續了瓦里人的傳統，這是為了適應兼具全球極端狀況的環境條件所孕育出來的國家特質。他們建造了道路，以便在某個地方欠收時可由其他豐收的地方運來穀物補足，因此可以避免發生饑荒。印加政府採取共生關係架構，為全國生態地位差異極大的人民謀福利。來自西班牙的貪婪征服者打斷了這場規模宏大的實驗，可算是歷史上一大憾事。

新世界、新型態

舊世界的歷史是以兩個地方為中心：東方和西方。中心地帶是遠東地區的中原，以及西方的地中海地區。這些地方有來自周邊地區的入侵，也有從中心地帶向外拓展的行動。有寒冷時期，也有溫暖的時期。不過，國家的命運不一定是循環的。蠻族永遠在周圍覬覦，一次次前來侵略。在六百年的一段饑荒期間，蠻族前來劫掠是因為飢餓，但在六百年的富饒期間，他們也一樣前來劫掠，原因則是貪婪。

北美地區的內陸平原和美索不達米亞地區或中國的中原地區不同，這裡不是北美文明的搖籃，也沒有集結中心。大美洲內陸地區不適合居住，對遷徙而言也是障礙。北美大平原不適合原始農業，在歐洲定居者來到之前，只有靠獵取水牛維生的人住在這片乾旱的土地。因此他們的文化歷史與氣候變化關係不太大，但是農業社會則不同。

氣候變化時，居住在舊世界經濟地區邊緣的人向外遷徙。新世界的人類通常也是如此。舉例來說，科羅拉多高原邊緣的阿納薩齊人就是居住在邊緣地區。沒有辦法繼續耕作時，他們也就離開。同樣如此，阿拉斯加的納德內人以狩獵和採集維生，但在氣候變得十分寒冷時來到南方。納瓦荷人和阿帕契人是小冰川期最後來到的人類，他們占領了原來是阿納薩齊人留下的農場上。他們的語言屬於北美西部到巴拿馬的美洲原住民使用的語系。墨西哥的阿茲特克人屬於同一個烏托—阿茲特克語群。阿茲特克傳說描述了他們流浪了一世紀，在南方尋找家園。最後他們於西元一三二五年到達墨西哥河谷，來到他們的先知應許的土地，在特斯科科湖上的小島上建立了帝國。

新世界人口遷徙的型態並不是明確的從中心向邊緣。戴蒙(Jared Diamond)特別強調美洲山岳為南北走向，與舊世界的東西走向不同[19]。美洲科蒂耶拉山脈由於是縱向，因此橫越山脈方向的差異特別大。不需要長距離遷徙，就會體驗到很大的差異。舉例來說，印加人不需要下山很遠，就滅了奇穆。

聖嬰現象也可能曾經影響南美洲文明，歷史學家也將沿海國家的滅亡歸因於聖嬰現象的毀滅力[20]。聖嬰現象和旱災一樣是天氣事件，造成的影響應該比較短暫及局部。不過，經常出現的天氣事件則可能代表氣候轉變。聖嬰現象在西元五一一、五一二、五四六、五七六、六〇〇、六一二、六五〇和六八一年頻繁地出現，而在西元五九二—五九六年之間的數十年間，沿海地區則經常發生大旱災。這些頻繁出現的天氣事件發生在小冰川期即將結束、中世紀溫暖期即將開始時。另一次災難性的聖嬰現象與旱災發生於西元一一〇〇年，當時則是中世紀溫暖期的全球暖化即將結束。小冰川期結束後，聖嬰現象又變得頻繁，分別在西元一八七六—一八七八、一八九九—一九〇〇、一九〇四—一九〇五、一九一三—一九一五、一九二五—一九二六、一

19 R.T. Keating, 1988, *Peruvian prehistory*, Cambridge University Press, Cambridge, 364 pp.

20 關於秘魯史前史的簡短介紹，我的參考來源是Moseley, M.E. 和 Keating 編輯的專題著作。

九四〇—一九四一、一九七二—一九七三、一九八二—一九八三、一九八六—一九八八、一九九一—一九九五、一九九七—一九九八年曾經出現。

由於頻繁的聖嬰現象通常發生於氣候變遷的轉變時期，因此國家興衰與聖嬰現象之間的明顯關聯，實際上可能是氣候由暖轉冷或由冷轉暖時所造成的影響。舉例來說，查文文化和山地高原開始興盛，是因為溫暖時期開始時高地降雨有利於農業。寒冷時期比較乾燥，但莫希和納斯卡可能因為漁業經濟而生活得較好。這個通則唯一的例外是小冰川期的安地斯山印加帝國。印加人是優秀的征服者，他們的戰爭或許也是源於貪婪。相同地，印加帝國的合併建立起共生關係，為生態地位差異極大的不同族群謀福利。

歐亞及美洲之外區域

在歐亞與美洲以外地區，我們對於氣候與民族的關係還不太清楚，但大體上這關係是存在的。

印度次大陸沒有與世隔絕。近四千年來，這裡經常遭受來自北方的侵略。亞利安人在所謂的「四千年前事件」後定居在印度河谷。希臘人、薩卡人、安息人和貴霜人在耶穌誕生前後幾世紀來到這裡。回教徒於中世紀溫暖期來到此地。最後是小冰川期的最高峰時，蒙古人從亞洲中部揮軍進入。來自遙遠北方的人南下來到次大陸，或者是因為家鄉十分寒冷又缺乏糧食，或者是來自綠化沙漠的盜賊或騎馬的土匪出現在溫暖時期，則是因為他們貪得無厭。隨之而來的人口以後再向東遷徙，是侵略引發初期移動所造成的骨牌效應。不過也有方向相反的移動出現。使用印度語的人離開印度河谷，於寒冷的西元最初幾世紀到達波斯，成為吟遊詩人。後來他們再向北移動，於中世紀到達歐洲，成為吉普賽人。

印度支那的歷史則是一部小國興亡史。其中最令人印象深刻的是高棉王國，首都位於吳哥窟。高棉人於西元十世紀初開始建造這座城市，當時是中世紀溫暖期最溫暖的一段時間。高棉王國於西元十三、十四世紀間消失，首都也於上次小冰川期開始後被捨棄[21]。吳哥窟的沒落相當令人費解。目前在吳哥窟的村莊，曾經是擁有百萬居民的城市，這個城市為何被捨棄？

二〇〇一年我造訪吳哥窟，尋找氣候影響的線索。我發現印度支那的季風氣候具有降雨不均的特色。夏季降雨很多，但乾季降雨相當少。缺水可能造成問題，尤其是在人口密集的地方。吳哥窟會不會就是因為人類無法克服缺水危機而被捨棄？

年雨量相當高，但冬季乾旱。吳哥窟的人需要的水從何而來？答案很簡單：他們必須在雨季集中雨水，儲存在地底供乾季使用。

我在吳哥窟的建築中發現一個特色。廟宇是金字塔形並不出奇，但奇特的是廟宇都有許多天井形的祈禱室。除此之外，廟宇附近還圍繞著壕溝和大型人工湖。天井形建築內部庭院的建造方式相當適合用於集中雨水。水由天井流入廟宇底下的沙和土壤，變成地下水流入壕溝和湖中。雨季時集中形成的地下水相當充足，因此壕溝和人工湖永遠不會為維持地下水位而枯竭。

---

21 Joseph Greenberg和Jared Diamond考證遷徙史的主要依據是語言重建，參見Diamond的《槍、病菌與鋼鐵》，Norton, New York。

百萬人口可鑽井取水使用，而等到下次雨季來臨，又可補足乾季消耗的水。因此，只要維持這套集水系統，缺水問題應該不會出現[22]。

歷史學家認為，吳哥窟王國沒落是來自中國西南部的泰國人向南遷徙的結果，而泰國人向南遷徙則是因為家鄉被忽必烈征服。不過我想再強調一次「別怪匈奴」。人口移動和高棉王國衰敗，更有可能是氣候導致。寒冷時期，中國西南部和印度支那地區的季風雨應該會減少。不僅如此，水資源可能管理不當，使問題更加嚴重。如果集中及儲存系統兩者沒有妥善協調，地下水使用過度和污染就可能使這塊地區不適合人類居住，因此吳哥窟的民眾必須離開。他們到湄公河沿岸建立居住地，那裡一定不會缺水。

亞洲熱帶地區氣溫從來不會過低，雨量永遠不會過少，因為來自太平洋和印度洋的季風定期造訪亞洲南部的半島和島嶼。馬來西亞和印尼的農業經濟受氣候影響不大。可以想見，氣候影響在這些國家的歷史中可說微不足道。

相反地，非洲大陸的氣候差異和變化相當大。有熱帶森林、大草原、灌木叢區域、沙漠，還有鄰近地中海的區域。一萬八千年前的冰川時期最高峰，非洲熱帶地區普遍受越來越嚴重的乾旱侵襲，撒哈拉地區向南擴大。一萬到五千年前的氣候最適期，撒哈拉地區是一片大湖。因此，非洲的歷史是一部遷徙史，格林柏格(Joseph Greenberg)和戴蒙將這段歷史描述得十分詳盡。

22 Chandler.

源於氣候的歷史週期性

我準備將敘述部分告一段落。過去五千年來共有四次氣候循環，每次變化的週期為一千二百或一千三百年。大致說來，氣候對文明史的影響可以濃縮在一張表格中（參見表一）。不過，氣候週期的開始和結束並不一定和歷史上的時代完全相符。舉例來說，羅馬帝國開始於希臘羅馬溫暖期，但羅馬帝國持續擴張到西元二世紀，此時標記為「遷徙時代」的小冰川期已經開始許久。

我們是否能建立起一套歷史理論，說明人類史和氣象史之間的關聯？是否有自然理論可以解釋歷史上每一千二百或一千三百年一次的近似週期性氣候變化？燃燒化石燃料是否真的會造成氣候災難？

這些問題就是未來四章的主題。

表一　氣候變遷與其對文明史的影響

年代	時期	地中海	歐洲中部	歐洲北部	中國	美洲
西元前二四〇〇—一八〇〇年	四千年前事件	寒冷乾燥 青銅器時代早期結束	寒冷潮濕 湖水水位高	寒冷潮濕 印歐人出走	寒冷乾燥 禹（夏朝）	寒冷 舊石器時代
西元前一八〇〇—一二五〇年	古代文明	溫暖潮濕 青銅器時代中晚期	溫暖乾燥 湖上居民	溫暖乾燥 青銅器時代	溫暖潮濕 商朝	溫暖 舊石器時代
西元前一二五〇—六五〇年	黑暗時代	寒冷乾燥 青銅器時代結束	寒冷潮濕 湖水水位高	寒冷潮濕 印歐人又出走，成為甕棺墓地人	寒冷乾燥 商朝結束 西周結束	寒冷 奧爾梅克人
西元前七五〇—六五年	希臘羅馬	溫暖潮濕 希臘 羅馬	溫暖乾燥 塞爾特人	溫暖乾燥 日耳曼人	溫暖潮濕 春秋戰國	溫暖 查文人
西元前六五—西元六〇〇年	遷徙時代	寒冷乾燥 羅馬衰亡 哥德人	寒冷潮濕 日耳曼部落	寒冷潮濕 印歐人又出走	寒冷乾燥 漢朝結束 三國南北朝	寒冷 馬雅 莫希 納茲卡
西元六〇〇—一二八〇年	征服時代	溫暖潮濕 阿拉伯 塞爾柱（土耳其）	溫暖乾燥 斯拉夫人 阿勒曼尼人	溫暖潮濕 維京人	溫暖潮濕 唐宋 西夏／蒙古人	溫暖 馬雅結束 山脈高原
西元一二八〇—一八六〇年	小冰河期	寒冷乾燥 鄂圖曼土耳其帝國	寒冷潮濕 殖民主義 三十年戰爭	寒冷潮濕 殖民主義	寒冷乾燥 元朝結束 明朝結束 鴉片戰爭	寒冷 印加帝國 印加帝國結束
西元一八六〇年至今	現代	溫暖潮濕 鄂圖曼衰亡 南歐發展	溫暖乾燥 工商貿業 兩次世界大戰	溫暖乾燥 工商貿業	溫暖潮濕 戰爭 災荒	溫暖 工商貿業 兩次世界大戰

| 第九章 |

氣候創造歷史？

那人和他妻子夏娃同房，夏娃就懷孕，生了該隱。又生了該隱的兄弟亞伯。亞伯是牧羊的；該隱是種地的。有一日，該隱起來打他兄弟亞伯，把他殺了。

——《聖經》，〈創世紀〉四章一節

環境決定論

許多學者發現歷史軌跡和氣候變遷有關。亨廷頓(Ellsworth Huntington)是這方面的先驅，朗伯特(H.H. Lambert)則是現代最著名的支持者。環境決定論者的理論基礎來自馬爾薩斯(Thomas Robert Malthus)於一七九八年發表的《人口論》[1]。他推測人口會一直膨脹到生存極限，並在饑荒、戰爭和疾病的影響下維持這個極限。我們可以看到，人類在小冰川期確實遭遇到饑荒、戰爭和疾病等命運。飢餓的民眾起而造反、掠奪、發動戰爭，或是遷徙到遠方。目前已知有四段時期因全球冷化造成的明顯的氣候影響，分別是：

早期青銅器時代末，西元前二二〇〇—一九〇〇年

地中海黑暗時代及東周時代，西元前一二五〇—六五〇年

遷徙與混亂時代，西元開始—西元六〇〇年

內戰時代與殖民時代，西元一二八〇—一八六〇年

早期青銅器時代末，西元前二二〇〇—一九〇〇年

早期青銅器時代於「四千年前事件」時結束。前面曾經說明，這個事件不是單一事件，而是連續數個世紀的寒冷氣候。這段時間形成了近五千年間四個小冰川期中的第一個。

氣候變遷造成很大的災害。歐洲北部的畜牧民族在寒冷的夏季無法取得足夠的飼料，以便

1 馬爾薩斯，《人口論》，一九七六年重印版，Norton, New York, 258 pp.

在冬天餵養牲口。農耕民族則因生長季節太短而欠收。糧食需求無法滿足。人類遭遇饑荒，必須離開家鄉。遷徙行動剛開始規模很小，印歐人隨之大規模出走，向外擴散。

美索不達米亞一向是流著牛奶與蜜的富饒之地。由於氣候最適期結束，人類不得不放棄美索不達米亞南部的農耕居住地長達三百年。早期青銅器時代文明於西元前二二〇〇年左右開始消失，農耕民族一直到西元前一九〇〇年才回到此地。印度的印度河河谷民族也必須離開，朝東遷徙到季風降雨較多的地區。

四千年前事件對撒哈拉地區的民族也是一場大災難。游牧民族必須向南遷徙到非洲西部的草原地帶，或是向東遷徙到尼羅河河谷，最後撒哈拉湖泊於西元前二〇〇〇年左右乾涸。在埃及，新居民和當地民眾結合，成為含米特農耕民族。舊王國興起，後來因寒冷時期到來而式微。

「四千年前事件」小冰川期的開始，也結束了中國一段和平繁榮時期。由於氣候由溫暖潮濕轉為寒冷乾旱，水災因而平息，夏朝的開國君主禹也成為治水成功的英雄。事實上他只是運氣好，因為中原地區降雨減少，水災也隨之平息。

這四千年前的氣候變化似乎沒有大影響美洲地區的狩獵和採集民族。每平方公里的收穫量或許有所減少，但可供狩獵和採集的區域有好幾千平方公里，因此舊石器時代的傳統仍然延續下去。

地中海黑暗時代，東周時代，西元前一二五〇—六五〇年

青銅器時代的北歐人在遙遠的北方享有乾燥溫暖的氣候。但是氣候變得寒冷潮濕後，村民便需要離開居住地。他們離開的時間恰好相當於甕棺墓地人突然出現在歐洲中部的時間，也就是西元前一二五〇年左右。由於全球持續冷化，他們流浪到更遠的地方。有些人到達法國與西班牙，許多人定居在巴爾幹半島和義大利。其中一個部落色雷斯到達保加利亞，引發一連串效應，最後造成多里安人入侵。邁錫尼帝國滅亡，殘存的阿卡迪亞人遷徙到愛琴海沿岸和賽浦路斯。在此同時，弗里吉亞人到達安納托利亞，西台帝國滅亡。海上民族繼續前進，到達地中海東部沿岸，地中海世界的青銅器時代到此告一段落。在旱災、饑荒為害和入侵者壓迫下，歐洲和亞洲西部進入了地中海區的「黑暗時代」。

亞洲北部人在歷史上第二次小冰川期時同樣必須離開家鄉。寒冷氣候於西元前十二世紀來到，也在中國掀起叛亂，推翻了輝煌的商朝。隨後建立的周朝君主繼續對抗外來侵略和國內叛亂。周朝於西元前八世紀遷都洛陽之後，進入了中國逐漸分裂的春秋時代。

西元前第二個氣候變遷，在新世界的史前史上也沒有留下什麼紀錄，僅有中美洲拉本塔文化萌芽。氣候更冷時，墨西哥灣海岸的綠地也變得無法居住。

遷徙與混亂時代，西元開始—西元六〇〇年

希臘羅馬溫暖期結束後，全球冷化再度降臨。赫爾維蒂人於西元前一世紀遷徙到高盧，或許預告了歷史上第三次小冰川期的開始。氣候於西元一—二世紀更加惡化，日耳曼部落離開波羅的海沿岸。哥德人、汪達爾人、士瓦本人、倫巴底人、勃艮地人、阿勒曼尼人和法蘭克人都向南發展，尋找有陽光的地方，也因此和羅馬人發生衝突。

在遠東地區，西元開始農民起義滅亡王莽，酷寒在東漢末期又迫使飢餓的農民起而造反，以後五胡亂華，大量移民向南遷徙。但在中美洲，氣候變冷使馬雅人在熱帶地區建立帝國，當時寒冷的氣候使熱帶森林變得比較適合居住。在南美洲，莫希和納斯卡等海岸民族興起，安地斯山高地的查文文化則步向沒落。

小冰川期，西元一二八〇—一八六〇年

小冰川期來臨時，歐洲北部和亞洲北部的民族都無法向南遷徙，因為較早的移民已經占據了這些地區。因此，歐洲海洋民族的過剩人口被送往海外殖民地，內陸國家的飢餓農民起而造反，或是加入流寇行列四處劫掠。

小冰川期降臨北美地區，造成阿納薩齊農民捨棄科羅拉多州的懸崖住所。他們分批向南遷徙。最後一代移民成為亞利桑那州大屋貧民區中的陶器製作民族。在這段寒冷時期，密西西比河河谷的美洲原住民大量死亡，東北部的強盛部落被歐洲移民征服。在中美洲，阿茲特克人建立王國，在南美洲則有印加人建立帝國。

馬爾薩斯的飢餓長征？

馬爾薩斯的理論正確地返測了歷史上寒冷時期的人口遷徙，但馬爾薩斯錯誤地將饑荒和戰爭歸因於人口壓力提高。飢餓的長征者需要離開家鄉，即使人口減少時也要這麼做。他們離開的原因是氣候變遷在生產力處於邊緣的地區造成糧食嚴重短缺。

征服時代

馬爾薩斯認為若不加以抑制，人口會呈幾何級數(等比級數)不斷增加，但生存方式只會呈算數級數(等差級數)增加。因此他假設生產增加跟不上人口增加。但是他沒有考慮到氣候變遷的可能性。糧食產量在溫暖時期可能跟得上人口增加，尤其是在降雨增加使沙漠變成綠地的地區。在饑荒發生之前，過剩的人口可能被組織起來，進行劫掠和征服。因此馬爾薩斯又說錯了：人口壓力並沒有造成饑荒，反而造成了貪婪。歷史上的溫暖時期也是征服時代，這些時期包括：

中晚期青銅器時代，西元前一九〇〇—一二五〇年
希臘羅馬最適期，西元前六五〇—西元開始
中世紀與唐宋最適期，西元六五〇—一二八〇年
現代最適期，西元一八六〇—以後

中晚期青銅器時代，西元前一九〇〇—一二五〇年

巴比倫人、亞述人、埃及人和西台人在中東地區建立帝國，領土爭議戰爭因而爆發。特洛伊人、古希臘人和克里特島人在愛琴海地區建造宏偉的紀念碑，邁錫尼人的影響力最遠可延伸至不列顛群島[2]。在中國，在氣候和調商朝統治中原富庶地區，歷史記載了得意洋洋的征服戰

2 Colin Renfrew, 1973, *Before Civilization*, Random House, London, p. 245.

爭。歐亞大陸是富饒的大陸，但後來氣候變寒冷了北方蠻族於地中海區的黑暗時代到來時南下入侵。

希臘羅馬最適期，西元前六五〇——西元開始

希臘羅馬時期是一段富足時期，套用吉朋的一句名言，人類此時可說是過得舒服極了。腓尼基人和古希臘人首先統治地中海世界，後來由羅馬人繼承統治地位。在他們的北邊，凱爾特人的領土由愛爾蘭延伸到安納托利亞。

羅馬帝國統治了西方的文明世界，但羅馬人貪心地想征服更多地方。這股動力讓他們的擴張一直持續到西元二世紀的寒冷時期。

在遠東地區，春秋時代的諸侯和當時古希臘地區的城邦一樣「百花齊放」。其後的戰國時代發生許多因貪婪而起的內戰，後來中國在秦朝和漢朝時代再度統一。西漢皇帝和西方的羅馬統治者一樣，擁有富饒的領土，但也一樣因貪婪而發動擴張戰爭。

中世紀與唐宋最適期，西元六五〇——一二八〇年

新的溫暖時期開始時，歐洲各地的人口均有增加。阿勒曼尼先鋒開墾了阿爾卑斯山地前沿。斯拉夫人來到巴爾幹半島和德國北部。維京人劫掠不列顛群島，移居到冰島和格陵蘭。拜占庭和基輔帝國向外擴張。阿拉伯人征服中東和北非地區，最遠到達西班牙。土耳其人和波斯人跟隨阿拉伯人向外擴張。十字軍劫掠了聖地。中亞地區的沙漠民族建立新帝國。

混亂時代的寒冷時期結束後，中國在隋唐時代再度統一。氣候宜人，帝國也相當富庶，文學與藝術隨之復興。在遠東，沙漠變為草原，成吉思汗及其子孫，征服歐亞。

現代最適期，西元一八六〇—今日

普法戰爭開始了新的貪婪時代。數十年間，工業化國家的人口呈幾何級數成長，後來才在小康階級自發性節育下獲得控制。富裕國家沒有饑荒問題，但財富增加反而鼓動貪婪和「征服的渴望」。西元二十世紀發生了兩次世界大戰。

第三世界「低度工業化」的農業國家在富足時代反而遭遇饑荒，因為經濟作物取代了生存作物，為殖民地主牟取利益。在冷戰緊張情勢從中取利的區域獨裁者，更是恬不知恥地利用飢餓的民眾。

詛咒

我曾經跟費若本(Paul Feyerabend)學習歷史：歷史有其必然性，機會則有其特性。氣候決定論忽視了人類在現代人類史中扮演的角色。聖經沒有教導環境科學，但古代部落在人類的劣根性上卻高明不到哪裡去。聖經的第一章創世紀說明了形成歷史過程的四個詛咒。

第一個詛咒是性與人口壓力。亞當和夏娃就是因為吃了禁果而被逐出伊甸園。

> 我必多多加增你懷胎的苦楚；你生產兒女必多受苦楚。你必戀慕你丈夫。

亞當和夏娃在伊甸園中靠狩獵與採集快樂地度日。園中有許多獵物和水果。後來邪惡的蛇和人口增加出現。食物需求增加，但提高機會，增加供應，才可平衡增加的人口。舉例來說，人口壓力造成第一波西伯利亞狩獵民族遷往美洲。沒錯，上帝是跟夏娃說：「你應該生產兒女」，但她的小孩必須尋找新的狩獵地。

第二個詛咒是我們對土地生產的依賴。

神對亞當說：

> 你既喫了那樹上的果子，地必為你的緣故受咒詛；你必終身勞苦纔能從地裡得喫的。

舊石器時代的狩獵民族在動態平衡下維持一定人數，僅在發源地附近狩獵和採集。外在因素反應造成氣候大幅變化時，平衡遭到擾亂，智人必須運用頭腦發明農業，開始依靠於生產。對農業的依賴首先始於一萬一千年前新仙女木期冰川回到中東地區時[3]。不過，全世界並不是在同一時間轉變為新石器時代農耕。在沒有壓力的地方，人類並沒有改變生活方式。安納托利亞人一直到八千年前氣溫下降，雨水不足時才開始改變[4]。歐洲人拖得更久，新石器時代的農牧經

3 D.R. Harris (editor), 1996, *The Origins and Spread of Agriculture and Pastoralism in Eurasia*, UCL Press, London, 594 pp.

4 D.R. Harris, 同前書，p. 558。

濟首先於七千年前出現於地中海西部地區[5]。歐洲北部當地人繼續狩獵採集了一千年，所以當地的新石器時代於六千年前左右開始。前往美洲的移民獲得更大的狩獵的機會，一直到西曆紀元開始後才轉變為農耕。

在遠東地區，新仙女木期的氣候惡化在中國促成種植稻米。稻米種植開始的原因是溫帶人類無法取用亞熱帶的野生稻米，必須照顧自己種植的變種[6]。稻米種植的傳播相當緩慢，因為全球變遷對亞洲南部的植物生長影響很小，當地農民食用野生稻米就已足夠。中國首先馴化稻米之後，過了三千年才出現在泰國和汶萊。

第三個詛咒是我們對氣候的依賴

耶和華對該隱說：

> 現在你必從這地受咒詛。你種地，地不再給你效力，你必流離飄蕩在地上。

這種依賴是「耽溺」於農業所導致。全球變遷對狩獵和捕魚民族影響很小，但是氣候變化造成「地不再給你效力」。人類開始流離飄蕩。歷史上重要的大規模人口移動多半是由氣候災難引發。

---

5 Whittle, A., 同前書，p. 131。

6 參見Peter Bellwood, in Harris, 同前書。

在人類只需對抗大自然的地方，歷史上的遷徙是和平的。吐火羅人遷徙到新疆的綠洲。阿勒曼尼人開墾了阿爾卑斯山地前沿。斯拉夫農民偷偷潛入人口減少的歐洲。中國的漢族砍去南方的森林。西藏人在西夏的領土建立了殖民地。但是如果「流浪者」侵入了定居族群的地盤，遷徙往往只會造成衝突。

最後一個詛咒是人類的貪婪。

> 那人和他妻子夏娃同房，夏娃就懷孕，生了該隱。又生了該隱的弟弟亞伯。亞伯是牧羊的；該隱是種地的。有一日，該隱起來打他兄弟亞伯，把他殺了。

全球冷化時期的武裝衝突大多是因需求而起的戰爭，但在溫暖時期，富足的年代，同樣也有衝突。人類的詛咒不僅包括人口過多、「耽溺」於農業以及氣候災難，最大的詛咒就是貪婪。

維京人起來打自己在歐洲的兄弟，殺人掠奪。阿拉伯人、土耳其人和蒙古人也起來打自己在亞洲的兄弟，殺人掠奪。他們沒有在小冰川期動手，他們沒有為了這塊土地「不再給你效力」殺人掠奪。他們起來打自己的兄弟，把他殺了，都是為了貪婪。

馬爾薩斯的環境決定論舉出四個因素：人口數目、生存需求、食物供給土地面積，以及土地產量。我在其中再增加一項：貪婪。五項因素中有三項不可能超過一定限度，地球上的可用土地面積是有限的，土地的產量是有限的，生存需求則有最低限度。但是即使是人口成長，也可加以集體抑制。但貪婪也可以解決問題，卻也可能沒有限度。氣候變化使貪婪是否在歷史上扮演重要角色，取決於機會的特性。

貪婪可能是人類的天性。在克羅埃西亞的尼安德塔人或中國的北京人頭骨上的破損，曾被解釋為侵略衝突的證據。有人不這麼認為。舉例來說，惠特爾（Alastair Whittle）曾在作品中提到狩獵和掠奪民族在居住方面有許多策略，包含足夠的空間和移動能力。擴散和移動能力有助於降低資源耗盡的風險。另外還有「合作與團結的倫理標準，藉此結合所有族群成員。這些民族的社會似乎相當平等，這點可由墓地看出。透過結合人類與自然、活人與死人的概念秩序，進一步強化共享與合作的實際倫理標準」[7]。

舊石器時代的人類居住在伊甸園內，但貪婪在新石器革命後成為變化因素。新石器時代農耕民族學習到財產權的概念，貪婪也起於私有。該隱殺了亞伯，揭開農業民族和游牧民族間永不止息的衝突。貪婪，或說「對食物或財富永不滿足的慾望」，正是所有罪惡的根源。

貪婪從小就纏著我們不放。漢斯丹夫什麼都有，但他仍然不滿足，一直想要自己沒有的東西[8]。貪婪也會隨財富而升高：一個人擁有的越多，也就越貪婪。文明史就是這段瑞士童謠的最佳例證。寒冷時期後的氣候改善，使農業生產增加。其結果不僅是人口爆炸，還帶來貪婪爆炸。貪婪的自我主義者樹立紀念碑宣揚勝利。我們在埃及、美索不達米亞、羅馬、中國都可看

---

7 Whittle, A., 同前書，p. 36。

8 *Der Hansdampf im Schlaggeloch hat alles, und was er will, das hatt er nud, und was er hat, das will er nud.*

到，倫敦、巴黎和柏林等大城市也都有。

沒錯，飢餓會引起戰爭，但貪婪引起的戰爭更多。

人類命運的驟變

十八世紀後期的兩次大革命，產生了兩份重要的歷史文件。美國革命促成了美國憲法，法國大革命則促成了馬爾薩斯的人口論。這兩次革命也產生了兩位偉大的領袖：華盛頓和拿破崙。近兩個世紀的人類歷史軌跡，就在這兩份文件的引導和兩位國家領袖的影響下展開。這兩個世紀的歷史究竟是歷史的必然，還是機會的特性？

法國大革命是氣候在歷史上年代最近的一次重大影響。造成革命爆發的背後原因很多，但最主要的是法國沒辦法餵飽人民。一七八〇年代是小冰川期中最冷的十年，糧食產量相當悽慘[9]，財產分配也不平均。一直到一七八九年七月十四日，民眾占領象徵皇室暴政的巴士底監獄，法國大革命爆發。八月十四日人權宣言發表，提出自由、平等、博愛。歐洲渴望改變的人民，都相當同情這場革命。雅各賓俱樂部成立，英國、德國、奧地利和義大利相繼舉行街頭示威。當然，也有反對法國大革命的反制行動。為對抗反對革命的外國入侵，群眾占領杜樂麗宮，俘虜國王。自願從軍的民眾湧入法國軍隊，革命喚起了民族主義。他們贏得勝利，處決國

---

[9] 參見D.M.G. Sutherland, 1981, “Weather and peasantry of Upper Brittany,” 1780-1790. In *Climate and History: Studies in past climates and their impact on Man*, edited by T.M.L. Wigley, M.J. Ingram, and G. Farmer, Cambridge University Press, pp. 834-849.

王，後來軍隊又遭遇新的挫敗。入侵勢力威脅著巴黎，極端主義者卻趁機奪取權力，實行恐怖統治。最後理性獲得勝利，羅伯斯比於一七九四年七月被推翻。共和議會開始制訂新憲法。保皇黨曾經試圖反撲，但被拿破崙擊潰。

一七九一年，拿破崙是瓦朗斯駐防部隊的中尉。在恐怖統治時期，拿破崙回到科西嘉島，但在政治密謀失敗後不得不逃走。他於一七九三年十二月在土倫戰役中擔任砲兵司令，保住了營地。對英國作戰勝利後，拿破崙被任命為准將。後來他前往巴黎，沒有任何職位，但一七九五年他的好運降臨，透過情婦約瑟芬認識了獨裁者巴拉斯。巴拉斯急於鎮壓保皇黨暴動，因此任命拿破崙為內政部部隊副司令官。這位年輕將領的火砲打垮了向議會進攻的保皇黨叛軍。

拿破崙其他的戰功在歷史上相當著名。拿破崙背叛了革命。他對世界史造成的影響不需一一列舉。拿破崙去世了，但對權力的貪婪成了歐洲人的信條。較不為人所知但同樣重要的一點，是拿破崙對馬爾薩斯的影響。馬爾薩斯的人口論影響了達爾文和馬克斯。現在歐洲的政治信條則是保留在求生奮鬥中具優勢的種族，或是無產階級專政的勝利。社會達爾文主義最糟的代表是英國的帝國主義、法國的虛偽、荷蘭和比利時的殖民主義、德國的民族主義、俄國的集權主義，以及日本的軍國主義。法國大革命留下的是充滿專制占據、殖民壓榨、世界大戰、極權鎮壓、民族解放陣線，以及國際恐怖行動的歷史。

美國獨立革命發生於法國大革命前十年。殖民地人民反叛不是因為飢餓，而是為了反抗英國皇室的貪婪。主要爭議是稅收，比較精確的說法是只能納稅而沒有代表權。殖民地召集大陸議會，傑佛遜草擬了獨立宣言。

傑佛遜於一七四三年出生於維吉尼亞州，父親是農場主人。他在大學時認為，法律是塑造人民文化的利器。他因責任感而從政，歷史知識豐富，富命運感。他對政府終結的概念源自於自然定律和天賦權力的信念。他的基督教信仰認為人天生擁有生存、自由和追求快樂的權力。他相信人類擁有自我管理的能力，他相信人類有與生俱來的道德感，可以分辨對錯。他認為代議政府必須有富足的經濟基礎，才能順利運作。傑佛遜撰寫了獨立宣言，他的理想也在美國憲法中具體成形。

美國憲法是人類爭取自由獲得勝利的成果。這部憲法大多源自於歷史經驗，新概念或實驗性作法相當少。不過，建立共和政府的行動卻是嶄新的實驗，沒有人能保證這種新式政府會成功。這次實驗之所以成功，是因為建立美國的是華盛頓。不僅因為他排除了成為君主的想法，甚至還力抗各界壓力，拒絕擔任第三任總統。華盛頓是我最敬重的歷史人物。

憲法成為美國的最高指導原則。這個國家成為超級強權，證明了美國實驗確實成功。

歷史結果是可以預測的嗎？不能。

那麼我們可以透過歷史理論返測歷史結果嗎？同樣不能。

環境決定論是科學理論。現代人類因應氣候影響的歷史應該可以返測。工業革命之前的人類歷史多少可以返測。現代歷史無法返測，證明環境決定理論是錯誤的。

傑佛遜或華盛頓是機會的特性嗎？

傑佛遜並非獨一無二。另一位來自維吉尼亞州的紳士或許曾經草擬過類似的獨立宣言，另一位來自維吉尼亞州的紳士麥迪遜曾經草擬美國憲法。但是華盛頓是相當獨特的。如果阿諾德或伯爾（按：均為美國叛國者）被選為將軍或美國第一任總統，美國甚至全世界的歷史都可能大為改觀。華盛頓的謙遜約束了政治上的貪婪。是對人類歷史的一個大幸運。

羅伯斯比和拿破崙是機會的特性嗎？

拿破崙或許是傑出的軍事天才，但另一位能幹的將領也可能在法國革命戰爭中為法國取得勝利。不過我們可以這麼問，如果在恐怖統治之前聲勢較大的是丹敦而不是羅伯斯比，法國國王或許不會被處決，拿破崙或許沒有機會崛起。不僅是法國的歷史，連歐洲歷史，甚至全世界的歷史可能都會大為改觀。

這就是命運的驟變，歷史上的機會的特性。

科學的歷史理論不可能存在，因為貪心在歷史上是主要因素。歷史結果沒辦法預測，也沒辦法返測。不過由於有美國憲法的示範，我們能夠緩和或節制貪婪，善良也得以戰勝邪惡。

氣候確實能創造歷史

我們脫離了對農業經濟的依賴，氣候影響農業，因此近五千年來，氣候確實創造了許多歷史。我們前面列出了四次帶來饑荒的小冰川期，以及四次帶來貪婪的溫暖期。這樣的交替可以視為準週期性，每一千二百年或一千三百年循環一次。自從工業革命後，人類命運跟氣候的關聯也不是那麼明顯，但是水資源短缺依然對社會福祉有很大的影響。乾旱和饑荒依然是很大的威脅。我們現在破壞環境，是不是又造成氣候不穩定的災難？是不是須要了解氣候變遷的原因而設法控制氣候變化。

| 第十章 |

蓋亞與它的溫室

海洋可能會繼續吸收二氧化碳，也可能不會。海洋或許會突然飽和，開始釋出二氧化碳。如果這樣，氣候就會大幅反轉。如果殺死海中所有浮游生物，或使海洋溫度太高，讓浮游生物無法生存(因為浮游生物需要涼爽環境)，海洋就無法吸收更多二氧化碳，那會怎麼樣？請證明！這會使海洋溫度更高，殺死更多浮游生物，溫度再提高，殺死更多浮游生物，溫度再提高，形成連鎖反應……我們造成氣候改變的速度超過自己的想像，我們讓地球變得不適於居住。現在我們談的時間範圍是幾十年，因此現在的問題是人類可能滅絕，甚至可說是非常可能，而且就在幾十年內。

——軼名環保人士

我一個朋友跟環保人士談到溫室災難。他離開時十分擔憂即將發生的溫室災難。他告訴我：「海洋可能會釋出二氧化碳，一直到海洋沸騰，造成氣候改變，使地球變得無法居住。這是可能的，而且連人類都會在未來幾十年內滅絕。」

我告訴他不用擔心。沒錯，溫室在調節地球氣候上確實扮演重要角色。不過還有蓋亞，它會隨時留意，讓地球溫室防止海洋沸騰或冰凍。蓋亞賴以維持溫度穩定的調溫器就是生物演化。

我們的時代本來就是悲劇的時代

D. H. 勞倫斯在經典小說《查泰萊夫人的情人》開頭這麼寫：「我們的時代本來就是悲劇的時代。……大災難已經發生，我們身處於廢墟之中。……這大致就是康斯坦絲目前的處境，戰爭讓她的天塌了下來，她明白人總得生活和學習。」

我們的處境跟康斯坦絲大致相同。我們也必須生活和學習。我們該如何生活在這個本來就是悲劇的時代？我們又能學習什麼？

我們必須學習，但首先要了解我們怎麼進入這個悲劇的時代。

在七十年的人生中，我見聞過許多個人悲劇，有些在意料之外，有些則是刻意為之。但所有悲劇最終的原因，都是人類失去了和神溝通的能力。

百老匯一齣賣座音樂劇有一句標語：「上帝已死。」上帝已經被演化論取代：我們的命運已經在天擇下預先決定，只有受惠最多的民族能在生存奮鬥中存活。演化論成為殖民主義、帝國主義、資本主義、共產主義、極權專制的正當理由。演化論思想被野心家利用，發動二十世紀的兩次世界大戰。糟糕的是，有些科學家依然相信演化論是自然定律，競爭和天擇無可避免。這就是時代悲劇的根本源由。

我在一九二九年出生，當時中國是「次殖民地」。殖民地或許還有個仁慈的主人，但次殖民地的主人則不只一個。次殖民地的人民必須竭盡全力求生。我們入學時學到的是無神論和演化論，書上說上帝是迷信，宗教是群眾的鴉片，韋爾伯佛思主教(Samuel Wilberforce)是個笑話，丹諾律師則是英雄。我們的老師來自以演化論學說為基礎的師範學院，教導我們要強悍、要自立更生、要愛國。不是我們活，就是別人死。如果沒有取得優勢，我們就無法存活，別人就會消滅我們。達爾文不是發現了演化的自然定律嗎？而具優勢的人種不也消滅了血緣上最接近的人類嗎？

我們是什麼人？

我們是漢族，民族主義領袖這麼教導學童。我們是世界上的無產階級，激進的學生被「自由派」的文化界所迷惑。二十世紀的歷史就是一部「我們」和「他們」努力求生的歷史。

我在念高中時學到達爾文的演化論。達爾文認為天擇是創造性的過程，天擇提昇了生物群體的適應程度。生物史是逐步改良的歷史，生物群體之間的競爭是演化的主要原則。我們智人是所有生物中最先進、最完美的。我們獲得大自然青睞，是因為我們以往在地球生物史上求生奮鬥的過程。

傑出生物學家找不到替代天擇的說法，又說服了研究自然科學的同僚。舉例來說，作品已成為發展現代綜合主要學說的知名族群遺傳學者史密斯(John Maynard Smith)就曾經預測：「滅絕的主要原因是來自其他同類」。他提出令人吃驚的想法。但是化石紀錄應可證明這個武斷的結論是錯的，恐龍滅絕的理由跟來自哺乳類的競爭毫無關係！

不了解古生物學的人則盲目附和達爾文的說法。我們研究地質的人則比較了解。學者研究化石紀錄超過一世紀後，所得的證據已經足以證明達爾文的基礎假設是錯的！演化不是天擇的歷史。生存也不是取決於競爭，滅絕只是因為可居住的地方遭到破壞。化石紀錄研究者不再認為物種間的生物交互作用是演化的重要因素，對新競爭物種形成或舊物種滅絕也沒有決定性的影響。演化基本上是對環境改變所做的反應[1]。

為什麼達爾文獲得這個「在生存奮鬥中保留具優勢的種族」這個錯誤的結論？

世界不會改變是一個錯誤

赫頓(James Hutton)是地質學的創立者。他設想地球一直存在，沒有開始，可見的未來也沒

---

[1] 我曾在數份期刊中發表我對演化的看法，包括“Environmental Changes in Times of Biotic Crisis”(In: Raup, D. M. Jablonski (eds), *Patterns and Changes in the History of Life*, Springer, Heidelberg; pp, 297-312, 1986);“Darwin's three mistakes”(*Geology*, 14, 532-534, 1986);“Evolution, Ideology, Darwinism and Science”(*Klinische Wochenschrift*, 67, 923-928, 1989);“What Has Survived of Darwin's Theory?”(Evol. *Trends in Plants*, 4, 1-3, 1990);“Uniformitarianism vs. catastrophism in the exitinction debate”(in W. Glen, ed., *Mass-Extinction Debate*, Stanford: Stanford Univ. Press, 217-229; 1994). 另外我也針對一般讀者，在一九八六年的《大滅絕》中簡要敘述了這些看法。本章中許多參考資料已在以上的論文中列出，這裡僅列出最新的參考資料。

有終結。但是，其實地球一直在不斷改變，而且這些改變的力量現在依然存在。以前有重力，現在也有重力。流下山坡的溪水侵蝕河谷，現在也是如此。火山一直在噴火，灼熱的岩漿在古代岩層上形成玄武岩，現在也是一樣。地下的力量形成山，現在這種力量表現成強烈的地震。山丘被沖刷成岩石平台，古代海洋接著向內陸入侵，再留下一層沉積物，這個過程現在也在進位中。赫頓哲學是地質學的基本教義。

後來他的原理是被稱為「均變論者」。「均」這個字很快就造成誤解。赫頓原先認為自然定律是均一的，如果某一天蘋果掉在牛頓頭上，但第二天則是飛向外太空，物理學就不會存在。不過，在地質學的發展過程中，「均一」這個詞的意義改變了。

十九世紀中葉萊伊爾(Charles Lyell)倡導的均變論，大幅跨越均一自然定律的假設。萊伊爾描述地球表面處於均一狀態。各處都有四季，氣候也永遠相同。開始沒有差別，結束也是一樣。萊伊爾認為地球處於無休止的運動中，地球上的環境則是均一的。

萊伊爾這麼認為，是因為當時的地質學家了解不足。他的假設過於簡化，因為他沒辦法得知過去的改變。由於找不到證據來證明，因此萊伊爾必須假定地球內部動力從未改變，地球氣候從未改變……等等。萊伊爾讓當時的人相信什麼都沒有改變。他反對居維葉的驟變論，而且蔑視假設「以往地球曾經冰封」的人。在許多方面，萊伊爾的理論都是錯的。連他也在活著時承認了「地球以往確實曾經冰封」，冰川時代理論可說是常識對學院派的一次大勝利。

歐洲北部和中部原野上，散布著大大小小的怪異圓石。這些石塊是誰放的？

大學教授在《聖經》中讀到大洪水。他們認為洪水可能夾帶冰塊，冰塊融化後，冰凍的碎片沉到水底。一份聖經參考文獻解釋了瑞士中部地區的怪異圓石。居住在冰川邊緣的瑞士農民比較清楚。他們目睹冰川來去，也看過冰川退卻後留下的大石塊。他們聽過格林德爾瓦爾德冰川曾經下山，破壞他們祖先的牧草地的故事。冰川當然也可能更深入河谷，將這些圓石帶到日內瓦或蘇黎世。

沒錯，為什麼不會？

「不對，這是不可能的。」柏林的教授對學生這麼說：「如果這些怪異圓石是冰川帶到低地的，那麼整個瑞士和半個德國當時一定覆蓋著冰層。不僅如此，整個斯堪地那維亞半島和歐洲北部大部分地區也都蓋在冰雪下。這種說法太荒謬，這是不可能的！」

為什麼不可能？

說不可能是因為這些傲慢的歐洲學者沒有經驗，也沒有創意。一位日內瓦土木工程師在山中看過冰川，而且相當大膽，在十九世紀初就想到是冰川帶來這些怪異圓石。這個荒謬的假設當然不被當時的科學界接受。只有一位年輕的地質學教授阿加西(Louis Agassiz)能夠接受冰川時期這個令人驚訝的假設。

阿加西研究化石魚群的成果使他成為國際知名學者，也獲得同儕的敬重。萊伊爾在牛津大學的老師巴克蘭前往瑞士，觀看阿加西蒐集的化石魚，但阿加西帶他到伯恩茲阿爾卑斯山去看冰川冰磧石。這位「地質學教宗」終於相信，而這位來自納沙泰爾的年輕教授於一八四七年受邀參加英國科學促進會的會議，向驚訝的聽眾發表他的發現。

萊伊爾無法和阿加西爭辯，但他貶低了這個發現的重要性，即席提出冰川只是區域現象。

萊伊爾繼續表示，沒有所謂的冰川時期。他假定兩極曾經發生漂移，並且認為冰磧石出現在阿爾卑斯山上時，歐洲位於北極圈內。這位傑出專家沒有說服這位瑞士民主主義者，阿加西沒有放棄他的大膽的學說。他從歐洲前往新世界，發現大陸冰川作用是全球變遷的現象。以前曾出現冰川期，地球各地氣候變得比較寒冷。事實上，冰川期中還分為數次冰期與間冰期。萊伊爾對世界一成不變的假設，早在他的《地質學原理》最後一版發行前就已被證明是錯誤的。儘管如此，萊伊爾的錯誤看法依然被當作真理。我在一九四〇年代開始學習地質學時，還學到萊伊爾的均變論，當時冰川期理論早已成為典範。

達爾文的錯誤

《物種原始》一書出版於一八五九年，但達爾文年輕時乘坐小獵犬號考察時，就有了演化的構想。達爾文注意到地球上的生物外貌有改變，表示生物會演化。事實上，生物演化的概念是他的祖父伊拉斯摩斯所提出，在達爾文的時代廣為流傳，但沒有足夠的理論來解釋演化的原因。萊伊爾曾說，地球環境沒有實質改變。但是，地球上的生物確實改變了。如果環境沒有改變，生物為什麼會改變？造成改變的因素是什麼？達爾文感到很困惑。

居維葉假設地球環境上曾經發生災難性的變化。拉馬克（Jean-Baptiste Auguste Lamarck）將演化改變解釋為適應環境改變的結果。在拿破崙失敗之後，英國人達爾文沒有興趣接受法國人革命性的說法。英國也比較保守，他們不喜歡革命，甚至連改變都不喜歡。在大不列顛強權世界中，英國臣民輕易地接受萊伊爾的神話，相信世界沒有改變。

達爾文推翻了拉馬克主義。他在《物種原始》中指出：「演化和環境變化無關」。接下來他必須透過不同種類的生物交互作用創立演化理論。

達爾文不怎麼尊重古生物學家，也誤解了地球生物史上的化石紀錄。他不理會大規模滅絕和爆炸性演化的科學證據，而宣稱演化改變一直是緩慢漸進的。他以馬爾薩斯的論點來解釋演化：只有具優勢的種族可在生存奮鬥中保留下來。華萊士（Alfred Wallace）也讀過馬爾薩斯的著作，並提出相同的理論。生物外型在天擇之下不斷演化和進步。以智人這個物種而言，進步已經達到頂峰。由於大英帝國的優勢地位，達爾文的理論主導全世界一百五十多年，而且即使他的解釋已被科學證明是錯的，他的主導地位依舊不變。

演化是地球生物的歷史，歷史上有舊物種滅絕，也有新物種形成。著名古生物學家勞普（David Raup）估計，曾經存在的物種有百分之九十九以上已經滅絕。演化理論必須同時解釋滅絕和形成，但達爾文不願花心思處理舊物種消失的問題。他認為適應較差的種族一定是被最接近的物種消滅。達爾文思想造成種族主義，並為德國的國家社會主義提供虛假的科學基礎。

達爾文不理會化石紀錄，或是地球生物史上的實際證據。他不負責任地表示地質紀錄有缺陷。依據他的看法，大規模滅絕是人為的記錄不完全。現在科學研究已經證明他的看法是錯的：大規模滅絕事件曾經一再發生，而決定物種死亡或存活的不是天擇而是環境變化。

達爾文被他的地質學家朋友萊伊爾誤導，相信地球環境從未改變。達爾文必須找出促成因素，而物種間競爭的天擇則是當時唯一合理的假設。達爾文思想帶來災難性的後果。人類經歷兩次世界大戰，曾經發生大屠殺，直到現在仍有戰爭和種族淨化。二十世紀人類遭逢的悲劇，都是由於政治領袖抱持的達爾文信條。但現在學校裡仍然教萊伊爾的均變論和達爾文的演化論，完全不理會二十世紀地質學和古生物學的進展。

達爾文是錯的，但達爾文主義像福音一樣廣為流傳，因為倫敦是世界的知識首都。適者生存立刻被奉為自然定律，將資本主義的無情競爭加以合理化。達爾文的著作對馬克斯而言也「非常重要」。它正合馬克斯的意，因為人類史上階級鬥爭的馬克斯主義思想可以獲得「自然科學觀點」的支持。二十世紀最初幾十年，美國學術圈相當流行社會達爾文主義，同樣的思想還形成了德國的國家社會主義的理論基礎。

當然，達爾文不可能為打著他的名義所做的所有壞事負責。就如蕭伯納曾經說過，達爾文只是運氣好。因為是達爾文主義對很多人自私行為有好處，那他們都可以用這個主義來爭權奪利。達爾文的好運卻是整個社會的厄運。現在我們知道促成演化的因素不一定是競爭，我們不需要宣揚無情鬥爭求生的心念。促成演化的因素是與環境變化有關係。生物滅絕的原因是棲息地遭到破壞，可能是緩慢漸進，也可能是快速毀滅。生態棲位釋出為新生物外型提供適應和演化的機會。

生態棲息地為什麼遭到破壞？造成這類環境變化的力量又是什麼？

地球是活的，還好有蓋亞

金星是死的。它的表面溫度超過攝氏六百度，簡直就像是煉獄。火星也是死的，表面溫度低於攝氏零下一百度，地表也沒有水可以維持生命。我們的地球是活的，而且有生物居住的時間至少已有三十五億年。由於海洋從未沸騰也沒有完全結冰，因此地球上的生物從未完全滅絕。

行星表面溫度取決於(一)接收到的太陽輻射熱、(二)行星表面反射散失(反照率效應)的太陽輻射熱、(三)溫室氣體(二氧化碳與甲烷)保留在行星大氣中的反射太陽輻射熱(即溫室效應)。

太陽系剛形成時，太陽提供的熱不多，氣候學家估計早期地球大氣的溫室效應應該比現今強六百倍，才能使全球氣溫維持在目前的範圍。三十億年前，太陽輻射熱快速增加，達到目前的程度。但太陽輻射熱還是有變化，有幾位科學家發現證據，認為太陽能能輸出的變化可能是近二十億年造成地球氣候重大轉變的因素。

洛夫洛克(James Lovelock)認為反照率效應是影響地球氣候的重要因素。他使用白色和黑色雛菊的隱喻和寓言，提出蓋亞假說。白色雛菊在世界上占大多數時，反照率會變得相當大，全球氣溫降低。洛夫洛克預測全球冷化造成的生態影響，是減少白色雛菊的族群數目減少，使黑色雛菊在地球上的分布範圍加大。黑色雛菊占大多數時，反照率會降低，造成全球暖化，氣候變化則會導致白色雛菊增加。

洛夫洛克以兩種虛構植物交替主導世界的假設，闡述一種怪異吸引子的概念：各種物種的興起和消失，形成了回饋機制，使地球成為自組織系統。洛夫洛克的構想相當流行。

但是白色雛菊是白的，而黑色雛菊是沒有的。洛夫洛克只是做一個比方而已。洛夫洛克的構想很有吸引力的原因，是蓋亞假說的本質是將地球視為「自組織系統」。古生物紀錄顯示固定碳和釋出碳的兩種生物交替統治地球，這兩種生物可以視為洛夫洛克所說的白色和黑色雛菊。蓋亞在實際世界中的怪異吸引子不是太陽能反照率，而是太陽能吸收力或溫室效應。我在一九九八年發表氣候與地球生物史之間的關聯。我發現了生物演化的過程調節地球溫度[2]。

在金星上，由行星內部釋出二氧化碳的速率高於由重力圈散逸的速率。如此累積數十億年後，金星大氣中的二氧化碳濃度非常高，可說和煉獄一樣。火星的二氧化碳成長率則是負數：散逸速率高於由火星內部釋出的速率。因此溫室效應無法維持適合居住的表面溫度，僅存的二氧化碳又結凍成乾冰，更使狀況雪上加霜。

地球大氣中的溫室氣體濃度一直在變化，這種變化是不斷改變的地球生物外型調節地球氣候的方式。生物生存時使用二氧化碳和水製造糖，生物死亡後屍體腐爛，再變回二氧化碳和水。在理想的碳循環過程中，生物死後釋出的二氧化碳應該等於消耗的二氧化碳。如果生物過程沒有作用，地球大氣應該會充滿火山釋出的二氧化碳。但實際上這個過程不是完全理想的，生物死後有部分屍體變成化石，成為碳化合物。舉例來說，在沿海沼澤中，植物殘骸會被碳化。在潮汐灘地，藍菌和綠菌會形成海藻叢，沉澱出碳酸鈣。固定碳的過程是地球上最常見的沉積過程：來自死亡植物的碳變成煤，類綠菌沉澱出來的礦物質則形成石灰岩。

---

2 我認為地球是自組織系統，透過生物演化進行調節的理論，是於一九八七年對英國科學促進會的演講中提出，專文發表於*Is Gaia Endothermic?*（Geol. Mag. 129, 129-141, 1992）和*Gaia and Cambrian Explosion*（Nat. History Museum, Taichung, Taiwan, 51 pp., 1996）。本章是針對一般讀者介紹科學理論。其中有許多可能違反一般直覺的敘述，有疑問或感興趣的讀者請參閱以上這些科學專文中列出的參考資料。

地球化學證據顯示，地球大氣中的二氧化碳從來沒有過多，也沒有過少。地球上的碳循環可以比做市場經濟中的貨幣循環。貨幣過多會造成通貨膨脹。利率提高會抑制借貸，因此可將貨幣保留在聯邦儲備銀行，造成通貨緊縮。通貨緊縮可能造成經濟衰退，甚至導致經濟蕭條。因此銀行必須適當介入，適時降低利率，再度提振經濟。以科學名詞來改寫這段經濟文字，我們可以說大氣中二氧化碳過多會造成地球溫度上升。在地球氣候過熱之前，可能影響埋藏化石碳的生物會統治地球。這類生物可說是「冷氣機」，它們能除去大氣中的二氧化碳，降低全球溫度。全球冷化最後可能導致冰川時期來到。不過蓋亞一定會介入，在適當的時候，造成溫室氣體增加的生物會演化出來，統治地球，這類生物可說是「暖氣機」。地球上的生物演化就是「冷氣機」和「暖氣機」兩者交替，形成與調節地球上的氣候改變。

金星是死的。如果以往上面曾有生物，那麼這些生物由行星碳循環中取出火山釋出二氧化碳的效率顯然不夠高。金星變得越來越熱，可能曾經存在的生物都滅絕了。火星也是死的，但幾十億年前或許有生物存在。火星最早的生物可能是某些細菌。不過，火星的二氧化碳持續流失，溫室效應不足，無法防止火星冰封。最後火星死了，生物也無法繼續存活。

火星死亡的時間可能是三十億年前。當時太陽輻射的能量比現在少了許多。沒有溫室氣體的有效保護，火星隨之死亡。地球逃脫了火星的命運，當時地球的大氣溫室效應一定強了數百倍。當時的溫室氣體是什麼？蓋亞又是怎麼做到的？

地球仍健在都是蓋亞的功勞

氣候是我們生存的重要環境因素。生物無法在金星的高溫下生存，也無法在火星的酷寒中生活。地球上有生物，因為蓋亞給了我們「地球調溫器」。世界上的海洋從未沸騰，也從未完全結冰。

我推測蓋亞的調溫器是能調節地球大氣中溫室氣體濃度的生物。溫室氣體如果消失，地球會成為「冰室」，形成大陸冰川。如果溫室氣體太多，地球又會變成「暖室」，使兩極地區冰帽融化。因此，生物的碳循環扮演重要的角色，避免了地球完全冰封或完全無冰。

大陸冰川來到之後留下冰磧石當作證明。代表北半球上次冰川期的冰磧石在斯堪地那維亞、歐洲中部和北美地區都曾發現。代表更外古代冰川作用的冰磧石在古老的岩層中也可找到。有些是區域性，有些則分布得相當廣，必須視為全球顯著冷化的證據。最近一次全球冰川期是更新世，這個時期地球上的生物外型與現在最接近。在這次冰川期之前，三億到三億五千萬年前至少有一次冰川期，六億到六億五千萬年前還有一次。三億年前稱為石炭二疊紀，因為代表冰川作用的冰磧石是在所謂的二疊紀和石炭紀岩層中發現。六億年前則是前寒武紀。

冰川時期不是連續長時間的寒冷氣候。更新世為時約二百萬年，但不是一直非常寒冷。歐洲和北美地區只有在冰期時才覆蓋在大冰帽下。冰期之間有間冰期，間冰期的氣候比較溫暖，甚至可能比現在還溫暖。事實上，目前我們有可能是生活在間冰期，未來可能還會出現冰期。

目前我們將冰期和間冰期交替出現歸因於控制地表太陽輻射熱通量的天文因素。不過一定還有根本的原因，因為地球的氣候必須冷卻到一定程度，天文因素才能引發冰期與間冰期交替出現。根據許多地質學家的看法，上一次冰川期的根本原因，是近1億年間地球大氣中的溫室氣體減少。但是另一種學說認為，溫室氣體增加，造成北極洋積冰融化，而冷濕空氣流到高北緯度，造成大雪堆積而成大陸冰川的冰期。

目前大氣中的二氧化碳濃度僅約為百分之〇．〇三。二氧化碳能吸收太陽輻射熱，就如溫室的玻璃一樣，使大氣溫度提高。理論計算顯示大氣中的二氧化碳增加一倍，會使地表溫度提高攝氏好幾度。如果大氣中沒有二氧化碳，地球表面溫度將會降低。我們有科學證據證明大氣中的二氧化碳與氣候有關，但二氧化碳的濃度為什麼會改變？

這個變化是為了平衡供給和需求。地球二氧化碳的根本來源是火山噴發。如果火山噴發物質全都進入大氣，那麼大氣中的二氧化碳將在幾千年內增加一倍。即使一部分火山噴發物質從地球大氣散失到太空去，大氣中的二氧化碳仍然會增加。金星上應該出現過這樣的穩速增加現象，但地球歷史上卻沒有出現過這種現象。地球大氣中的二氧化碳濃度在近四十億年間有高有低，但一直維持在一定限度內。

這是為什麼？

我修改了蓋亞假說，不是白黑雛菊而是二氧化碳量是受地球統治生物控制。火山是碳的供應者，而生物是消耗者。舉例來說，光合作用植物會在細胞內將大氣中的二氧化碳轉換成碳水化合物。生物死亡後，組織腐爛，又轉換成二氧化碳和水，再釋回大氣中。不過前面曾經提過，死亡組織不一定會完全氧化。來自火山的二氧化碳年輸入量，大致和沉積物中碳化合物的沉積量相當。因此就整個地球歷史而言，大氣二氧化碳濃度從未大幅波動。不過，因為不同生物的種類的發展，而且火山噴發和碳沉積之間也不是完全平衡。大氣中的二氧化碳濃度因此也可能會隨地球統治生物外型演化而提高或降低。

蓋亞的「怪異吸引子」

地球化學研究顯示，近三十五億年間，地球上的活生物總量大致相同，但在演化過程中，活生物的種類一直在改變。由空氣中的二氧化碳吸收碳，再將碳埋藏在地下的生物，是蓋亞的「冷氣機」。將碳化合物轉換成二氧化碳或甲烷，加強大氣溫室效應的細菌，則是蓋亞的「暖氣機」。

金星和火星沒有這樣的「冷氣機」或「暖氣機」來調節表面溫度。金星現在溫度極高，火星則溫度極低。地球之所以適於居住，是因為地球生物的歷史可以看做「冷氣機」和「暖氣機」來來去去的歷程。

剛開始，大約四十億年前，地球上生物極少或完全沒有。火山產生二氧化碳的速率相當高，原始世界的大氣幾乎和金星相同，溫度高到無法居住。

這時蓋亞介入了：要有「冷氣機」。

原始大氣含有氮化物、二氧化碳和甲烷，但是沒有氧。唯一能在這種極度缺氧環境下生存的生物是厭氧細菌。厭氧細菌死亡後，殘骸應該再變回二氧化碳和水，但有一部分成為化石，變成有機碳埋藏在地下。埋藏速率略高於火山釋出的速率，結果造成大氣中二氧化碳逐步減少以及全球冷化。

到了三十億年前，厭氧細菌的「冷氣作用」太強，危險的寒冷威脅隨之而來。

蓋亞再度介入：要有「暖氣機」。

產甲烷菌就是暖氣機。這種細菌食用缺氧環境中的碳酸鈣，製造甲烷，這種溫室氣體的效果甚至比二氧化碳還好。十五億年後，地球又太熱了。

蓋亞必須第三次介入：世界又需要冷氣機了。

藍菌，或稱為藍綠藻，現在在潮汐灘地形成海藻叢。它們行光合作用時造成石灰泥沉澱，石化後變成石灰岩。六億年前，藍菌同樣效果太強，地球又幾乎變成大雪球。

蓋亞再次介入：要有「暖氣機」。

軟蟲和類似水母的動物變多了。它們將逐漸居於主導地位，軟蟲仍以吃藍綠藻維生。現在這幾種「暖氣機」攜手努力，打贏了戰爭。地球進入和暖時期，「寒武紀大爆炸」即將展開。冰川作用結束時，也是軟體動物統治地球的時間。這種動物稱為「艾迪卡拉」，名稱源於初次在澳大利亞發現這類化石的地點。

艾迪卡拉破壞了四處可見的海藻叢群落，結果造成二氧化碳釋入大氣和鈣進入海洋。現在艾迪卡拉也做得太過份了，地球太熱了，蓋亞又必須製造「冷氣機」，演化發展似乎出現了生物「大爆炸」。

真的有大爆炸嗎？

多年以來，寒武紀地質岩層以下一直沒有發現過化石。一般認為生物是在五億五千萬泥前寒武紀開始時突然出現。不過令人困惑的是，動物界絕大多數族群都有化石出現在寒武紀。似乎這些不同生物是同時出現，「寒武紀大爆炸」一詞也是用來描述這種現象。即使是古爾德(Stephen Jay Gould)這類新演化論者，也認為生物是突然出現。

宗教基本教義派緊抓這個證據，論為這就是上帝同時創造所有生物的證據。

不過，所謂的大爆炸只是表象，而不是事實。地球生物實際上誕生於三十五或四十億年前，連動物也是十億年前開始演化。不過，身體沒有堅硬部分的動物很少形成化石。隱藏在潮汐灘地底下的軟蟲，留下了形成化石的軟蟲蹤跡。首先發現的骨骼化石是海綿，矽質的針狀體在八億年的岩石中形成化石。當時海水是對矽質能飽和，對碳酸鈣不能飽和，所以不能有普通的碳酸鈣的骨骼化石。

中國和世界各地近年來發現許多軟質部分印在泥土上的化石，在不同時間出現，這些新發現顯示，某些最初出現在寒武紀的骨骸化石，其實已經演化了五億年，只是它們的祖先沒有鈣質骨骼。「寒武紀大爆炸」不是生物突然出現。「大爆炸」只代表生物構造的革命性發展，而這項發展是起因海水突然碳酸鈣飽和，所以許多生物能以用它來做骨骼化石而可保存下來。有骨骼生物突然出現，也可能不是巧合。它們之所以如此演化，是因為蓋亞需要冷氣機。

在「寒武紀大爆炸」之後，生物繼續發展。堅硬部分的型態不斷改變，出現了許許多多新物種。改變一直是漸進的。偶爾環境會出現嚴重干擾，發生大規模滅絕。最後存活者的後代找到棲位，重新在世界上生活下去。

早期古生代相當溫暖，蓋亞需要更多「冷氣機」，因此出現了陸地植物。溫暖的低地樹木叢生。樹木不斷生長，由空氣吸收二氧化碳，樹木死亡，碳變成煤埋藏在地下。

蓋亞的冷氣機再度做得太過頭。熱帶森林在石炭紀生長時幾乎完全耗盡大氣中的二氧化碳，結果導致三億五千萬年前的石炭二疊紀冰川期。

蓋亞的「暖氣機」演化出來了。熱帶森林在冰川期酷寒中無法存活，被凍土植被和沙漠植物取代。稀少的植物死亡後，它吸收的二氧化碳也能送回大氣，火山活動則提供更多的溫室氣體。地球溫度可以再次提高。兩極冰帽融化，陸棚海洋淹沒了大陸。

極端溫暖的氣候並沒有形成良好的居住環境。海洋的熱分層現象造成週期性洋流停滯。氧通常藉助海洋循環由海面到達深處，供海底的需氧生物呼吸。一億到一億五千萬年前的停滯現象，造成海水缺氧，危害海洋生物，最後導致海底動物大量死亡。

蓋亞又必須介入了！它再度找來已有相當效果的「冷氣機」─樹木，不過這次是另外一種，也就是顯花植物。光合作用吸收大氣中的二氧化碳。另一種「冷氣機」──鈣質浮游生物也演化出來了。這種分布極廣的微生物吸收海水中的碳酸鈣，形成石灰岩。

植物和鈣質浮游生物造成大氣中的二氧化碳耗盡。近一億年間，全球溫度逐漸降低。最後到四千萬年前，南極冰帽形成擴大。南極冰帽的開始擴張、南極底流（AABW）也使溫度更加降低。不僅如此，南極底層水的流動更將營養帶到熱帶，使鈣質浮游生物更加茂盛，更進一步減少地球溫室氣體。地球越來越冷，終於二百萬年前大冰川期來臨，北半球各大陸開始冰封。

時間與機會

蓋亞穩定了地球氣候。厭氧細菌於三十五億或四十億年前開始降溫。產甲烷菌由三十億到三十五億年前開始加溫。接著是藍菌降溫，持續到六億年前。艾迪卡拉動物群介入，使地球沒有變成大雪球。全球暖化可能相當快速，五億五千萬年前發生了寒武紀大爆炸。無脊椎動物首先演化出來，接著是脊椎動物，最後是陸地植物。熱帶沼澤變成煤，三億五千萬年前，大氣中的二氧化碳幾乎完全耗盡。冰川前進，地球大部分地區被冰雪覆蓋或變成凍土或荒漠。火山供應的二氧化碳沒有完全被固碳生物吸收，蓋亞的溫室恢復作用。氣候變得非常溫暖，所以顯花植物和鈣質浮游生物於一億五千萬年前開始演化，蓋亞最新的冷氣機效果相當好，最後二百萬年前大冰川期來臨。現在我們智人統治地球，一直在燃燒化石燃料。我們人類是蓋亞最新的暖氣機嗎？

蓋亞的怪異吸引子造成的氣候變遷有歷史的必然性。不過，寒冷與溫暖時期持續的時間都比歷史上的氣候時期長得多，循環也不規則得多。蓋亞的溫室會不會也受到機會的特性一再干擾？會不會就如環保人士所說，海洋中的浮游生物有一天會全部死亡？地球氣候會不會熱到海洋沸騰，讓各種生物都無法生存？

沒錯，生物史上確實有機會的特性。地質史上有短暫的「死劫海洋」時期[3]。但是海洋從來

[3]「死劫海洋」這個詞指的是地質史上近乎完全沒有生命的海洋。原文Strangelove源於一部科幻片中想發動核子戰爭的角色「奇愛博士」。參見K.J. Hsu and J.A. McKenzie, 1984, "A 'Strangelove' Ocean in the Earliest

沒有沸騰過，蓋亞自然有辦法保護地球。

不巧的是，六千五百萬年前白堊紀末期，一枚彗星撞擊地球。撞擊坑洞直徑超過二百公里，蕈狀雲應該高達數公里。當時造成連續數年黑暗，地球上所有光合作用全都停頓，包括海中的鈣質浮游生物。落塵污染導致海洋酸化。ＰＨ值改變使浮游生物無法繁殖。生物幫浦故障，使大氣充滿二氧化碳，造成溫室暖化。這種狀況曾被環保人士引用，藉以警告大眾溫室災難的危險[4]。

> 如果殺死海中所有浮游生物，或使海洋溫度太高，讓浮游生物無法生存(因為浮游生物需要涼爽環境)，海洋就無法吸收更多二氧化碳，那會怎麼樣？請證明！這會使海洋溫度更高，殺死更多浮游生物，溫度再提高，殺死更多浮游生物，溫度再提高，形成連鎖反應⋯我們造成氣候改變的速度超過自己的想像。

這個恐怖景象其實太過誇大，因為還有蓋亞。

的確，鈣質浮游生物停止生產應該會引發食物鏈崩潰。海洋生物族群應該會大幅減少。如果這個狀況到達頂點，海洋可能幾乎毫無生氣，形成死劫海洋。

Tertiary," *Am. Geoph. Union. Geoph. Mono.*, 32 pp. 482-492.

4 這篇環保人士的演講詞 "The Future of Human Kind on the Planet Earth" 由Daniel Gish謄錄。

地球歷史上發生過這種狀況嗎？

有。六千五百萬年前曾有死劫海洋。發生在地質史上其他幾次生物危機時。科學家研究海洋生物骨骼的碳同位素成分時發現了證據[5]。

它是否造成氣候迅速變化？

是的。生物危機發生後，海洋溫度在數百年或數千年間提高了攝氏五度左右。科學家研究海洋生物骨骼的氧同位素成分時發現了證據[6]。

海洋曾經沸騰過嗎？

沒有。海洋從未沸騰過。海洋溫度迅速提高後會迅速下降，因此十萬年間的平均值和正常的平均值相差無幾。

蓋亞如何防止溫室災難？

鈣質浮游生物大量死亡後，養分沒有消耗，累積在海水中。因此造成某些浮游生物大量增加的條件。它們的生物功能是減少大氣中的二氧化碳，以及穩定海水的酸性。科學家研究生物危機後沉積物中的浮游生物群聚時發現了這種科學證據[7]。

---

5 K.J. Hsu and J.A. McKenzie, 1990, "Carbon-isotope anomaly at era boundaries," *Geol. Soc. Am. Spec. Paper* 247, pp. 61-70.

6 K.J. Hsu, 1980, "Terrestrial catastrophe caused by cometary impact at the end of Cretaceous," *Nature*, 285, pp. 201-203.

7 K.J. Hsu, 1988, "Cretaceous/ Tertiary Boundary Sediment," *Geol. Soc. America, Special Paper* 229, pp. 143-154.

彗星撞擊是否曾經能造成長期影響？

當然有！六千五百萬年前白堊紀末期，地球遭到彗星撞擊，海洋中的鈣質浮游生物幾乎完全滅絕。兩極地區的養分仍被送往熱帶水域。另一種吸收矽土而不吸收碳酸鈣的單細胞生物放射蟲，成為主要浮游生物。由於它們不由大氣吸收二氧化碳，因此大氣的溫室效應越來越強。全球溫度持續上升約二千五百萬年，我們可以說蓋亞的冷氣機故障了，一直到四千萬年前始新世末期才恢復。最後，鈣質浮游生物族群復原，氣候恢復冷化，造成最近一次冰川期。

蓋亞是幾億年週期性的調溫器，但蓋亞的溫室不是我們唯一的。太陽神也有週期，她也可以有千百年週期性變化的調整地球的溫度。

| 第十一章 |

太陽與氣候

在為時數十年乃至數百年的長時間自然氣候變遷中，太陽扮演重要的角色。

——D.V. Hoyt & K.H. Schatten, *Role of Sun in Climate Change*

近年來的觀測顯示日射量(solar irradiantce)會隨太陽黑子循環週期變化，黑子週期越長，日射量越低；黑子週期越短，日射量越高。起初很小的差距經過回饋機制放大，造成多次高頻率的氣候變遷循環。將這些因素綜合起來之後，就是科學上有紀錄、人類歷史上也可印證的一千二百或一千三百年循環。

太陽的關聯

我從一九九四年開始追尋歷史上氣候變遷的根本原因。氣候變化模式已經相當清楚：從近五千年歷史上發生的四次小冰川期可以看出，先是六百多年的全球冷化，接著是六百多年的全球暖化[1]。

這些歷史上氣候變遷的原因究竟是什麼？

影響地球氣候的三個變數分別是溫室效應、反照率效應，以及太陽能輸入。蓋亞的溫室或許產生了造成冰川期的重大變化，但冰川期每隔幾億年就會出現一次。但在每一個冰川期時代還有幾萬年週期的冰期和間冰期。舉例來說，在更新世冰川期中，氣候是以二萬三千年、四萬年和十萬年的週期在冷暖間擺盪。這些週期與米蘭科維奇循環有關，也就是在地球環繞太陽運行時，太陽能輸入值會有變化[2]。氣候與太陽循環之間的相關性，顯示出太陽的關聯。但是

1 曼德布洛特(Benoit Mandelbrot)在《大自然的碎形幾何》一書中將舒適和寒冷時期稱為「約瑟效應」，源於《聖經》中約瑟夫在埃及時經歷七年欠收後隨之七年豐收的故事。這個週期是比較短的。

2 J.D. Hays, J. Imbrie, and N.J. shackleton, 1976, "Variation in the Earth's Orbit: Pacemaker of the Ice Ages,"

歷史上一千二百年或一千三百年的週期顯然太短，無法以蓋亞的溫室效應或米蘭科維奇循環來解釋。另一方面，為時一千年左右的交替間隔，又顯然比聖嬰現象、太陽黑子或乾旱的循環週期長上許多。歷史上的變化相當顯著，在冰核、山岳冰川的前進和退卻、湖泊水面的上升和下降，以及冰川冰塊或湖底沉積物中的塵土層中，都可以觀察到相關的紀錄。這些變化對文明史和語言的擴散都有很大的影響，在某種程度上也影響了人類的演化。

電腦專家曾經計算近年來大氣二氧化碳增加所造成的溫室效應。不過，他們的假設沒辦法用於解釋歷史上很少燃燒化石燃料的時代為何也有氣候變化，也沒辦法解釋大氣二氧化碳濃度變化的證據。再排除了溫室效應之後，剩下的可能性只有地球的反照率及／或太陽能通量的變化。

我和加州理工學院的翁玉林教授討論過這個問題，他跟我提到他的海王星光度研究工作。近幾十年來，有三次光度循環與太陽黑子週期有關[3]。行星的光度就是行星反照率效應的值，因為太陽能被反射，會使行星的光度增加。翁教授考慮一個可能性：由太陽黑子週期形成的循環性太陽能流量，加上由行星光度可以看出的反照率回饋機制，造成了地球歷史上的氣候變化。

但變化是怎麼產生的？有沒有證據可以證明太陽與氣候有所關聯？

Science, 194, 1121-1132. 另外一本針對一般讀者撰寫的優秀書籍 *Ice Ages: Solving the Mysteries*，作者為 John and Kathryn Palmer Imbrie，出版於一九七九年。

[3] J.I. Moses, M. Allen, and Y.L. Yung, 1989, "Neptune's visual albedo variations over a solar cycle," *Geophys. Res. Lett.*, v. 16, pp.1489-92.

尋找太陽黑子週期和氣候的關聯曾經是相當受喜愛的休閒娛樂。亨廷頓（Ellsworth Huntington）就曾經寫過這方面的書[4]。他引用許多不正確的資料，得到很少人敢再提起的許多可笑結論。最後提出氣候隨太陽活動變化的理論。亨廷頓的理論是錯了，但二十個世紀以來科學已經進步很多了，太陽的關聯還是沒有能排除[5]。

我聯絡了蘇黎世瑞士聯邦理工學院天文學教授史坦弗羅（Jan Stenflo）。史坦弗羅相當謹慎，他認為太陽活動的小幅年度變化應該不會對全球氣溫有直接影響。但另一方面他也同意，太陽的影響不是線性的，些許異常可能觸發回饋機制。舉例來說，週期性的反照率變化可能形成雪球效應。太陽黑子活動造成反照率提高，導致冬季提早下雪。冰雪覆蓋的地表反照率提高，又造成氣溫進一步下降。如此持續一段時間後，原本無足輕重的太陽變動，就可能使地球氣溫大幅降低。史坦弗羅還進一步讓我注意到克里斯汀森（Friis-Christensen）和拉森（Lassen）最近的發現。這兩位丹麥科學家發現，近一百五十年來的全球氣溫週期變化確實與太陽有關聯[6]。

我們都知道二十世紀的全球平均氣溫和溫室效應無關。大氣二氧化碳濃度一直在提高，但其中有數十年的全球冷化，使二十世紀的全球暖化趨勢中斷。一九六〇和一九七〇年代的冷化

---

4 Hungtinton, E., 1923, *Earth and Sun: An Hypothesis of Weather and Sunspots*, New Haven: Yale Univ. Press, 296 pp.

5 參見D. V. Hoyt and K. J. Schatten, 1997: *The Role of the Sun in Climatic Change*, Oxford: Oxford Univ. Press, 279 pp.

6 Gribbin, J., “Climatic change – the soloar connection,” *New Scientist*, 23 November, 1991, p. 22.

時期，造成了不小的恐慌。有幾位作者預測小冰川期即將來臨[7]。不過全球平均氣溫又開始上升時[8]，這些書很快就淹沒在「溫室災難」的集體歇斯底里中。

菲利克斯（Robert Felix）最近寄給我一本他寫的書，書名是《不是火而是冰》[9]。他在書中告訴我們，我們看到雪花應該感到害怕，因為下一次冰川期可能隨時會開始！可能是下星期、下個月、明年，冰川期一定會到來，只是時間問題。菲利克斯以自己不隸屬於任何大學、科學機構或企業為榮，但也就是因為他沒有這些身分，所以他的書學術水準不夠。儘管如此，這本書的出版，更凸顯出這個題目的爭議性：到底全球是在暖化，還是小冰川期即將來到？最近我很驚訝地發現，許多專家也有這樣外行的看法。前國際海洋物理科學學會書記長史提芬生在報告中提出四百五十位科學家在五次氣候變遷研討會中的結論，表示過去一百四十年來海洋沒有暖化的趨勢[10]。史提芬生的說法當然太過極端。二十世紀的全球暖化現象已經相當明確。不僅如此，我們還必須解釋過去的溫暖與寒冷時期。排除其他可能性之後，剩下的只有太陽關聯這個假設。

7 Lowell Ponte, 1976, *The Cooling*, Prentice Hall, London, 306 pp; R.A. Bryson and T.J. Murray, 1977. *Climate of Hunger*, Univ. Wisconsin Press, Madison, Wisc., 171 pp.

8 S.H. Schneider, 1990, *Global Warming*, Vintage Books, New York, 343 pp.; R. Gelbspan, 1997. *The Heat is on*, Addison-Wesley, New York, 278 pp.

9 R.W. Felix, 1977, *Not by fire, but by Ice*, Sugarhouse Publishing, Bellevue, WA, 254 pp.

10 R.E. Stephenson, *The American Almanac*, October, 1977.（www. members.tripod.com/-american_almanac/sources.htm）

太陽黑子極小期

希臘的默冬(Meton)認為在太陽上的黑點較多時，希臘下雨的日子也比較多[11]。從此以後，許多人提出了太陽黑子與氣候的各種關聯，有的是對的，有的則是錯的。其中有一個通過考驗獲得普遍認可的說法，是兩百年前由施瓦貝(Heinrich Schwabe)所提出。他發現太陽表面黑點數目有變化，而且其變化有循環性。後來史密斯(C.P. Smyth)和史東(E.J. Stone)發現太陽黑子數目和全球氣溫呈負相關，他們以為太陽黑子較多時，氣候比較寒冷。其他人並不贊同，有數百篇論文跟著發表。其中以柯本(Vladmir)的論文最為傑出。他將訊號和雜訊分離後，發現不僅有負相關的時期，也有正相關的時期：

一六〇〇—一七〇〇年，負相關
一七二〇—一八〇〇年，正相關
一八〇〇—一八四〇年，負相關
一八四〇—一八八〇年，正相關
一八八〇—一九二〇年，負相關
一九二〇—一九六五年，正相關

11 如需參閱此處及以後討論的參考資料，請參見Hoyt and Schatten，同前書。

正相關間隔一百二十年或八十年再次出現，而負相關則是間隔二百年或八十年再度出現。看起來似乎有某種循環性，但訊號太過複雜，難以理解。

不僅是不同時間間隔的資料有不同的相關性，正負轉變似乎也與風向有關。舉例來說，拉必茲(K. Labitze)和魯恩(H. van Loon)發現，吹西風時，太陽活動和兩極氣溫呈正相關，吹東風時則是負相關。為什麼會這樣，沒有人知道！

除了太陽黑子數目的循環，還有時間長達兩倍、四倍乃至於八倍的氣候循環。其中最為人所知的是美國西部、歐洲和非洲地區的二十二年乾旱循環，資料可上溯到西元一千六百年。從尼羅河紀錄和中國與中世紀觀測紀錄所得的統計數字，可以得到稍有不同的結論：有為時十—十二年和二十—二十二年的短週期，也有為時七十七年或八十年的長週期。這些變遷可能與太陽能輸入的變化有關，但它的循環太短，沒辦法和造成大規模歷史衝擊的千年循環相比。

中國天文學家從漢朝就已開始觀察太陽黑子。不過有系統的觀測要等到一六〇七年望遠鏡發明之後，才在歐洲展開。從此以後，德國、英國和義大利的天文學家都開始進行研究，但第一個重要貢獻是施瓦貝發現太陽黑子的十年週期。赫爾(George Hale)使用分光鏡分析發現，太陽黑子出現的原因是較低的溫度和強磁場。

傳統上認為太陽黑子是不祥的象徵。蒙德(Ed Maunder)對太陽黑子活動和氣候之間的關係做出有趣的推論。這位英國天文學家指出，西元一六四五—一七一五年，也就是小冰川期最寒冷的八十年間，觀察到的太陽黑子相當少。艾迪(John Eddy)於一九七六年再度讓我們注意到蒙德的發現。他創造出「蒙德極小期」這個詞代表太陽黑子活動最少的時期。艾迪認為在長時間靜止期時，地球溫度降低，而在中世紀氣候最適期太陽黑子活動最多的時期，地球比較溫暖，並於二十世紀再度變得溫暖。

為什麼會這樣？

有一組相關的觀測是全球平均氣溫和太陽黑子週期長度之間的相關性。二十世紀曾經進行經驗性的觀測。克洛(H.W. Claugh)曾經分析西元三〇〇到一九〇〇年的紀錄，發現週期長度不一定是十一年，可能短到七—八年，或者長到十二—十三年。不僅如此，長短週期的交替似乎也有週期性，週期長度為八十三年或三百年。從此以後，太陽週期長度變化和氣候之間的關係已由克里斯汀森和拉森的觀測結果證實。最近兩次全球冷化分別出現於一八七〇—一九〇〇年和一九四五—一九七五年，這兩段時間的太陽週期也較長。這兩位丹麥科學家發現了日射量變化造成這種現象的證據。太陽黑子週期較長，日射量減少時，北半球年平均氣溫較低。一千八百年出現最低攝氏〇・五度的異常現象時，太陽能不足量大約為每平方公尺三瓦，也就是比平均值低了百分之〇・二左右。這樣的能量不足現象再經過回饋機制放大，造成了締造歷史紀錄的溫度差異。

在蒙德極小期時，太陽黑子週期長度無法測量，因為此時完全沒有太陽黑子。它的長度可能是極小期前的時間，延續十五、十四、十二、十五年。在太陽黑子週期特別長的時期，氣候十分寒冷。因此可以返測證實克里斯汀森和拉森的結論：太陽黑子週期較長時，氣候比較寒冷。

還有一個現象可以反映以往的太陽活動，就是碳十四同位素推測日期與實際日期的誤差。

由於以碳十四推測日期所假設的前提是碳十四的生成速率恆定，以及其放射性半衰速率恆定，因此推測日期很可能與由其他方式估算的日期相差很多。科學家也在找尋這類誤差與太陽活動之間的關聯[12]。戴蒙和桑奈特以這種方法確認出五段太陽活動極小期，分別是西元一三〇〇年左右的沃夫極小期、西元一五〇〇年左右的史波爾極小期、西元一七〇〇年左右的蒙德極小期，以及西元一八〇〇年左右的達爾頓極小期。這幾個極小期都是出現在上一次由西元一二八〇—一八六〇年的小冰川期中。相反地，前一段溫暖時期，也就是西元一一〇〇—一二八〇年(中世紀最適期)，則是太陽活動較多的時期(中世紀極大期)。

中國歷史上也討論過太陽黑子活動極小時期。中國歷史和歐洲歷史的資料大致相符，中國的觀測狀況為：

觀測到逐漸增加

一七八〇—一八一八年　觀測到一些，對應於達爾頓極小期(一七八〇—一八二〇年)

一七二〇—一七七九年　觀測到逐漸增加

一六六七—一七一九年　清初極小期，對應於蒙德極小期(一六四五—一七一五年)

一五五六—一六六六年　明末極大期

[12] P.D. Damon and C.P. Sonett, 1991, "Solar and terrestriall components of the atmospheric C-14 variation spectrum," In C.P. Sonett et al. (editors), *The Sun in Time*, Tucson: Univ. Arizone Press, pp. 360-388.

一三八八—一五五五年　明朝極小期，對應於史波爾極小期（一四〇〇—一五五〇年）
一三五六—一三八七年　明初極大期
一二七八—一三五五年　元朝極小期，對應於沃夫極小期（一二五〇—一三五〇年）
一〇七六—一二七八年　南宋極大期，對應於中世紀極大期（一一〇〇—一二五〇年）

對應結果顯示中國歷史資料相當有價值。距今一千年以前的中國歷史紀錄比較不準確。即使勉強算是有週期性，也相當不規則：

九七四—一〇七六年　北宋極小期
八〇七—九七四年　唐末曾經觀測到
五一三—八〇六年　唐朝極小期（五六六—五七九年曾經觀測到）
四七八—五一三年　北魏極大期
四〇一—四七七年　六朝極小期
一八七—四〇〇年　東晉極大期
一七—一八七年　東漢極小期

我們可以從歷史上推斷出來，在兩次小冰川期，也就是西元一二八〇—一八六〇年，以及西元前六〇〇年到西元六〇〇年這兩段時期之間，太陽活動處於極小期，而在中世紀溫暖期時，太陽活動較多[13]。另一方面，兩者之間並沒有很準確的線性相關。

共振與差頻

我於一九九一年在加州理工學院擔任客座教授時認識翁玉林教授。他當時在那裡任教，但每個星期都來聽我的課。幾年之後，我開始研究氣候變遷與太陽的關係時，在美國加州帕沙迪納又遇到他。翁教授幫了我很大的忙，因為他也發現了同溫層雲層厚度和太陽黑子週期間的關聯[14]。他甚至還提供給我科學上的解釋。和雲室中凝結的水蒸氣一樣，同溫層的水蒸氣比較容易在帶電粒子周圍凝結。在太陽活動極小期，較多的帶電粒子可以進入大氣，被地球磁場困在其中，凝結的水蒸氣更多，使雲變得更厚。雲層變厚減少太陽能輸入，使太陽黑子極小期時的全球氣溫降低。經過一連串推論之後，翁教授獲得了結論，我斷定他發現的效應相當小。

「但這個效應可能會被回饋機制放大。」

「什麼回饋機制？」

「例如ＥＮＳＯ。」

「ＥＮＳＯ是什麼？」

「就是聖嬰現象南半球震盪。我們發現雲層循環與ＥＮＳＯ循環有關。」

---

13 K.J. Hsu, 1998, "Sun, climate, hunger, and mass migrateon," *Science in China*, v.41, pp. 449-472.

14 Kuang Zhiming, Jiang Yibo, and Yung Yukling, 1998, *Cloud optical thickenss variations during 1983-1991: solar cycle or ENSO?* J. Geoph. Reserch galley proof copy from Yung.

「但ENSO的週期是二—三年，遠比太陽黑子週期短得多。」

「這就是關鍵所在。你知道傅尼葉分析吧？」

「知道啊，但它跟氣候有什麼關係？」

「十九世紀初的法國傑出數學家傅尼葉發明了一種數學分析方法，證明週期性波動實際上是數個振幅、頻率和相位的正弦波的總和。ENSO和太陽黑子循環是兩個高頻率正弦波，在太陽活動和氣候中還有其他循環。有二十二年週期的乾旱循環、有八十—九十年週期的葛氏循環、有八十五年和三百年太陽黑子週期循環。歷史上氣候變遷的長週期一定來自各種頻率的循環性事件的總和或共振。」

我從帕沙迪納回到家中時相當困惑。我不懂為什麼高頻率振動的共振會產生低頻率，甚至也不確定自己完全了解共振。我翻開字典查了「共振」這個詞，不過沒什麼幫助：「共振」是「發生共振的特性」，而共鳴(指聲音)是「由於振動或反射增強而使音量增加」。

什麼振動？又是什麼反射？

我又查了百科全書。「共振」是定義為物理學名詞：「代表聲音因諧振而延長或增強」。

諧振又是什麼？

我問了我兒子，他是一位職業鋼琴家：

「安德魯，請問什麼是共振？什麼是和諧振動？」

「當你在鋼琴上按出一個音，你聽到了一個聲音，這個基本聲音稱為基頻f_0。但其中不只是這個聲音，另外還有泛音或諧音，頻率是基頻的二倍、三倍或四倍，這些稱為諧振。以音樂術語來講，我們說一個音的高頻諧音和另一個音的高頻諧音是共振。」

「可以舉個例子嗎？」

「你知道和弦是什麼嗎？」

「你是說和音嗎？我不是很懂。」

安德魯走到鋼琴前，彈出一個大三和弦，這個和弦由C、E和G三個音組成。」

他繼續說：「中央C的基頻f_0是每秒振動二六一．六三次。」並在紙上寫下來：

C諧音的泛音頻率為：

f_0、$2f_0$、$3f_0$、$4f_0$、$5f_0$

E諧音的泛音頻率為：

$(5/4)f_0$、$2(5/4)f_0$、$3(5/4)f_0$、$4(5/4)f_0$、$5(5/4)f_0$

G諧音的泛音頻率為：

$(3/2)f_0$、$2(3/2)f_0$、$3(3/2)f_0$、$4(3/2)f_0$、$5(3/2)f_0$

「安德魯，等一下，我跟不上了。E諧音為什麼是$(5/4)f_0$、$2(5/4)f_0$等等？」

「C-E是音程，我們稱為大三度音程。音程是以兩個音的頻率比來表示，這個比例通常是兩個小整數的比例。舉例來說，大三音程的頻率比為5/4，也就是E的基頻與C的基頻比例為5比4。C-G音程是五度音程，頻率比為3/2。C-C的音程當然就是八度，比例為2/1。」

「這跟共振有什麼關係？」

「耐心點，我會講。現在和弦你懂了嗎？」

「懂了，繼續吧。」

「另外一個頻率 f_b 稱為和弦的基礎低音。和弦中每個音的諧音是另一個音的整數倍。C的基頻是基礎低音頻率的四倍，也就是$f_0=4f_b$。」

「等一下，我對數字反應沒那麼快。」

「好，我還是寫下來好了。如果用 f_b 取代 f_0，就可看到

C的諧音頻率為

$4f_b$、$8f_b$、$12f_b$、$16f_b$、$20f_b$、$\underline{24f_b}$

E的諧音頻率為

$5f_b$、$10f_b$、$15f_b$、$20f_b$、$25f_b$、$30f_b$

G的諧音頻率為

$6f_b$、$12f_b$、$18f_b$、$\underline{24f_b}$、$30f_b$、$36f_b$

「現在可以看到，C、E和G的所有諧音都是整數倍，或是基礎低音 f_b 的諧音。」

「按下比中央C低兩個八度的琴鍵時」，安德魯邊說邊按下和弦，「聽見基礎低音和泛音了嗎？」

「那又怎樣？你還沒解釋共振。」

「好，按下CEG和弦時，C的第五諧音的頻率是基礎低音的二十倍，和E的第四諧音的頻率相同，這兩個音就是形成共振的諧振。」

「另外還有C的第六諧音和G的第四諧音共振，還有E的第六諧音和G的第五諧音共

振。」

「這樣表示你懂了。共振會使音量加大。高頻率泛音的共振會使這個音聽起來特別明顯。」

「好，你說比較明顯的高頻循環可能來自兩個以上頻率較低的循環的泛音共振。現在我知道共振是什麼了。高頻率(每兩年半一次)的聖嬰現象南部海洋循環，可能是像太陽黑子循環這類低頻率循環(每十年一次)和某種海洋循環的共振結果。但我想知道的不是這個，我想知道高頻率循環如何結合形成低頻率循環。」

「你想知道的是差頻，而不是共振。」安德魯提出建議。

「那差頻又是什麼？」

「差頻是兩個頻率較高的聲音形成的低頻音，差頻的頻率就是這兩個頻率的差。」

「這是什麼意思？」

「假設我敲一支音叉，它的振動頻率為每秒六次，接著再彈一條弦，振動頻率為每秒五次。除了這兩個聲音之外，我還會聽見低頻雜音，振動頻率是六減五，等於每秒一次。這就是兩個振動的差頻振動。」

「我們在為鋼琴調音時就會聽見差頻，」安德魯繼續說道：「舉例來說，音叉發出的C音頻率為每秒二六一．六三次。聲音不準的鋼琴的C音頻率可能是每秒二五九．二七次。頻率差是每秒二．三六次，這就是差頻的頻率，我可以聽到這個聲音。我聽到差頻時，就調緊鋼琴琴弦，讓鋼琴發出的C音同樣是每秒二六一．六三次。如此一來，這兩個音波會發生共振，我就聽不見差頻，表示鋼琴調音完成。」

「安德魯，這真的很有意思。所以你可以將兩個頻率非常相近的波結合起來，產生週期很長的波。」

「這樣表示你懂了。管風琴製造者就是運用這個原理來製作管風琴。如果用一支管子來產生非常低的音，管子的直徑必須非常大，往往大到不容易製造。不過可以用兩支大小適中的管子產生的高頻音造成差頻，藉以產生基礎低音C的低頻率。」

這堂音樂課讓我體會到大自然的複雜。大自然有各種高頻率循環：太陽黑子循環、乾旱或洪水循環、葛氏循環、太陽黑子週期循環、太陽黑子極小期循環等等。沒有單一個循環機制和氣候變遷對應，而是許多種循環加總的結果。大自然中有共振，也有差頻。高頻率循環的總和可能形成千年週期性變化。我在想，一千二百或一千三百年週期循環是否可能是十年或一百年週期循環結合而成的差頻？

太陽神

一九九六年我在科羅拉多礦業學校任教時，正在研究「太陽的關聯」。當時我拜訪了住在堪薩斯州的老朋友麥克尼利(Jesse McNellis)。晚餐時我正和傑西和法蘭談到我的氣候與文明紀錄。傑西聽得很仔細，還說他的朋友裴瑞(Charlie Perry)也很感興趣。我們打電話給他，但他正好到外地了。我回到蘇黎世一兩個月後，收到一個包裹，裴瑞寄給我一份他的論文〈太陽光度模型與古代氣候資料之比較〉[15]。

裴瑞提出的理論認為歷史上的氣候循環與太陽活動有關。他假設十年週期的太陽黑子循環為基礎循環，這個循環的二次方倍數為二十、四十、八十、一百六十、三百二十、六百四十、一千二百八十年，這樣的幾何級數稱為基礎諧波。其中最多到五次方的諧波組合，可以形成週期為三百二十年左右的氣候變化。依據裴瑞以電腦程式計算的結果，要形成千年週期的循環，必須加入六百四十和一千二百八十年的高次方諧波。

千年週期為什麼必須以太陽黑子週期的基礎諧波產生，我寫信給裴瑞請他解說。裴瑞於一九九九年八月來找我。他一向相當熱心，剛剛參加過關於氣候變遷的國際研討會。他說現在專家們與前幾年的普遍看法不同的是，現在有很多人願意接受氣候變遷可能是因日射量變化造成的說法。

我給了裴瑞一份我的初步原稿。依據歷史日期，他寫了一個基礎諧波的電腦程式來建立氣候模型。在執行運算時，他採用了全球氣溫與太陽黑子週期長度成反比的假設。他假定上次冰川期的週期為十二年，冰川後時期的週期為十年，用電腦繪出近二萬五千年間的氣候變遷理論曲線[16]。透過這種方式，他列出西曆紀元開始以來的小氣候最適期和小冰川期：

---

15 C.A. Perry, 1994. "Comparison of a Solar-luminosity Model with Paleoclimatic Data.," Ph. D. Diss. Kansas Univ., 314 pp.

16 C.A. Perry and K.J. Hsu, 2000. "Geophysical, archaeologyical, and historyical evidence support a solar output model ofr climate change," *Proc. Nat. Acad. Sci.*, NAS, v.97, pp.12433-12438.

現代氣候最適期：西元一八三〇—二〇〇〇年
小冰川期最寒冷期：西元一六〇〇—一八三〇年
小冰川期中的溫暖期：西元一四五〇—一六〇〇年
小冰川期寒冷期：西元一二八〇—一四五〇年
中世紀最適期最後溫暖期：西元一二〇〇—一二八〇年
中世紀最適期的寒冷期：西元九五〇—一二〇〇年
中世紀最適期的最溫暖期：西元五五〇—九五〇年
西曆紀元初的小冰川期：西元〇—五五〇年

他還能建立黑暗時代和四千年前左右兩次小冰川期的氣候模型。

這個模型與實際狀況大致符合，但有微小的差異。舉例來說，裴瑞的模型顯示現代氣候最適期開始於西元一八三〇年。英格蘭等人則指出「西元一四〇〇到一八〇〇年這段時期通常稱為小冰川期」[17]。十九世紀有兩次冰川前進，小冰川期的結束可以定在第一次前進（西元一八三〇年）或第二次前進（西元一八六五年）。我選擇定在西元一八六〇年，是因為阿爾卑斯山冰川從這個時間開始穩速退卻。我們可以選擇第一次退卻的日期。事實上，格陵蘭冰核的氧同位素分

17 M.J. Ingram, G. Farmer, T.M.L. Wigley, 1981, "Past climates and their impact on Man," in *Climate and History: Studies in past climates and their impact on Man*, edited by T.M.L. Wigley, M.J. Ingram, and G. Farmer, Cambridge University Press, Cambridge, pp. 3-50.

析是同意了裴瑞的返測。研究顯示十九世紀初的數十年非常寒冷，而目前的暖化趨勢則開始於一八三〇年左右[18]。

中世紀最適期的開始也不是很明確。裴瑞的模型將開始時間定在西元五五〇年。依據斯堪地那維亞林木線變化和冰川前進所得的資料顯示，當地暖化早在至少西元六〇〇年就已開始[19]。不過冰核資料則顯示溫暖時期開始於西元七〇〇年[20]。加拿大和密西根州花粉資料指出，最溫暖時期為西元七〇〇—一三〇〇年之間[21]，但阿拉斯加的冰川和林木線則顯示溫暖時期為西元五〇〇—八〇〇年之間。若不是暖化現象並非全球同時出現，就是紀錄的精確程度有限。從氣候對歷史的影響看來，暖化應該開始於西元六世紀末或七世紀初的變動時期。斯拉夫和阿勒曼尼人遷徙到不易耕種的地區。維京人開始劫掠及遷徙。阿拉伯人離開沙漠，建立帝國。維吾爾人離開蒙古北部。羌人建立西藏王國。隋朝和唐朝在五胡亂華之後再度統一中國。為了方便起見，我將西元六〇〇年定為中世紀最適期的開始。如果未來的科學研究獲得一致結論支持，裴瑞提出的西元五五〇年，我很願意接受他的看法。

---

18 S.C. Porter, 1982. "Glaciological evidence of Holocene climatic change," In *Climate and History: Studies in past climates and their impact on Man*, edited by T.M.L. Wigley, M.J. Ingram, and G. Farmer, Cambridge University Press, Cambridge, pp. 82-110.

19 幾位斯堪地那維亞半島科學家的著作，引用者為Ingram等人，同前書。

20 Dansgaard與其他人的著作，引用者為Ingram等人，同前書，p.18。

21 北美地區科學家的著作，引用者為Ingram等人，同前書，p.18。

許多古代文明崇拜太陽神。他們的生活比我們現代人更接近大自然，相當了解太陽神的力量。以往的科學家太過低估日射量對氣候的影響。體認太陽扮演的角色不是為了推卸我們對蓋亞的責任，而是讓我們更謙遜。我們連短時間的天氣都沒辦法影響，我們跳求雨舞對改善旱季沒什麼幫助。認為我們燃燒化石燃料會改變地球氣候的想法，只是凸顯了人類的自大。我們不了解太陽神的喜怒。近一百五十年來的全球暖化或許不一定和工業產生二氧化碳造成的溫室效應有關。史提芬生曾經提出[22]：

儘管韓森、薩根、史奈德、安德森、所羅門、羅蘭與莫莉娜、勞勃瑞福、芭芭拉史翠珊、美國前總統卡特、羅馬club、聯合國環境計畫、一九九二年里約地球高峰會、蒙特瑞協議、京都議定書、世界觀察、綠色和平組織、世界野生動物基金會、英國菲利普親王、甚至美國前副總統高爾大聲疾呼，人類並沒有成為地球物理力量，也沒有創造任何方法或產物，形成全球暖化。

他的說法或許是錯的，但我們還沒辦法證明他是錯的。二十世紀的全球暖化很有可能是太陽能輸出變化的自然結果，因為我們剛剛脫離小冰川期。

裴瑞的電腦模型預測二十一世紀趨勢將會逆轉。在二十四世紀下次小冰川期到來之前，全

22 R.E. Stephenson, "The American Almanac," October, 1977（www. members.tripod.com/-american_almanac/sources.htm）.

球冷化將成為趨勢，中間還有些許起伏。如果未來五十年內全球暖化趨勢沒有緩和，我們就可確定燃燒化石燃料確實是主要因素。我們應該保持警覺，盡力降低全球二氧化碳排放量。反過來說，暖化趨勢也可能如裴瑞預測一般逆轉過來。現在判斷二千年以來歐洲北部冬季嚴寒是不是偶發現象還言之過早。有趣的是在英國下了一星期雪，就足以讓觸角敏感的媒體科學家警告我們下次冰川期可能到來。如果他們說對了，如果裴瑞預測的全球暖化趨勢即將反轉是對的，我們必須承認太陽神的威力無邊，連蓋亞的「暖氣機」——人類都難以抵擋。

在此書德文本出版後，十年全球溫度變化從二〇〇〇年後似乎緩和，但並不如裴瑞的分析的預測之多，同時氣候研究也證明了問題是非常複雜的，在北極洋冰溶化看來，全球氣溫變暖是有了很大的表現，但那長期的後果是很難預測的，是否如依文(Ewing)和董(Dunn)的學說推斷，北極洋冰溶化後造成冷濕氣流使北歐北美冬季大雪過多，走上大冰期的路線？

| 第十二章 |

氣候學的意識型態、宗教與政治

上帝離開人類也能存在，如果人類不會變化發展，求得生存，那神秘力量也會讓他們滅種絕代的。

——D.H.勞倫斯, *Woman in Love*

意識型態是一套信仰和崇拜，證明擁有超乎常人的控制能力時，意識型態就會變成宗教。氣候學是研究氣候的科學。不過，氣候學已經遭到政治污染，被行動派人士用來倡導自己的意識型態。我在前面十一章中談的都是氣候學，現在要來談談意識型態、宗教和政治，作為這本書的總結。

溫室暖化還是溫室冷化？

地球上的狀況並不是永遠不變，例如氣候就有起伏波動。近一億年的長期趨勢是由兩極地區無冰的溫暖時期進入最近的大陸冰川作用時期，並且持續惡化之中。人類是在地球進入冰川期時演化出現，我們的祖先古代智人和尼安德塔人同時生活在最近一次冰川期中。曾經覆蓋北美和歐洲北部大部分地區的冰帽，於一萬五千年前開始快速融化。一萬年前新仙女木期冰川前進之後，冰川期結束。現代人類生活在溫暖時期，也可能是間冰期，下一次冰川時期或許正在逐漸逼近。

我對全球冷化的恐懼在一九八一年到紐西蘭拜訪巴瑞特(Peter Barrett)時緩和下來。他和美國同事在羅斯海冰棚鑽了三個鑽孔。鑽孔深入海底超過五百公尺，科學家得以一窺這片南半球大陸的遠古氣候。

兩百萬年前，北極圈覆蓋在冰雪下，但南極洲在四千萬年前已經覆蓋在冰雪下。從那時到現在，冰帽擴大縮小了許多次。上次冰川期，羅斯海冰棚一直冰凍到海底。後來氣候比較溫暖，現在只有一部分的冰棚固定到海底。

巴瑞特警告我：「如果全球暖化趨勢持續下去，羅斯海冰棚就會脫離，到時應該會發生災難。」

「什麼樣的災難？」

把冰塊丟進全滿的玻璃杯，水會溢出來。羅斯海冰棚離開陸地，這麼一大塊冰漂到南部海洋，全球海平面一定會上升。許多沿海城市會被淹沒，而且會快到讓人措手不及！」

「全球暖化趨勢為什麼一定會持續下去？我還覺得下次冰川期很快就要來了。」

「如果大自然有機會依照自己的步調運作，當然有可能這樣，但我們干擾了大自然，工業產生的二氧化碳逆轉了趨勢。」

「為什麼？我認為大氣二氧化碳增加會使雲層變厚，降低地球氣溫。我在唸書時，張伯林（T.C. Chamberlin）還認為火山排出的二氧化碳是上次冰川期的元凶[1]呢！」

「許教授，不是這樣的」，巴瑞特不耐煩地打斷了我：「你的想法過時了，電腦模型研究結果完全相反。大氣中的二氧化碳和甲烷等溫室氣體會吸收由地球表面反射的熱。溫室效應會造成全球暖化，而不是冷化。」

為了跟上最新的氣候學發展，我查了許多資料。巴瑞特的說法是對的，電腦研究告訴我們，溫室效應造成全球暖化。我很快就相信工業產生二氧化碳造成了全球暖化[2]。

---

1 Chamberlin, T.C., 1899, "An attempt to frame a working hypothesis of the cause of lacial periods on an atmospheric basis," *J. Geol*, 7, 545-584; 667-687; 751-787.

2 參見Chen-tung Chen and Ellen Drake, 1986, on "Carbon dioxide increase int the atmosphere and ocean and possible

核能電廠和氣候變遷

我年輕時住在美國，一家石油公司雇用我。人類燃燒化石燃料產生能源，這個產業由此獲利，但這種方式非常浪費！該公司的資深工程師赫伯特(King Hubbert)相當擔憂我們會在幾世紀內燒完幾億年間積存下來的石油。我們前往美國各地，宣傳燃燒化石燃料的錯誤。不僅如此，燃燒化石燃料還會造成污染和溫室效應。赫伯特希望使用潔淨燃料，也就是核能，我也相當贊同他的看法。

即使對政治不怎麼熱衷，我還是一直有個印象，認為反核行動的發起者都是反對核子戰爭的左派反戰分子。我女兒開始戴「我們不要核能」的牌子時，我認為她的想法是「婦人之見」。但後來接觸過核能產業人士之後，我改變了想法。

第一次接觸是我擔任聯合國核廢料處置專門小組成員的時候。一九八〇年代中期，我收到國際科學聯合會議(ICSU)秘書長貝克(Jim Baker)的一封信，告訴我倫敦傾倒會議通過決議，中止海底核廢料處置。不過，如果有科學家專門小組一致建議解除中止，並經會議多數通過，可以恢復傾倒。因此，國際海洋總署要求組成這樣的專門小組。國際原子能總署(IAEA)將提名十六人，ICSU則提名八人。當時我擔任國際海洋地質委員會主席，貝克請我加入這個專門小組，並且提出其他人選，尤其是來自開發中國家的科學家。

成員共二十四人的專門小組成立，我們於一九八六年在維也納首次開會。

---

effects on climate," *Ann. Rev. Eargh Planet. Sci.*, v.14, pp. 201-235.

議程中第一項任務是認定放射性對健康的危害。

當時有三派看法：

1. 如果放射性劑量低於臨界值，放射性對人類無害。
2. 放射性對健康的危害與放射性劑量成線性比例。
3. 放射性對健康的危害與放射性劑量成指數比例。

根據醫學專家表示，依據目前的證據顯示，其相關性為線性。同時我們也得知，不論劑量多小，放射性都是有害的。在海底棄置放射性廢料造成的微小放射性劑量不斷累積，最後會讓某些人、在某些地方、某些時間死於癌症。這樣的死亡數字與自然放射性造成的癌症死亡數字相比之下很小，甚至可說非常小，但風險確實存在，而且無可否認：傾倒廢料會造成某些人、在某些地方、某些時間死亡。

我們接著討論在深海海床傾倒放射性廢料，放射性是否會回到生物圈。令我驚訝的是，專門小組中居然有不同的看法。數學家認為沒有這種可能，但是海洋學家都知道有深海循環現象。深海一樣有風暴，原因是異常天氣狀況擾動了通常相當平靜的海底，將深海海水帶回較淺的地方。這項討論很有意思，但不同的專家們堅持自己的偏見。

經過兩天資料交流後，我們開始討論「倫敦傾倒會議」提出的重要問題：

依據你看到的資料，繼續將放射性廢棄物倒入海洋是道德的行為嗎？

這是不道德的，我很確定。

我們知道沒有所謂的放射性臨界值。傾倒廢料將使放射性劑量回到生物圈，造成某些人在某些地方、某些時間死於癌症。我們傾倒廢料造成別人死亡，就是殺人，就算不是二級殺人，至少也是過失殺人。殺人是不道德的。

不過，我的看法很快就被掩蓋下來，ＩＡＥＡ專家主導的態勢相當明顯。ＩＣＳＵ科學家是學術人士。他們是學者，不是廢料傾倒這類實際事務的專家，他們的見解沒有特別的利害關係。相反地，ＩＡＥＡ專家是所謂的「內行人」。他們在核能產業工作，或是在主管核能產業的政府機關任職，因此擁有相關專業。他們之間相當熟識，形成了聯合陣線。ＩＡＥＡ十六位專家相繼發言，否認傾倒是不道德的行為。他們說：

> 傾倒放射性廢料造成的癌症死亡數字比自然界放射性造成的死亡數字少得多。
>
> 能源是現代社會不可或缺的資源，核能是無可取代的。因傾倒放射性罹患癌症死亡的人不是白白死亡，他們是為全人類的福祉犧牲。
>
> 傾倒廢料造成的放射性劑量累積到致死程度的風險比坐飛機遇難的風險小得多。這麼微小的風險可以接受。
>
> 現在已經有放射性廢料，你們覺得該怎麼處理？將核廢料儲存在陸地上不比傾倒在深海來得道德。

我很清楚這些說法，我看過報紙，也看過電視。但是IAEA專家還是不停地爭辯。ICSU科學家，尤其是來自第三世界國家的科學家膽怯了，他們順從了比較懂的人。兩小時後，主席宣布專門小組達成共識，在深海傾倒核廢料不是不道德的。

在這個關頭，我站了起來：

> 所謂共識是所有人一致同意某個觀點。我們現在沒有達成共識，因為我不同意。殺人是不道德的，更何況被殺的人完全不想成為殺人的營利者的犧牲品。

主席嚇呆了，他必須達成共識。IAEA的專家們反而因為「陪審團一個人的堅持」而惱羞成怒。他們開始大聲咆哮：

> 每個人都必須接受風險，尤其是風險這麼小，你沒坐過飛機嗎？
>
> 你坐在椅子上接受到的放射性比傾倒產生的放射性還多。
>
> 你們瑞士最糟糕了。你們的核能電廠為奧地利人發電，你們在大西洋傾倒核廢料。

我必須回答這不是風險問題，也不是放射性多少的問題，這是道德問題。我承認我們「瑞士最糟糕」，但我代表的是國際海洋學會，不是瑞士政府。

爭辯繼續下去，但我並沒有因來自各方的攻擊而讓步。最後主席必須接受沒有達成共識的事實。報告中表示這個問題無法回答：

> 我們是科學家，因此沒有資格進行道德評判。

我並不完全同意。我們每個人都可以進行道德評判。但是，我沒有繼續反對，而是勉強接受了這個折衷結果。

不過這個問題並未就此結束。一年後，我們再度在倫敦集會，準備完成我們的報告。這項為期數天的工作內容主要是修改文件中的隻字片語，辛苦但相當制式化。最後一天，政府代表以觀察員身分列席參加。星期五下午三點半左右，我們即將在喝完最後一次下午茶後最後一次會議。此時主席宣布，來自三國政府的代表提議小幅更動報告。他們提議的內容分發下來。我很驚訝地發現所謂的「小幅更動」內容不空行地打滿了五頁，而且還要我們在午茶時間讀完這些內容，在最後兩小時決定。

政府代表只是觀察員，他們沒有權力修改我們的報告，當然更沒有權力在這種時候提出。其中建議的修改大多確實是小幅更動，但到了第五頁，我注意到它建議將報告中的文字

> 專門小組成員均為科學家，自認沒有資格對繼續傾倒是否道德的問題進行道德評判。

修改為：

> 將放射性廢料傾倒在海底，在道德上不低於將此類廢料儲存在陸地上。

這不是修改專門小組一致意見的文字，而是下流的手段。

我們回到座位時，主席要求我們以發言表決接受修改。我提出了抗議：

> 我不同意修改內容。我們已經仔細討論過傾倒廢料是否道德的問題，只達成我們沒有資格進行道德評判的折衷共識。我們從來沒討論過在海底傾倒放射性廢料是不是比將廢料儲存在陸地上來得道德。

可以想見之後兩個小時的發言內容。在維也納講過的舊內容又一遍遍重複，但我沒有放棄。最後，專門小組沒有提出一致共識。政府代表在倫敦傾倒會議上沒辦法引用專門小組的報告來提出他們的看法，說明傾倒並非不道德，或是「在道德上不低於儲存在陸地上」。最後會議以二十六比六表決反對解除修改。

目前傾倒依然處於中止狀態。我在堅持意見上扮演的角色很小，但我學到了一件事：關係到獲利時，核能產業是沒有道德觀念的。

碎形幾何

那幾年，我坐飛機來往世界各地，發現了時間的碎形幾何。

我提出大小如哈雷彗星的物體撞擊地球，引發大規模滅絕時，許多人表示我提出的假設是不可能的，他們的意見是對的嗎？

罕見事件的特殊之處不在種類，而在規模。風暴、洪水、地震都不是罕見事件，但十年頻率的風暴、百年頻率的洪水，或是千年頻率的地震則是罕見事件。研究統計數字時，我們也可看到相同的模式。小隕石相當常見，夏天時每天晚上都看得到這種隕石。大隕石就很少見，造成亞利桑那州隕石坑的大型隕石，大約每一、兩千年才有一次。造成恐龍滅絕的超大型隕石，大約每五──十億年才出現一次。事件的頻率與規模成反比，我們可以引用科學事實來證明這個傳統說法：

有可能發生的事，時間久了一定會發生

最後我得知，曼德布洛特(Benoit Mandelbrot)已經發現這種關係，而且成為他定義碎形幾何的基礎[3]。大規模意外前一定有許多超小型意外和一些小型意外。我聯絡一位在大型保險經紀公司工作的親戚，提出詢問。沒錯，保險公司認為某種風險為線性時，就會出現虧損。依據小規模長期意外計算出來的保費，難以保障早晚會出現的大型事件。最後使我反對核能產業的事件發生於一九八六年蘇聯車諾比。我的恐懼不是沒有根據。**有可能發生的事都一定會發生，而且**

3 Mandlebrot, B., 1977, *Fractal Geometry of Nature*, San Francisco: Freeman.

可能會再度發生。

我關於恐龍滅絕的書出版於一九八六年[4]，而且成為暢銷科普讀物。當時我半開玩笑地宣稱恐龍是在全球暖化的溫室災難後死於心臟病。有些人認真看待我的幽默。一個知名團體邀請我去演講時，我相當驚訝。這是個上流社會團體，成員包含國會議員、銀行家和實業鉅子，他們請我去談談溫室暖化。這些熱衷推廣核能的人從來沒關心過環境，現在卻大力反對燃燒化石燃料。

我相信我的朋友巴瑞特提出的溫室災難狀況。我代表國際地質科學聯合會參與國際科學聯合會的全球變遷計畫全體會議時，我支持幾位社會科學家的提議，針對使用會產生二氧化碳的燃料課徵百分之二十五能源稅。但我發現核能產業也跟著起鬨，遊說這類法案時，只感覺很不舒服。這個行動的背後是否有什麼隱含的動機？

的確有。核能電廠的獲利能力已經停滯一段時間。美國停止興建新核能電廠已經超過十年，某些不經濟的電廠必須關閉。德國一位能源產業大亨還宣布，不應該再興建新的核能電廠，因為核能電廠的獲利能力值得懷疑。不過如果化石燃料的成本因為百分之二十五的附加費用而提高，能源產業的經濟狀況不會改變嗎？我開始感到懷疑。

我發現我是在為核能產業做公關時，決定不跟他們配合。我不談溫室災難和恐龍滅絕，改談不可能的必然性：恐龍滅絕和大隕石撞擊有關，雖然這類撞擊的發生機率非常微小。但大

4 Hsu, K.J., 1986, *The Great Dying*, Harcout, Brace and Jovanovich, New York, 292 pp.

隕石真的來了，而且恐龍真的滅絕了。我學到的不是溫室災難消滅了恐龍，而是時間的碎形幾何。核能電廠災難的發生機率確實非常小，但我們必須記住：**有可能發生的事，時間久了一定會發生**。車諾比就是警訊。如果哪一天日內瓦西邊的超鳳凰反應器爆炸，瑞士就不再適合居住[5]。我們就像坐在一筒炸藥上。

這次演講並沒有為我爭取到核能產業界的朋友。

恐怖情境

我們幾乎每天都會在報紙上看到綠色和平組織的活動。他們示威反對核能。他們坐在火車鐵軌上，阻擋由核能電廠運出放射性核廢料的貨車通過。他們駕船到法國在南太平洋進行核子試爆的目標區。不過，他們也是核能產業宣傳溫室災難恐怖情境的最佳盟友。「生態學家」期刊編輯哥德史密斯(Edwin Goldsmith)曾經預言，燃燒化石燃料將危害地球上所有生物。

我的行動派人士朋友季許(Daniel Gish)有一天給我一份環保人士一九九〇年演講的謄寫稿，其中有一段恐怖情境。裡面提到全球暖化會殺死浮游生物，使海洋沸騰，我們面臨人類可能在未來數十年滅絕的危機，除非採取激烈手段。由於研究過「死劫海洋」[6]的地質紀錄，我告訴季許這段警告完全沒有根據。大自然在六千五百萬年前進行的實驗已經告訴我們，就算海洋中的

---

5 Hsu, K.J., 1987. "Evaluation of Nuclear Risks on the Basis of Observational Data," *Nature*, v. 328, p. 22.

6 K.J. Hsu and J.A. McKenzie, 1984. "A 'Strangelove' Ocean in the Earliest Tertiray," *Am. Geoph. Union. Geoph, Mono.*, 32, pp. 482-492.

浮游生物全部消失，海洋最多也只會提高幾度。不僅如此，透過喜愛聳動話題的媒體，環保人士還傳播這些無意義的說法，連學有專精的科學家都被搞迷糊了。

薛波德(Eugene Seibold)和我是在加入海洋鑽探計畫時認識的。後來他成為科學政治界的領袖，當選歐洲科學基金會(ＥＳＦ)主任委員。有一天他打電話給我：

「許教授，我們想召開一系列科學研討會，要選幾個與社會有關的主題。與會者希望是國際性、跨學科的代表。我們想採用新型態，運用戈登研討會和達倫研討會的經驗。我已經找到物理學家和化學家參與ＥＳＦ研討會，現在想請你主辦地球科學研討會。」

「沒問題，你想什麼時候召開？」

「大約一年後。」

「你可以給我多少經費？」

「請你提個預算，我們會付酬勞給受邀演講者。」

「你要他們談什麼？」

「當然是全球暖化。你代表我們斯德葛爾摩。你知道溫室災難的末日狀況。我們有些社會科學同事提議課徵百分之二十五化石燃料稅，我們必須蒐集一些事實！」

「沒問題，我可以幫忙。」

「現在任務交給你，一切拜託你了。」

這樣我又成了薛波德的「右手」。這個重要的日子訂在一九九二年十二月，他帶著廣播和電視記者來到，在瑞士達沃斯主持研討會開幕。

我聽說過國際氣候變遷專門小組（ＩＰＣＣ）的工作，並邀請了這個機構的首席科學家發表主題演說。這位專家相當謙虛，他說他們的工作是量化假設，而不是驗證假設。他們的結論已經透過電腦軟體預先設定。如果他們假設全球暖化是因溫室效應引起，結果就不可能否定這個假設。他們的電腦報表只會告訴他們大氣中的溫室氣體增加多少時，會有多少程度的暖化。這位主題演說主講人嘆道，有些數學家接受化石燃料或汽車產業的資金。他們製作出假定溫室效應會引起全球冷化的電腦軟體，電腦就會計算出他們需要的結果。

經過一小時簡報後，ＩＰＣＣ科學家在螢幕上打出正式結論。螢幕右邊是一張圖表，顯示全球暖化趨勢與大氣二氧化碳濃度之間的關係也就是「溫室災難」狀況的基礎。螢幕左邊是另一張圖表，顯示大氣二氧化碳濃度提高時期的實際氣溫變化狀況。預測與實際觀測結果之間的相關性低得讓人驚訝，在大氣二氧化碳濃度持續提高時，中間有兩、三段全球冷化時期[7]。

一位聽眾問道：「為什麼兩者之間相關性這麼低？」

「不清楚，我們或許可以說兩者之間可能有延遲效應。全球氣溫上下起伏一個世紀，直到一九七〇年代中期以後大氣二氧化碳濃度才達到關鍵值，從這個時間之後就是正相關了。」

「這樣解釋是不是太牽強了？」

「或許吧，不過我們找不出其他解釋。」

---

7 參見Hsu, K.J., 1992, "Natural and Anthropogenically Induced Hazards – Report on A European Science Foundation Conference," Davos, 8-12 December 1991, *Global Environmental Change*, publicshed by Butterworth-Heinemann Ltd, pp. 345-348.

我們的主講人是研究模型的數學家，沒有時間看關於太陽活動與氣候間關聯的眾多科學文獻。這篇演講讓我相當困惑。報紙、雜誌和廣播電視都報導了ＩＰＣＣ的結論認為目前的全球暖化現象與燃燒化石燃料已是科學定論。現在ＩＰＣＣ科學家卻告訴我們，他們的研究成果只是數學習題，不是科學結論。

美國國家科學院於一九九七年召開了二氧化碳與氣候變遷座談會[8]，但也沒有獲得一致結論。

美國國家大氣研究中心的魏格利(T.M. Wigley)一向相當支持此點。他提出了一個不需回答的反問句，而且提出了答案：

> 地球為什麼會暖化？
> 因為我們相信人類活動明顯改變了大氣中的溫室氣體和煙霧劑成分，也相信目前觀察到的暖化現象中，至少有一部分是人類所造成。

魏格利這麼相信，但這只是他的意識型態。他犯了嚴重邏輯錯誤，沒有將個人觀點跟科學事實分開。人類活動確實可以改變了大氣中的溫室氣體成分，但進一步將全球暖化歸因於人類

8 "Colloquium on Carbon Dioxide and Climate Change," 1997, *Proceedings National Academy of Sciences*, v.94, pp. 8273-8377.

活動則只是他的信念。

基林(Charles Keeling)是座談會論文集的特約作者。他有名是因為他在夏威夷茂納羅亞火山上的測量結果證明**人類活動確實明顯改變大氣中的溫室氣體成分**。不過，他也並沒有「**相信觀察到的暖化現象是人類所造成**」。針對霍爾夫(Timothy Whorf)，基林提到全球氣溫變化是自然現象，不是燃燒化石燃料所造成的災難。

美國國家科學院論文集的召集人邀請麻省理工學院專家林曾(Richard Lindzen)解答「二氧化碳增加是否會造成氣候變遷？」這個問題，他的結論是：

> 目前常見的氣候模型都難以確實判定大氣的二氧化碳的微小變化是否可以造成明顯的氣候變遷。

大多數的科學家，如果沒有被媒體上的片面之詞蒙蔽，都會同意林曾的看法。所謂「溫室災難」是特定利益團體放出的媒體伎倆。核能產業利用數學家假設的「溫室災難」和環保人士的意識型態，構成足以對抗化石燃料產業的政治武器。我個人相當贊同環保人士朋友的目標。我們對地球大氣無止境的污染確實應該遏止。不過身為科學家，我仍然相信尋求事實。我們現在不能確定太陽能輸入變化和溫室效應對目前觀察到的全球暖化所扮演的相對角色，不過資料已經相當清楚，地球上的溫室氣體對歷史上的氣候變遷沒有影響。

氣候、經濟與政治

上一個千年的全球氣溫有起有落，但大氣中的溫室氣體一直維持恆定。上一章中曾經提到，太陽活動的影響相當重要。在日射量減少的寒冷時期，生活相當艱苦，尤其是農民的生活。小冰川期使生產力不足的地區變成荒地。歐洲北部和亞洲北部人類大規模出走的週期性太過規律，無法單純歸因於蠻族的習性。比寒冷更可怕的是乾旱，在全球冷化時期，中國的中原地區變成巨大的沙盆。

太陽能輸入增加時期的全球暖化應該是件好事。事實上卻不是這樣，因為當時全世界遭到征服戰爭破壞。二十世紀兩次世界大戰正是發生在全世界脫離小冰川期之後。人類在冷戰時期沉迷於互相保證毀滅，此時全世界也享受著溫暖的陽光。罪惡的根源不是需求，而是貪婪。

哥德史密斯大力反對今日的利潤導向社會哲學，他鼓吹所謂的禮俗社會(社區)，反對所謂的法理社會(社會)[9]：

> 社區具備各方面的功能，而不僅是經濟功能，這些功能包括宗教與心靈、社會與公共功能，而且社區成員對美學有興趣。經濟受到控制。在傳統世界中，經濟活動包含在社會關係中，人不賣東西，不為盡量提高報酬或任何生產因素而提供食物和人工製品，只為滿足親屬關係責任而提供食物和人工製品……。因此可以看出經濟活動受到控制，地位低於其他更有意義的活動。

9 此處引用一九九〇年哥德史密斯的講稿，聽寫者為Daniel Gish。

現在已經不是這樣了！

究竟發生了什麼事？

社區消失了、家庭消失了、文化消失了。我們創造出完全粉碎的社會、分裂的社會。社會中有新的組織、公司或機構，僅具備經濟上的功能。這些機構只有一個目標，就是賺錢和維持生存。整個國家是否受害不重要，一切是否遭到破壞、氣候是否改變都不重要。這些都和生意無關！沒有人要求他們關心道德、氣候或生態。他們必須擁有競爭力。我們現在身處的社會就是這樣。不是他們特別糟糕，因為有人要他們這麼做，而且他們必須這麼做。如果你不這麼做，你就必須離開。尤其是現在，狀況變得相當糟糕。我們現在就是這樣，也就是說，我們創造出一種狀況，使我們所有必要需求的重要性低於短期經濟需求。有人告訴我們這是正常的，大家都說這樣值得嚮往。

不過，如果要存活下來，我們需要的東西恰恰與此相反。我們真正需要的，是把經濟活動放在社會、生態、氣候，以及我想加上去的道德等必要需求之下。沒有其他替代方案。

我一字不改地引用他的作品，因為我衷心地贊同他的看法。他的看法也就是我的看法，只不過我的文筆沒有那麼好。哥德史密斯看得很清楚，我們不應該透過全球化盡量提高獲利，而應該將經濟活動放在社會、生態、氣候和道德等必要需求之下，工業化社會的貪婪會使地球變得不適於居住。

我於一九九一年參與達倫研討會的生物與社會組[10]。一半的與會者是生物學家，另一半為社會學家、經濟學家和政治家。社會科學家抱持樂觀看法，他們將這個問題視為分配不平均的問題。他們的解決方案是發展貧窮國家的經濟，讓貧窮國家向富有國家購買糧食，讓富有國家的科學家創造奇蹟，確保食物供應永遠無虞。自然科學家則抱持悲觀看法，他們倡導人口控制，以節制食物需求。

美聯社的葛達(George Gedda)最近引述美國國務院全球事務辦公室次卿魏斯(Timothy Wirth)表示：「**目前有將近十億人因人口增加和食物儲備量不足而陷入饑餓或嚴重營養不良。國家之間合作發展類似於三十年前大幅提高稻米產量、協助餵養亞洲迅速增加人口的農業技術突破，可以說是『絕對必要』。**」

魏斯指出全世界目前與未來最大的問題是饑荒，這點是正確的。不過生態學家恐怕不會同意我們需要另一次「綠色革命」的說法。「生態學家」雜誌曾經引用聯合國食物與農業組織的報告，指出「綠色革命」帶來的負面影響。破壞陸地表面的保護性植被、使用重型機具、只種植單一作物、忽視土壤保育，以及其他不當方式，已經破壞全世界四分之一耕地。另外，地球上約有百分之十的灌溉土地流失或遭到鹽化和鹼化等嚴重破壞。綠色革命提高產量的另一個先決條件，是必須使用大量對環境有害的人工肥料和農用化學藥品。開發中國家於一九六〇和一九七〇年代耗費大量資源，進口、生產、補貼和分發這類肥料。到了一九八〇和一九九〇年

---

10 參見D.J. Roy and others (editors), 1991, *Biosciences an Society*, Wiley, New York, 408 pp.

代，習慣於使用這類「快速解決方案」的農民突然發現土壤遭到侵蝕、變得貧瘠和有毒性，而且沒有足夠的資源購買化學肥料。

達倫研討會中的社會科學家不清楚科學功能的限制，但與會的生物學家卻很清楚。他們相當務實，了解食物供應的根本限制。植物生長不能沒有水，但全世界現在已經出現短期或長期乾旱。農業學家畢瓊斯(Roar Bjonnes)指出目前發生乾旱的主要原因，就是綠色革命。他還引用一份聯合國報告，預言「**未來國家之間發生戰爭的下一個原因，不是石油，而是水**」。

我以古生物學家的身分參與達倫研討會，也和研究生命科學的同事抱持相同的看法。有乾旱的地方就有饑荒。高產量作物必須有水才能生長。國家之間為了水而引發核子戰爭時，世界末日也將到來。

我們該怎麼防止人類滅絕？

十九世紀後半，工業革命傳入瑞士時，木材出口商砍伐森林，森林砍伐後的土地成為畜養牲口的草地。雙重收益相當可觀，但後果十分可怕：山崩和土石流很快就破壞了草地。瑞士政治家體認到這種狀況的嚴重性，於十九世紀很快地做出反應。他們修改憲法，禁止砍伐森林。

我們二十世紀的人類又是如何對待水？我們一直在開採水！我們一直在取用從上次冰川期儲存至今，而且無法再生的資源。這種狀況應該是常識，但我想講幾件事來強調現在的狀況。

(一)阿拉伯聯合大公國一家私人企業製造瓶裝水，銷售到孟加拉和泰國。孟加拉的年降雨量超過一萬公釐，是世界上雨水最多的地方。阿拉伯聯合大公國的年平均雨量僅二百公釐。因此，有人從沙漠開採製造飲用水，賣到因季風雨而淹水的國家！這樣不是很奇怪嗎？

不是，從全球化經濟的利潤角度看來一點也不奇怪。

這家私人企業從深度約為二百五十公尺的破裂蛇紋岩中取水。將這種「礦泉水」裝瓶，運到孟加拉出售，賺取利潤，因為沒有法律規範這種「開採水」的行為。沒錯，經過十年或更久之後，當地的水就會「採完」。這個在阿拉伯聯合大公國頗具影響力的工廠主人，只需要雇用德國公司到另一個山谷的破裂岩石中尋找更多的水。他們有系統地賺取利潤，同時有系統的破壞整個國家的水資源。

這些牟利者還不只一個。阿布達比的民眾喝的是淡化的水，因為地下水已經遭到硝酸鹽肥料污染，又被抽取出來用於灌溉。沖積河谷中的地下水水位每年下降約十公尺，在某些地區，地下水水位甚至低於地面數百公尺。地下水回補量只有開採量的百分之十。從冰川時期至今儲存在阿拉伯聯合大公國的地下水完全用罄之後，末日即將來臨。

(二)聯合國世界衛生組織和兒童基金會花費二十年時間和數百萬美元，剛剛完成一項計畫，讓孟加拉農村民眾飲用地下水，取代已遭污染的地表水。但問題是那裡的地下水可能致人於死。

喜馬拉雅山腳的岩石含有一種稱為「砷黃鐵礦」的礦物質，這種礦物質會風化成水溶性砷化合物。通過滲流區的雨水溶解砷，因此地下水也遭到污染。砷含量高達容許值一千倍的有毒地下水，被輸送到長九百公里、寬五百公里的區域。目前已有二十萬人死於砷中毒，每年還會有一萬五千人死亡。

世界衛生組織和兒童基金會試圖以開採水解決這個問題，但是找不到乾淨的地下水，孟加拉的貧民繼續死於砷中毒，有錢人則飲用來自阿拉伯聯合大公國的礦泉水。許多科學家爭相進行研究，但很少科學家提出以收集雨水取代地下水的計畫。

(三)以色列政府鼓勵農業生產自給自足，抽取地下水用於灌溉。幾年前我到當地時知道，以色列許多地方的地下水位已經低於地面四十—五十公尺，而且還再繼續降低。地下水的品質越來越差，許多地方的地下水已經不適合用於農業。以化學方法去除土壤鹽分已經勢在必行。

政府做了什麼？

他們現在計畫以處理過的廢水輔助灌溉，但仍然容許開採水和灌溉廢水。不久的將來，以色列就沒有地下水可以開採了。

(四)美國人做得比較好嗎？

沒有，真的沒有嗎？

我和美國堪薩斯州勞倫斯市美國地質調查所的裴瑞談過之後，他告訴我美國有關於水管理的州法律。舉例來說，在堪薩斯州，要鑽挖水井使用地下水，必須申請許可。一九六〇年代通過一機構一水井法律之後，地下水消耗率反而更快。一九七〇年代，狀況變得相當嚴重，據估計該州可飲用的地下水將在二〇〇〇年前用罄。因此該州制訂新的法規，但法規並未解決問題，只是將末日延後到二〇二〇年。

真是了不起！

和社會科學家認為食物供應問題只是分配不均的想法如出一轍，水管理規劃人員則是提議將一處的水輸送到另一處。西班牙曾想引用法國隆河河水，中國也將耗費一百億美元，將長江的水引到北京。長期看來，掠奪水必將徒勞無功。由於法國南部半乾旱地區同樣亟需灌溉用水，在西班牙的運河完工之前，隆河可能就會乾涸。下一次小冰川期來到時，可能連遼闊的長江都可涉水而過。

小時候我讀過關於兩隻松鼠的伊索寓言。忙碌的喬天天跑進跑出，尋找地上的堅果。散漫的比利則有其他的興趣。冬天終於到來，忙碌的喬存下的糧食夠全家過冬，但散漫的比利則全家一起餓死。我們人類其實不比散漫的比利聰明。我們沒有儲存水以備全球冷化來臨，我們只是一直在消耗自然資源，不斷開採水。

我們應該立法禁止開採水。應該隨時監控地下水位，讓年消耗量不得高於收集雨水而得的回補量。

地球之死

我最喜歡的作家D. H.勞倫斯曾經在一段漂亮的文字中提到地球之死的可能性[11]。

> 不管是什麼神秘的力量創造出人類宇宙，那它在一定的意義上都是超人的力量，有它自己的終端，人類無法用其標準來判斷。最好還是把一切都留給廣漠的、富有創造力的、非人的神秘吧！

[11] 摘自D. H. 勞倫斯，《戀愛中的女人》。

人類還是與其自身搏鬥為好，而不要與宇宙搏鬥。「上帝離不開人類。」這是法國某位宗教大師說過的話。但是這肯定是謬誤。上帝離開人類也能存在，就像上帝當初淘汰了魚龍、柱牙象也照樣存在一樣。這些東西不能做適應環境的進化，因而上帝，這個造物之神，將牠們拋棄了。同樣，如果人類不會變化發展，求得生存，那神秘力量也會讓他們滅種絕代的。

上帝會拋棄人類嗎？

曾經存活在地球上的物種，有百分之九十九·九以上已經滅絕，上帝拋棄了牠們。智人沒有理由例外。反過來說，我也不像某些生態學家那麼憂心忡忡，宣稱工業製造二氧化碳會使海洋沸騰，這又太不合理了。

對於以農業經濟為主的社會而言，全球冷化是一場大災難。歐洲北部氣候變得寒冷潮濕，使農業人口朝南遷徙，成為蠻族入侵者。在此同時，寒冷乾旱的氣候則在地中海地區和中國造成饑荒與混亂。同樣地，智人很有發明才能。我們在數次小冰川期循環中存活下來。我們不僅向外擴散，數量也增多了。拜人類的聰明才智所賜，我們種植的作物足以供應全世界人口，只要在政治上有人注意到人口成長必須有所節制。就我看來，真正的問題不是氣候，而是人類的貪婪。

我們可以繼續採行市場經濟，以最大利潤當作目標，但我們不能繼續無止境地消耗自然資源。水是最珍貴的日常用品。小冰川期早晚會到來，如果裴瑞的預測正確，在二十一世紀結束前，全球冷化將會來臨。作物會欠收，歐洲和北美地區將有許多人死於寒冷氣候。撒哈拉地區、中東、印度河河谷和中國將會因乾旱而造成饑荒。世界其他地區生產的穀物或許足以供應全世界人口。我們人類會彼此共享還是會互相爭奪？歷史上許多貪婪的例子讓我們感到灰心。

水資源短缺將是最嚴重的問題。西元一世紀的小冰川期時，中國人遷徙到降雨較多的南部。他們征服了當地族群，開墾處女地，變成稻田。上次小冰川期時，中國南部已經沒有處女地可以砍伐。飢餓的農民在鄉間流浪，劫掠其他人，推翻了皇朝。如果小冰川期再度到來，這些飢餓的農民要到哪裡去？中國有十幾億人口，如果土地無法生產作物，他們可能會在鄉間四處流竄，和歷史上的祖先一樣，或者可能會出現五億海上難民。農民也可能會加入人民解放軍，朝水資源豐富但剩餘土地不多的東南亞前進。

侵略是戰爭的起源。我們該如何防止不顧一切的交戰雙方使用核子武器？智人是否能在核子浩劫後存活下來？遭到放射性污染的世界是否還能讓生物居住？在蓋亞、天和上帝的恩惠下，智人應該不會在自然因素下滅絕，只會因為我們自己的貪婪而帶來殺身之禍。如果我們不懂得思考，「上帝會用更優秀的生物取代我們，就像馬取代柱牙象一樣」[12]。

拯救世界的水三極體

我小時候住的房子建造於十七世紀。有一口水井提供飲用水。我們把洗澡水倒在院子裡，

12 如果勞倫斯是古生物學者，他應該會這麼寫：「上帝將以更優秀的生物取代我們，就像馬取代三趾馬一樣。」

讓它在地下過濾。每天早上有一輛牛車會來挨家挨戶收水肥，當作稻田的肥料。在人口數量不多時，這種老式水循環運作得很不錯：人類以地下水做為水源，透過地面排水道排放廢水。不過，工業革命大大改變了世界。人口爆炸需要快速地供應與排放水。由水井取水的速度沒辦法滿足需求，牛車排除污水的速度也不夠快。新科技使用地面上的水，同時不論是否經過處理，就將污水排入溪流、運河、湖泊或海洋中。二十世紀最偉大的科技進展是建造水壩。二十世紀平均每一天決定建造一座水壩。水壩為人類提供水和能源，建造水壩則提供了就業機會。從一九三〇到一九七〇年代，建造大型水壩成了開發和經濟起飛的代名詞。很少人質疑這樣的作法，善意的決策者則為了民眾的「共同福祉」繼續建造水壩。這個趨勢於一九七〇年代達到最高峰，每天發包興建兩到三座大型水壩。但後來建造水壩對社會造成的負面影響太過明顯，無法忽視。「公平」這個詞取代了「共同福祉」的想法之後，民意隨之轉向，究竟是誰受惠？又是誰的權益受損？水壩建造私有化之後，民主國家的抗議行動獲得初步成果，同時在獲利考量之下，建造工程開始縮減。不過，善意的國際援助機構，尤其是世界銀行，依然在開發中國家提供資金給大型工程，一直到一九九二年的摩爾斯報告批評世界銀行之後才告結束。一九九四年，四十四個國家的三百二十六個環保團體簽署馬尼貝里宣言，要求中止世界銀行的水壩建造工程。一九九七年，由於大型水壩的擁護者和反對者之間互相猜忌，難以互信，因此世界銀行和世界保育聯盟於一九九八年四月在瑞士格蘭舉行會議，討論相關問題。研討會中達成的一致結論，後來成為世界水壩委員會的憲章[13]。

建造水壩是為了因應四方面的需求，分別是農業、能源、供水、和洪水治理。不過，水壩對生態系統、生物多樣性和民眾生計往往會帶來不利影響。委員會特別著重在探討公平問題，因為負擔最多社會與環境成本的民眾，往往沒有享受到水壩帶來的益處。舉例來說，水壩對中國的發展貢獻很大，但在一九五〇年到一九九〇年之間為了建造水壩，有一千萬人被迫遷離。移居數十年後，這些人有將近一半仍在世，但是陷入「極度貧窮」。另外，三峽大壩開始建造之後，又有一百四十萬人被迫遷離。

儘管水壩委員會對大型水壩持負面看法，但也拿不出替代方案，而且讓我們抱持大型水壩不可或缺的印象。事實上有解決方案，但世界水壩委員會否決了水三極體這種新發明。這種裝置可以安裝在地底，控制水流的方向和速率，類似電晶體在電路中放大電流的功能[14]。水三極體可以取代水壩，具備提供灌溉用水和市區用水、抽取地下水產生電力，以及將地表水快速排入地下，防範洪水等功能。

對於建造地表水庫而言，水壩是必要的。雨水可以快速集中，儲存在湖泊中，因此建造水壩是防洪的標準方法，尤其是田納西河谷管理局的運作相當成功。儲存的雨水可以很快地

13 參見*Dams and Development*, A report of the World Dam Commission, Earthscan Publ. London, 382 pp.

14 我擁有六項水資源技術專利。第一項為美國專利6120210，二〇〇〇年九月十九日。在積體水路中使用疏鬆材料儲存及輸送水，用於土地開墾、農業與市區用水。最後一項積體水路的水三極體於二〇〇一年十二月十七日在瑞士提出申請，但目前尚未取得。

抽出，用於灌溉、市區用水或水力發電。事實上地球上大多數的水是地下水（約有百分之九十五）。因此疏鬆材料是容量最大的天然儲水槽。如果水進出地下水槽的速度夠快，就不需要有蓄水湖泊，也就不需要建造大型水壩。快速集中並儲存在地下沉積物中的雨水可以防止溢出，儲存在其中的水也可抽出，用於灌溉、市區用水或水力發電。運用地下的疏鬆材料儲存水，並以水三極體讓水快速進出儲水槽，我們就不需要建造水壩形成蓄水湖。

我七年前發明這個東西，也希望公開這個構想，讓這個構想協助拯救地球。不過我很快就不抱太大的希望，因為這個構想太過另類，不可能在科學期刊上發表，業界也不可能採用。我必須提出專利申請。當年J.P. Morgan和溫德比提供三千美元給愛迪生，開始製造電燈泡，但不會有人投資開發公用事業技術的革命性發明。因此私人企業是不可能的。接著我試著爭取歐洲、美國、亞洲和非洲政府的注意。我這幾年的經驗足可寫成一部厚厚的血淚史。最後只有中國政府願意聽聽我的想法。

中國近二十年來的ＧＮＰ成長超過百分之七或許不是巧合。文化大革命後出生的世代在中國政府擔任重要幹部時，對於新的構想和技術其實比西方私人企業重要幹部更感興趣，因為在西方比較強調藉由A與Z快速獲利。中國總理辦公室於二〇〇〇年三月邀請我向專門小組展示我的發明。在小組一致贊同下，國務委員辦公室協助我聯絡水資源和地下水工程等相關機構，開始進行雨水集中和地下水回補計畫。我們的計畫是將雨水儲存在水三極體中，用於綠化二〇〇八年北京奧運村。希望在本書付梓時，我們能夠取得合約。

我想以樂觀的口吻為這本書做總結。農業經濟社會完全依賴氣候。不過工業革命之後，氣候對文明史的影響可說微不足道。不僅農業生產力大幅提昇，人類也得以投入其他行業，增進人類的福祉。由於美國獨立革命和美國憲法，道德再度成為政治中不可或缺的要素。我們不僅戰勝了飢餓，也約束了貪婪。由於心智的教育和技術的發展，我們智人或許將運用我們的智力發明新技術，不僅拯救地球，也拯救我們自己。

後記

在Orell Fuessli出版社主編曼弗瑞・海夫納(Manfred Hiefner)力邀下，本書的德文譯本於二○○○年出版。但我相當驚訝的是，我的經紀人找不到出版商願意出版原始英文手稿。大膽挑戰當今對氣候暖化的普遍觀點，似乎是違反潮流。喬治・歐威爾曾經寫道：「任何人膽敢挑戰普遍受到認可的正統，都會以驚人的效率遭到壓制。本質上違反潮流的觀點，基本上很難獲得公平對待。」

科學家研究氣候的方法有許多種，包括歷史研究法、過程導向法，以及模型建立法等。認真的科學家則是三種方法兼而採之，先由歷史中擷取線索了解過程，再將過程以數值模型加以檢驗，最後將預測內容和歷史兩相比對，進一步修改模型。科學家即使採用相同的方法，解釋同一組數據資料，科學推論也鮮少毫無爭議。因此，如果一般大眾對某個科學問題的看法完全一致，反而讓人感到驚訝。舉例來說，現在大眾普遍認為，目前全球暖化的主要原因是人類燃燒化石燃料，造成溫室效應惡化。

政治人物利用了社會大眾這個共識。他們耗費許多心力制訂條約、法規，成立政府內與政府間機構、組織、非政府組織等，同時開始徵收化石燃料稅。身為氣候學研究人員，我發現足以支持「溫室暖化」這種說法的證據相當少。我原本以為自己是「孤狼」，但有位朋友傳給我一篇史蒂芬生（R.E. Stephenson）所撰寫的翻案文章《海洋學家看全球暖化的非科學現象》時，我感到相當驚訝。

我認識史蒂芬生，他是我的朋友也是海洋研究學者。他擔任國際海洋物理科學協會秘書長多年，於二〇〇一年去世。我擔任海洋研究科學委員會（SCOR）執行委員時，跟他在工作上有所接觸。史蒂芬生是優秀的科學家，這篇文章寫得相當好。除了其中某些情緒宣洩之外，這篇文章應該可以在科學期刊上發表，但事實上並沒有出現。因此我更驚訝於這篇文章竟然出現在所謂的「邊緣刊物」上，與其他反對環保行動人士的文章放在一起。

我能理解史蒂芬生提出的許多論點。他指出所謂「溫室暖化」的看法越來越普及，是因為它可成為唱倡議者藉以發揮的話題。一九八八年那個炎熱的夏季，美國航太總署哥達德太空飛行中心的詹姆士韓森（James Hansen）出席美國國會委員會的會議，把他的看法當成科學事實，以權威性的方式加以呈現之後，大眾的恐慌也隨之點燃！對於美國聯邦實驗室的科學家，以及美國聯邦機關出資的機構，以及非政府組織（NGO）的職業行動人士而言（如看守世界、世界野生動物基金會、峰巒俱樂部、綠色和平組織等），韓森的證詞和美國國會的政治接受程度可說是天賜良機。美國氣候變遷處等新的聯邦機關成立，其他組織也很快地跟上腳步。聯合國成立了環境規劃署（UNEP），由社會科學家（而不是自然科學家）諾爾・布朗（Noel Brown）擔任首任署長。UNEP立刻成立了跨政府氣候變遷小組（IPCC），由國際氣象組織（WMO）提供經費。相對地，國際氣象組織很快也成立了世界氣候研究計畫（WCRP）。大筆經費源源不絕而來，這個政治偏見在媒體報導下變成了「科學共識」。史蒂芬生號召地球物理學家起而對抗UNEP、IPCC、WMO和媒體所傳播的錯誤資訊。後來我看到美國國家科學院前任院長弗瑞德瑞克・塞茲號召簽署「奧瑞岡請願書」，有兩千多位科學家響應，呼籲譴責全球暖化的政治手段。

史蒂芬生的文章沒有出現在科學期刊上，因為許多期刊的編輯操縱審查制度，排除他們認為「政治上不正確」的稿件。我也有過這種經驗，我曾經投了一篇稿件給《全球與地球變遷》期刊，名為〈全球暖化對中國人是好事嗎？〉儘管曾在全球各大知名期刊發表過三百多篇論文，我收到了四十年學術生涯中第一次退稿。編輯沒有接受這篇文章，因為它「可能抵觸這份期刊的發行宗旨」，也就是提醒社會大眾關於全球暖化的危險性。我發現政治正確已經成為判定科學的準則之後，感到相當震撼。這篇論文後來於一九九六年在台灣的《地球、大氣與海洋科學》期刊上發表。後來，中國科技部副部長Hui看到這篇文章。他當時受到壓力，必須提出文件反駁溫室暖化的論點，因為美國方面以溫室暖化為理由施壓，要求中國接受西屋公司的核能電廠合約。Hui副部長在我的論文中發現一個相當合適的論點，他將這篇論文翻譯成中文，並發表在《中國科學》雜誌上。知道有人評定手稿是否適合發表的標準居然不是科學價值，真的很讓人灰心。

我們生活的全球社會是以利潤為導向。史蒂芬生知道，我也知道，這些經費流向了「全球暖化」研究。大學裡的科學家一直在追逐這些錢。新的環境科學學系或學院成立，科學家又發現新的大手筆資金來源。我以前也和許多同事一樣沒有原則。退休前十年，我在斯德哥爾摩國際地圈與生物圈計畫（ＩＧＢＰ）的成立大會上擔任ＳＣＯＲ代表。我擔任國際地質科學聯盟（ＩＵＧＳ）的全球變遷工作小組主持人，並成為IGBP委員會中的ＩＵＧＳ代表。我在聯合國教科文組織中推動成立全球變遷計畫。在歐洲科學基金會的要求下，我召開了第一屆歐洲氣候變遷與自然災害研討會。當時我可算是行動派人士。

全球暖化受到大眾注目的原因是一九九〇年ＩＰＣＣ的報告，指出過去一世紀間，大氣中的二氧化碳增加了百分之三十以上，全球平均氣溫則提高了攝氏一・二到一・五度。假設溫室暖化是造成氣溫上升的唯一原因，ＩＰＣＣ的模型建立者預測到西元二〇四〇年前，大氣中的二氧化碳將再增加百分之五十，全球平均氣溫則將再提高攝氏三到四度。先假設大氣中增加的二氧化碳完全來自燃燒化石燃料，根據這個假設算出的數字給社會大眾一個極深的印象，認為燃燒化石燃料是目前全球暖化的主因，以目前的速率繼續燃燒化石燃料，將造成可怕的後果。

但社會大眾其實被誤導了，因為大家並不了解科學領域中模型建立法的真正本質。

模型建立者是數學家，ＩＰＣＣ的模型建立者只想到建立數學模型，沒有很注意氣象學者使用歷史研究法或過程導向法得出的科學推論。依據「全球暖化是燃燒化石燃料所造成」這個假設得出一些數字，是個量化數學程序。數學預測必須經過驗證，這個模型才有科學價值。

ＩＰＣＣ的預測數字經過驗證了嗎？

大氣中二氧化碳的增加幅度已經透過全球測量加以驗證，但二氧化碳增加是燃燒化石燃料所造成則仍然只是假設。地球上的碳循環還包含火山作用、浮游生物增長等等。連ＩＰＣＣ

科學家也不敢確定目前全球暖化現象是燃燒化石燃料所造成。ＩＰＣＣ總科學家曾在第一屆歐洲氣候變遷與自然災害研討會發表專題演說，指出大氣中的二氧化碳量已穩定增加了一百五十年。不過，全球平均氣溫在這一百五十年來則是有高有低。一九七五年之前，大氣中二氧化碳濃度與全球平均氣溫完全沒有關聯。同位素分析也顯示，大氣中二氧化碳增加並非完全來自燃燒化石燃料。舉例來說，挪威奧斯陸大學的西格史塔德(T.V. Segalstad)發現，目前大氣中有百分之九十五以上的二氧化碳來自火山排放量增加。

ＩＰＣＣ的一九九〇年這份報告過度誇大了全球暖化。他們在一九九五年的報告中更正先前的估計，並將氣溫上升幅度修改為攝氏〇．三到〇．六度，而不是原先的一．二到一．五度。ＷＭＯ於一九九九年在「全球氣候狀況」的陳述中指出，氣溫上升的最大幅度為攝氏〇．六到〇．八度。目前全球平均氣溫比一百年前高確是事實，但這並不足以證明全球暖化確實是人類造成。倡導者不說明化石燃料造成全球暖化只是假設，這是蒙蔽大眾；他們絕口不提ＩＰＣＣ總科學家所做的結論，認為電腦模型已經證明全球溫度和大氣二氧化碳濃度有關的假設是錯誤的，這是刻意欺瞞！美國前副總統高爾製作《不願面對的真相》這部影片時，曾經展示這類線性關聯的圖表，卻偽造了科學數據。他或許有資格獲得諾貝爾和平獎，卻不能獲得諾貝爾科學獎。

史蒂芬生在文章中用了相當強烈的字眼，提到「ＵＮＥＰ、ＩＰＣＣ和ＷＭＯ對全世界撒的漫天大謊不公不義，是嚴重的罪行，為全世界許多人帶來毫無根據的焦慮」。他的說法並非全然無理，但我也跟他有同樣的感覺。社會大眾被誤導了。行動派人士基於某種理由，受到政府間機構與組織、非政府組織、著名機構支持，再加上名人的背書，以科學的名義一手掌控社會大眾的觀點。在此同時，許多科學家，包括海洋學家、氣象學家、大氣化學與物理學家，以及氣候學家等，則對溫室暖化口號廣為流行感到相當不快。

但社會大眾怎麼知道這些？

如果一個人平常只看報紙或網路新聞、公共電視台、ＢＢＣ等頻道，他可能永遠都不知道。因為所有期刊、編輯和出版商，以及各種電子媒體全都由報導者變成了倡導者。媒體上完全沒有爭論，氣候變遷質疑者全面敗退。所謂博學科學家的評判，也遠遠稱不上清楚明確。在《美國國家科學院學報》上發表的一份研討會報告中，就曾指出這一點。二十世紀確實有全球暖化現象，但全球暖化可能是、也可能不是人類造成，因為所有科學家都知道，早在人類開始燃燒化石燃料之前，就曾經出現過全球暖化現象。

社會大眾被誤導的程度令人難以置信。上星期有位朋友寫信給我，轉來一封他很敬重的知名環保行動人士寫來的信。信中宣稱「這是氣象史上首次連續出現兩段暖化期，第一段是上次冰川期結束與現在的間冰期開始，第二段則正在持續中。過去幾億年間來從來沒發生過這種狀況」。另外還有所謂的「曲棍球桿」模型。這個模型宣稱以往的全球平均氣溫一直維持均等，到人為暖化發生作用後才開始變動。這段話完全不對。氣候變冷變暖一直是數十億年地質史中的常態，而且在此之前，過去一萬年來已出現過許多次全球暖化現象。曾擔任東英格蘭大學氣候研究室主任的賀伯蘭姆(Hubert Lamb)研究氣候與歷史多年。一九七九年，東英格蘭大學曾舉辦關於這個主題的研討會。過去一千五百年間的氣候有兩個最值得注意的狀況，就是中世紀暖化期(Medieval Optinum)和小冰川期。在這兩段時期中，氣候並不是一直很熱或很冷，而是有起有落。每次起伏為時數百年，但每段時期的開始或結束時間則各有不同看法。不過大家都一致認為小冰川期結束於十九世紀。二十世紀的全球暖化只是延續這個自然趨勢，根本沒有所謂的「曲棍球桿」！

去年秋天舉行的「哥本哈根會議」中，戈登・布朗以英雄之姿博取聲望，帶領歐洲國家指定碳排放容許配額。傳播媒體報導這次會議因為中國的溫家寶總理而徒勞無功。他在這個議題上的顧問正好是我的學生，他跟我說了這件事情的中國看法。指定配額只是阻礙開發中國家人民福祉的政治陰謀。目前中國有三分之二人民日常生活必須依靠煤，他們用煤煮食、取暖，以及推動鐵路運輸等。更進一步來說，我們也不需要停止燃燒化學燃料，因為可以將碳排放捕集後用於餵養藍綠藻，製造生質燃料，而藍綠藻行光合作用時，也能吸收大氣中的二氧化碳。

在德文版本書Klima macht Geschicte出版前不久，太空人查爾斯・裴瑞寫信給我。他從一位共同的朋友那裡得知我的作品，並且發現我的地球物理、考古學和歷史證據足可支持他用以解釋氣候變遷的太陽輸出模型。我們一起為《美國國家科學院學報》撰寫了一篇文章(2000, v. 97, p. 12433-1243)。裴瑞以為期十年的太陽黑子循環週期當做基頻，畫出此基頻的第七和弦曲線，呈現出近一萬五千年來的全球氣溫變化。裴瑞的曲線中的溫度最小值，與我所知近五千年來的四次小冰川期相符。不僅如此，這條曲線還預測全球暖化應該會在二十世紀末結束，並於二十一世紀第一個十年內開始出現溫度下降。因此，我決定不再尋求出版手稿，但後來我讀到奈吉爾・勞森(Nigel Lawson)最近的作品*An Appeal to Reason*（2008, Duckworth Overlook, 129 pp.），他手中的氣候紀錄顯示，近八年來的全球平均氣溫既未如ＩＰＣＣ預測的繼續升高，也未如裴瑞模型預測的急遽降低。

去年的寒冷氣候已使大眾的看法擺盪到另一個極端。倫敦第四頻道首先播出一系列頗具爭議性的電視節目，後來由勞倫斯・索羅門寫成書籍*The Deniers: The World Renowned Scientists Who Stood Up Against Global Warming Hysteria, Political persecution, and Fraud*。佛羅里達州也出現一則新聞標題：「全球暖化已經結束」，俄羅斯寫得更誇張：寒冷時代已經到來。以往違反潮流的想法現在變得更加惡名昭彰，出版商也開始尋求中間立場。由於大眾看法逐漸轉向，奈吉爾・勞森得以出版以往「離經叛道的想法」。在此同時，出現了一些新的事實，我也不能繼續無視於近年來全球暖化的後果。冰川逐漸退縮，兩極冰帽也在縮小。我覺得最值得擔憂的一件事，則是結冰的沼氣湖泊融化。人類造成的全球暖化確實存在。雖然全球氣溫近十年來的升高幅度較小或小於預期，但如果超過某個臨界點，暖化趨勢的回饋機制可能會將極小的訊號放大許多倍。

可惜的是，這些欺瞞者已經使科學蒙受不白之冤。東英格蘭大學曾經提出歷史上的氣候變遷完整紀錄，該校氣候研究主持人成為「曲棍球桿」模型的支持者，被發現造假欺騙大眾。另外，有一個校際委員會也發現，ＩＰＣＣ領導者曾對喜馬拉雅山脈冰川融化提出不實的陳述。英國皇家科學學會發表聲明指出，由於我們對影響全球氣候的眾多因素所知有限，因此在科學上不應該預測二〇四〇年的全球溫度。而更糟的則是機會主義者和犯罪份子為牟取利益而不斷滲透。我有一位老朋友曾經為反對核能電廠而參加示威，現在卻跟西門子的總裁站在同一陣線。另一位曾經極力反對燃燒化石燃料的朋友，現在則享受到回報，在世界上最大的風力能源公司擔任ＣＯＢ。甚至還有報紙報導，義大利黑手黨也加入這場混戰，由替代能源創投公司牟取利益。

這份原稿在這十多年間未能出版，我也因此免於捲入「全球暖化爭議」。聯經出版公司將原稿譯成中文後，我再次審視塵封已久的原稿，並決定在這本書於一九九八年完成之後將它出版。此次審視僅針對與尼安德塔人演化有關的章節做了較大幅度的修改，因為近十年來的ＤＮＡ研究已經印證了我的推測。現在我的結論仍與本書完成時相同：人類尚未開始燃燒化石燃料時，地球上就曾出現氣候變遷，而且氣候創造歷史，因為自然氣候變遷對人類文明史的影響確實存在。人類文明史上曾經出現「中世紀溫暖期」和「小冰川期」；在史前史的數千年間曾經出現氣候變遷；從人類的祖先出現在地球上至今，地球已歷經過數次冰川期與間冰期。

許靖華

寫於英國黑索米爾歐克康比

附錄

透過綠色改革帶動工業文藝復興拯救歐元

沃爾夫森爵士呼籲世界經濟學家找出解決方案，讓我們走出目前的歐元危機，經濟學家面臨的挑戰是要拿出計劃。但是，歐元危機只是弊病的體現，真正的問題是投資者和消費者喪失信心。解決方案不能單靠財政措施，更取決於建設性的政府政策。許靖華院士綠色改革辦公室已經由中國政府成立並制訂計劃，將與地方政府合作成立公司，運用各種技術創新，在環境，能源和用水等領域為大眾提供服務。藉助各項專利發明，這些公司將可獲得可觀的利潤，消費者和員工，儲戶和債務人的利益，也可在「人民資本主義」的架構內取得平衡。

企業資本主義與「人民資本主義」

儘管歐元危機對出口產業有所影響，中國和其他發展中國家的經濟表現依然強勁，全球性的經濟危機並未出現。我們或許應該分析這些國家的成功，並發掘帶來經濟優勢的政策或環境因素。歐元危機的解決方案將不是被保釋過關或緊縮計劃，而是藉由運用創新技術，推動一種新的資本主義也就是「人民資本主義」……許靖華院士的辦公室已為技術移轉而成立，許院士的發明將成為以綠色改革重振全球經濟的藍圖。

資本主義有許多種形式。當西方民主國家的企業資本主義勝利時，馬克思式國家資本主義失敗，因為它有系統性的弱點，其中最重要的是一般公民難以參與。柏林圍牆倒下二十年後，企業資本主義面臨危機。「占領華爾街」運動只是一個開端。除非資本主義不再為超級富豪服務，否則依據歷史經驗，一場革命在所難免。

機械設備的資本投資為十八世紀末期工業革命提供了技術變革的基礎。為達到此目的，資本為了工業投資而流動。英國成功地超過法國，而當時法國則因為政策上維持浪費的宮廷、官僚主義以及戰爭支出，而使資本逐漸減少。英國的資本藉助英國貨幣制度在十八世紀上半降低利率，因而迅速增加。這項政策藉由工業投資的中小投資者提供廉價資本。資本主義的開端是人民資本主義。許多經濟學家忽視的是，瑞士當時世界上工業化程度最高的國家之一。瑞士擁有資本。格拉魯斯區因為山區人民相當強悍，十分適合加入傭兵部隊，所以能夠工業化。他們在中世紀服役於歐洲的戰爭國家，退休後帶著黃金積蓄回家。工業革命開始時，工業沒有被大型企業把持，每個人都可以引進創新，做起生意。人民擁有資本，很有企業頭腦的胡格諾派教徒，幫助建立紡織廠。格拉魯斯幾乎每個家庭都有工廠，有些現在仍在營業。

中國的狀況是如何？為什麼中國的ＧＤＰ會以較高的速度增加，而西方國家卻停滯不前？為什麼中國會有數兆美元的貿易赤字，但歐洲和北美則因債務危機而逐漸衰落？基本原因不是沒有操縱匯率。中國的大企業不多。有創新思想的中國人將資本投入獲利豐厚的小規模利基市場。最近三十年，中國的發展和改革，產生了民有、民治、民享的民主資本主義。

中國正經歷一場工業革命。中國人民共和國是專制的國家，其經濟在文革後成為一片廢墟。鄧小平的第一項行動就是放棄集體農業的思想。國家資本主義的蘇聯風格，經過嘗試之後成果不是很好。一九八二年，鄧小平指定深圳成為自由貿易城市時，出現了重大轉折。三十年之內，數千人口的小村莊已經變成超過一千萬人口的生產和貿易大都市。然而，工業發展不僅發生在大城市，也包括落後的地方。當許靖華參觀位於黃山腳下村莊中的祖居時，他遇到了一個年輕的親戚，這位親戚現在已經成為百萬富翁實業家。這個年輕人在大學學習化學，而且知道許多工業產品的生產都需要特定的化學程序。這位有企業頭腦的化學家發現了簡單的化學程序開發方法。他以華僑親戚提供的資金成立一家工廠，並聘請廉價的勞動力。他們成立的企業相當成功，為國外製造商提供不可或缺的一種產品。

不僅是這位年輕人，其他中國化學系學生們也發現了這條通往財富的大道。當許靖華走訪河南的「癌症村」時，對於當地快樂的氣氛感到十分驚訝。中國採取新的政策，提供健康的飲用水後，該村的癌症死亡率已減少一半。更神奇的是農村社會的生活水準。中國的農民大多相當窮，每年的家庭收入約為一百五十美元，但是林州村民居住在寬敞的房子，又有現代化的設備。他們告訴我，他們的耕地僅用於種植蔬菜。人民曾在當地的化工廠工作。中國沒有杜邦，陶氏化學公司這類大型化工廠，但有許多像十九世紀的格拉路斯這樣的小工廠，中國正在實行「人民資本主義」。

當然，這種情況將發生變化。隨著匯率不可避免地緩慢上升，中國的勞工不再便宜。年輕的許先生意識到這個必然趨勢，因此認為必須創新。他得知許靖華的發明可製造舒蘭水，這種產品或許能預防和治療癌症。他開始計畫以化工廠的利潤建立瓶裝水工廠。最終舒蘭水可能是由許多工廠一起裝瓶，可能成為在超市銷售最好的礦泉水。商業可以蓬勃發展，人民可找到工作，進一步促進社會的福祉。

我們應該體認到，為中小企業提供機會，是促進中國經濟的因素之一，因為工業發展鮮少阻礙創新。

現在西方的狀況又是如何？一般小戶投資的股市是由大企業主導。因為政策上維持上層百分之一浪費的生活方式、官僚主義以及戰爭支出，使企業獲利逐漸減少……謹慎的資本家被建議僅投資於「肯定的東西」也就是由過去三至五年的資產負債表確定可以獲利的企業。小投資者很難擁有相關的知識或洞察力，能夠了解重大發明的潛力，而大企業則試圖維持現狀，它們採取的政策又往往阻撓引進創新。

通往二〇〇八年金融危機之路

全球經濟危機的開始於歐盟各國政府承諾到二〇五〇年時，要將碳排放量減少到一九九〇年碳排放量的百分之八十。當時就有人提出質疑，這個目標是否太過「大膽和勇敢」。但沒有提出的問題包括：

較高的燃料價格會有什麼影響？會不會使窮人遭受嚴重打擊？

實施「京都議定書」是否有使全球經濟陷入衰退的危險，或至少會嚴重影響經濟成長？

環保人士認為，「過去幾年石油、天然氣及電力價格顯著提高下，民眾已經學會接受較高的燃料價格。」

這些意見是在二〇〇八年十月大恐慌之前提出。我們現在已經有了這些問題的最終答案：民眾並非已經學會接受較高的燃料價格，它不是原油價格從二〇〇〇年的每桶十二美元到二〇〇八年一百四十七美元的結果。它其實是隱性的通貨膨脹，人們快樂地負擔著次級房貸。其結果是二〇〇八—二〇〇九年年的經濟衰退，西方至今還沒有完全恢復。

民眾受到矇騙，以為燃油價格的上漲是不可避免的。二十世紀七〇年代，使用傳統技術的全球石油產量，在美國達到高峰，接近二〇〇〇年時達到全球的「石油峰值」階段。以後將出現供應短缺，需要要大量投資來開發新方法，或尋找新石油。

許靖華在二〇〇一年發明餘油開採（ＲＯＲ）的新方法。這項創新技術可以掃出所有餘油，使全世界探明儲量加倍到超過一兆桶，可滿足未來半個世紀的需求。這種新方法生產成本僅較目前略微提高，而且不需要使燃料價格增加到十倍。

石油工業的一小塊領域了解ＲＯＲ這項發明的意義。但新的方法並沒有被採用，因為各大石油公司已在昂貴和危險的深海和北極開採設施投下大量資金，尋找新的石油。餘油大量供應將使價格不斷降低，投資錯誤損失。此外，石油公司對石油市場的主控權將轉移到發明者手中。為了繼續壟斷石油供應，西方石油公司和石油輸出國組織創造了不必要的供應短缺。供應無法滿足需求，僅僅是因為石油公司刻意不滿足需求。石油公司不考慮對全球經濟產生的負面影響，繼續投資於深海開採設施，並以高昂的原油價格賺取利潤。他們知道，消費者別無選擇，只能支付。事實上，有新的開採方法，短缺不應該存在，石油價格也不應急劇上升。

西方民主政府是否能著手遏制能源價格膨脹？

英國政府的官僚並不這麼認為。在回答許氏建議藉由開採餘油降低原油價時格，英國貿易投資總署能源部的負責人寫道：

> 英國的長期政策是不干預國內或國際的石油市場，而是透過正常的供給和需求交互作用，讓市場自己達成穩定的水準。

美國政府的類似機構同樣抱持這種觀點。他們錯了，因為讓市場自己達成穩定的水準，這個想法假設供給和需求有正常的交互作用，但它本身就是錯的。如果有不道德的商人隱瞞供給，人為創造短缺時，控制價格等干預措施是必要的。目前的狀況正是如此，導致了目前西方的經濟危機。目前的供給和需求的交互作用並不正常。現在有從西方石油企業聯合造成的供應短缺，但沒有全球性短缺。例如在巴林，二〇〇五年至二〇〇八年石油價格迅速上漲期間，供給增加到三倍，探明儲量沒有下降，反而增加了。問題不在於供給和需求，而是企業資本主義為防阻應用技術創新而設下的障礙。

綠色改革的發明

許靖華院士辦公室

許靖華是居住在英國的華裔瑞士籍美國人。在**獻給**他七十歲生日的紀念論文集卷「地質學悖論」中，他們稱讚他的創意來自他看似矛盾的構想。他發現，地中海曾是沙漠，打破地質學中**萊伊爾地質均變基本公理**。他證明罕見事件造成大滅絕時，許多生物棲息地被摧毀，推翻了達爾文因生活競爭緩慢而漸進的物競天擇進化理論。他進行β衰變率與中微子通量率有關的實驗，對自發放射性共同假設提出質疑。他對物理位能場的的理解否定了愛因斯坦相對論的基本假設，認為光速是平移位移的測量。一九九四年從瑞士聯邦技術研究所退休後，許靖華致力於能源，水和環境領域的發明。他曾經前往中國，因為他在歐洲或北美市場行銷他的專利。在溫家寶總理的認可下，許獲得來自中國部委，大學和市政府的支持。他得以發展自己的想法，他的實驗也驗證了他的發明的技術可行性和經濟效益。現在他年事已高，中國政府決定繼續他的工作。許靖華院士辦公室成立，目的是執行技術移轉　，尤其是許在環境，用水和能源領域的創新。這些創新包括：

長慶餘油開採程序（ＲＯＲ），

從格爾木鹵水中提煉鋰的程序，

滇池程序，利用碳捕獲（ＣＣＵ）防治污染及收穫浮游生物，用於製造生質燃料，石羊河的沙漠綠化程序。

長慶程序

石油短缺最後導致西方目前的經濟危機，但中國經濟持續成長，部份原因是中國採取了不同的的能源政策。許是中國石油部部長王濤的個人顧問。王曾經抱怨說，儘管中國發現了許多油田，但石油部卻是賠錢的機關。每次發現新油田後，人事和生產成本均超過石油收入。石油價格在世界市場上是固定價格，主要考量是成本與利潤，石油公司供應石油時必須賺取利潤。然而，中國的石油部必須為中國人民服務。不管盈利或虧損，石油是不可缺少的。以利潤為目標的石油工業當然很好，但必須有新發明降低生產成本，這樣的時代才會來到。

許氏的ＲＯＲ新方法是中國一直在等待的發明。根據達西定律，石油和／或石油氣從油井流出的產量為：

產量＝傳播率×壓差×截面面積

初次的開採取決於井口和地層壓力之間的壓力差，因此可以開採約百分之十五的探明儲量。二次採油使用的傳統注水法為將高壓水或二氧化碳加入注入井，造成壓力差，使注入流體推動石油，沿先前路徑進入油井，因此最多可開採到探明儲量的百分之四十五。水力壓裂已成為普遍的做法，方法是利用高孔隙壓力破裂岩石儲油庫，以增加傳播率。運用這類技術是近年來頁岩油開採普及的主要原因。一九九〇年代發明的水平井鑽井是鑽挖水平含油礦床，擴大節面積，增加流量。長慶程序結合了這三種原油採收率提高程序，因此幾乎可開採出所有已探明儲量。

西方石油公司繼續在深海開採石油，中國則評估長慶程序，並於二〇〇六年在常慶試驗成功。這片於一九〇七年首次發現的非生產油田，從此成為中國第二大油田，在二〇〇八年和二〇〇九年生產二百多百萬桶。隨著長慶進程的巨大盈利能力的知識，中國購買了三十多個國家的八十個產油物業，通常是以出價次高競標者的四或五倍價格買下。據悉，中國國內和國外的生產已經超過了國內需求，因此，進口的剩餘是作為戰略儲備倉庫加以存儲。

幸運的是，中國的總理是地質學家。他擔任副部長時，許靖華是地質部顧問，他相當讚賞許靖華的ROR技術的重要性。他指示中國石油業採用ROR技術之後，我們已經到達一種矛盾的情況。美國，坐擁二千多億桶的剩餘油，每年需進口四十五億桶，導致貿易赤字接近五千億美元。中國本身擁有幾個大油田，目前已達成石油供應自給的目標。弔詭的是政治決策的後果：西方民主固守教條主義的公司資本主義，而專制中國是採用「人民的」資本主義，為小投資者提供了一個機會。

小投資者對於進入石油企業一直有疑慮，因為在新的探勘成功的機會只有百分之五，只有大公司有資本等這樣的大企業擁有資金可供這類高風險投資使用。許院士的辦公室正在幫助中小投資者，了解許氏發明的重要性。目前計劃已經擬定，打算收購位於西德州史普拉貝瑞的耗盡油田。目前在史普拉已發現的探明儲量超過百億桶，但僅以傳統方法生產出十億桶。如果投資二千萬美元在小油田測試長慶程序，將可證明存在的可採儲量價值高達十億美元。小投資者應可承受將二千萬美元投資在「確定的事情」上。

「人民」資本主義的困難是遭到大型企業和政府不干預石油市場政策的反對。他們擁有大部份油田的租賃權。他們不希望生產餘油，因為他們想保留控制權，等待長慶程序的專利到期。到期日在美國為二〇二一年，波斯灣國家則為二〇二七年。這對政府干預而言是必要的。他們不應該堅持讓大企業任意而為的政策。大企業在石油短缺時把持可開採的已探明儲量，就像業主在房屋短缺時坐享空屋一樣，不管是否生產餘油，都應繳納財產稅。他們不應該被允許藉由創造供應短缺，同時導致全球經濟衰退牟取暴利。

格爾木程序

由於盡量減少燃燒化石燃料的政策，市場上發明了以鋰電池運行的混合動力汽車。但因為價格高昂、缺乏電池充電處的不變等，所以混合動力汽車的使用率並未明顯提高。許院士發明了一種由鹽水濃縮鋰的程序。近年來將混合動力汽車和鋰離子電池分開銷售的發展，也可提高混合動力汽車的使用率。

許院士發明的「蟲狀」蒸發器可提高鋰的濃度。他的發明已在青海格爾木進行試驗。鹽水在重力作用下，通過蒸發器。鹽水進入蒸發器時，氯化鋰濃度約為一百個ppm，經過一年太陽能蒸發後，流出蒸發器時的濃度為百分之一—二。這個高濃度的鋰鹽水可以在工廠加工，製造供鋰離子電池使用的鋰。

這種由鹹水湖、最終可由海中提煉鋰的程序，將可為許多汽車提供環保的再生能源。

滇池程序

許院士試圖在西方打開ＲＯＲ技術的市場，但沒有成功。石油工業在有意無意間忽視了這項創新。他們能夠成功欺騙大眾，是因為歐洲各國政府採取減少燃燒化石燃料的政策。有許多環保主義者真誠關心全球氣候暖化，但也有來自替代能源產業的利益團體進行遊說。事實上，如果我們能由工廠捕集或由大氣提煉及利用碳，那麼停止燃燒化石燃料就是錯誤的。為了達到這個目的，許院士發明了碳捕獲與利用滇池程序。

滇池和中國其他淡水湖泊遭到污染而造成缺水。此外，中國醫學界也發現癌症和亞硝酸鹽污染之間的關聯。湖泊污染成為養份過剩的結果。然而養份過剩的根本原因與湖水鹼度有關。當污染水體的ｐＨ值為六—六・五時，污染藻類停止生長，矽藻成為占多數的浮游生物。矽藻生長時需要氮和磷。矽藻當作飼料供魚食用後後，剩餘部份排出體外，成為水底部的沉積物。要改變污染水的ｐＨ值，可以使用排放的二氧化碳。因此，許院士發現了使污染湖泊的恢復的程序。後來，他得知齊默爾曼（英國謝菲爾德）運用微浮選技術收穫污染藻類的方法，以及陳山（中國武漢）培養矽藻的技術。將這些程序結合成滇池程序，將可為湖濱城市提供健康的飲用水，並收穫浮游生物，當做製造生質燃料的原料，如以下方程式所示：

碳排放量＋受污染的水域＋太陽能（光合作用）

＝清潔空氣＋清水＋食物（水產養殖）＋能源（生質燃料）

因此，許院士和同事已將滇池程序與八項發明結合，包括：

一、將捕獲的碳排放再利用，此項程序已由英國塔里木資源回收有限公司取得專利。

二、受污染的水與排放碳在水調節器中混合，此項產品已由英國塔里木資源回收有限公司取得專利。

三、透過改變pH值保護水環境，此項程序已由英國塔里木資源回收有限公司取得專利。

四、供應舒蘭（無亞硝酸鹽）飲用水，以減少癌症死亡率，此項產品已由瓦杜茲風水水科技有限公司取得專利。

五、以污染的藻類生產生質燃料，此項產品已由W・齊默爾曼，謝菲爾德取得專利。

六、水產養殖水環境的恢復程序，此項程序已由英國塔里木資源回收有限公司取得專利。

七、培養矽藻和藍藻，用於製造生質燃料，此項產品已由武漢文賢有限公司取得專利。

八、從湖泊或溪流的浮游生物製造生質燃料，此項產品已由美國基督山公司取得專利。

滇池程序可建立一個優秀的企業，因為滇池程序的每個步驟均可獲利：

一、CCU容許昆明水泥廠等工廠排放碳，以提高其產量配額，或容許發電廠出售自己的「碳配額」，賺取利潤。

二、工廠的生產和銷售水調節器，賺取利潤。

三、以生物淨化程序恢復的湖水可以出售給供水公司，滇池環保程序的費用可以透過BOT的供水方式取得資金。

四、無亞硝酸鹽舒蘭水可以瓶裝和在超級市場出售。

五、收穫的藻類殘骸可以出售給生質燃料煉油廠。

六、湖泊恢復後可使湖岸房地產價值提高，其水產養殖也可以獲利。

七、培養的矽藻和藍藻可以出售給生質燃料煉油廠。

八、製造生質燃料的浮游生物可創造極大的利潤：生質燃料售價為每噸一千四百到一千五百美元，但由收穫藻類生物燃料油脂的提煉成本僅為每噸一百二十五美元。種植甘蔗和玉米等作物的一般方法會使生質燃料顯得不經濟。在徵用土地上挖掘人工池塘培養藍藻，成本也很昂貴。我們的滇池程序可收穫污染的藻類，因此原料幾乎完全不需成本，收穫成本非常低，煉油成本則相當平實。

石羊河程序

為了綠化沙漠，許院士設計了一個創新的水文系統，稱為積體水路（ＩＨＣ）。ＩＨＣ這個名稱是為了強調水和電子流之間的相似性。電子學的發明提供了設計ＩＨＣ對等組件的靈感，例如水導體，水阻，水絕緣體，水電晶體，水容器等等。水電晶體與電晶體一樣是放大器，可加快流速。水電晶體可用於補充地下水。另外，水電晶體也使地下水循環，進行毛細管灌溉。

灌溉水渠運輸的蒸發損失，最大的問題是乾旱水文。沙漠民眾建造了地下運河，稱為坎兒井系統。例如吐魯番（新疆）的農業便是依靠坎兒井：下沖積扇地底的地下水由地下運河運輸到沙漠平原，用以灌溉作物。因為建造費用高昂，所以坎兒井系統並不普遍，而是建造灌溉水渠，在蒸發下失去了大量的水。這些運河在一年中大半時間是乾涸的。

地下水流的地下運輸太過緩慢而不實際。許院士體認到流體力學和電磁場的相似性，於是尋找一種模擬的「無線」電力。實驗證明，地下水的可在飽含水的多孔介質(WaSPoM)中以波速移動，速度可超過每秒一公里，建造水力發電水庫將可以提供誘發這類WaSPoM的能量。

為綠色改革提出的「人民資本主義」

綠色改革，可以建立優秀的企業，但必須有創建資金。西方民主的政治制度沒有固定條款用於對抗癌症的戰爭、消除貧困的戰爭、消除飢餓的戰爭、防止污染的戰爭、對抗全球暖化的戰爭、對抗能源短缺的戰爭等。擁有特別資金的公共計畫，例如建設道路、清理森林等，曾經在大蕭條時代由國會提供資金，用以對抗失業。

中國要推動綠色改革，資金從何而來？來自華僑的投資或許可扮演重要角色，短期內可以獲得回報。許靖華院士的綠色改革辦公室在來自香港和澳門的小投資者協助下成立，開始申請開採長慶程序的餘油。其他資金來源則是「人民政府」。

中國地方政府不僅依賴稅收收入，而且擁有地產，因為在中國，土地不能私有。北京人民政府擁有北京的地產，上海人民政府擁有上海的地產等等。大家都知道，香港的超級富豪家庭都是由房地產生意發跡。市政府是超級富豪的「公司」，因為他們是在從事房地產交易。這個制度的缺陷是腐敗。現在北京，上海的前任市長都進了監獄。另一方面，如果官員真誠地認為公僕的職責是為人民服務，這個制度就能運作得非常好。因此，許院士辦公室的綠色改革策略著重於「人民資本主義」，其中的「人民」是由「人民政府」代表。

澳門是東方的拉斯維加斯。世界上大多數國家政府都在憂心預算赤字和負債，但澳門特別行政區政府擁有得天獨厚的預算盈餘。在中國的鼓勵下，澳門採取了將盈餘用於藝術、科學、文化、教育和世界和平的政策。許院士的辦公室也因此得以規劃建立一個翰林學院。

澳門論壇，許靖華澳門資源回收研究所

翰林院是中國為具創造性的學者建立的傳統機構。翰林是詩人，畫家，數學家，改革者，等等，向帝國政府提供意見。中國想重新成立這個舊機構。一所「翰林院」目前正在規劃中，將設立於澳門。翰林是傑出學者，包括諾貝爾經濟學獎得主，美國國家科學院，英國皇家學會等成員，他們將舉行會議，評估新的科學和技術創新，並針對其適用性向綠色改革提供意見。

澳門論壇是一個討論實施創新程序，改革水和能源回收技術的園地。經翰林評價後，綠色改革辦公室的計劃，將在澳門論壇提出，供國際科學界、外國政府代表、公眾和媒體提出。此外，一百個中國城市的市長將被邀請出席第一次澳門論壇。目前該論壇預定於二〇一二年十月召開。綠色改革辦公室將邀請科學家和工程師，與他們在論壇上討論健康，環境，水，能源等問題。磋商或許可促成簽署合約，運用長慶、格爾木、滇池和／或石羊河程序，解決當地的健康，水和能源領域問題。綠色企業應可爭取到大量業務，「人民政府」也將提供創建資金。這將是中國模式的「人民資本主義」。

綠色改革將爭取到大量業務

綠色改革將藉由應用發明獲得大量業務。許靖華已成立了四家公司：拉撒路石油有限公司（英國）、塔里木河礦產資源開發有限公司（蘇黎世）、塔里木河資源回收有限公司（英國）、以及風水水科技有限公司（蘇黎世）。其管理工作將由許靖華院士，北京辦事處執行。

長慶程序和英國拉撒路餘油有限公司

許靖華已將他的長慶進程ＲＯＲ專利指定給拉撒路剩餘油有限公司（英國），該公司將由許院士辦公室管理。他在美國的專利將在二〇二一年到期，而在加拿大和海灣理事會成員國的專利則將在二〇二七年屆滿。

全世界已探明儲量的可開採餘油超過一兆桶。其中，中國的石油公司已經收購了大約四分之一。因此，英國拉撒路石油公司擁有其他四分之三在北美和波斯灣的專有權。

許靖華院士辦公室沒有壟斷石油市場的野心，現在，許院士將他對ＲＯＲ專利所有權的百分之七十五，以他經營公司的百分之五十股份的形式，捐贈給祖國以及定居過的國家，包括中國，美國，英國和瑞士，成立舒蘭中國教育基金會，舒蘭台灣文化基金會，舒蘭美國科學基金會，舒蘭英國藝術基金會，舒蘭瑞士和平基金會。ＯＡＫＨ的策略是將舒蘭基金會的拉撒路公司股份轉移到中國、台灣、美國、英國、瑞士聯邦的人民代表。該公司與私人投資者將以社會福祉為首要考量，而不是以牟利為目的。政府與該公司董事會中的許家成員將保護遠東地區、南北美洲、大英國協、西歐及其他石油進口國家人民的利益。為了規範價格，拉撒路董事會可以按照德州鐵路委員會的例子，訂定合約條款，限制餘油的每日（每月）產量，規範市場原油價格，以穩定的全球經濟。

獲得ROR專利獨家許可後，OAKH策略的是讓英國拉撒路成為控股公司。第一步是展示ROR的獲利能力，並在西德州史普拉貝瑞進行現場測試。展示成功後，下一步計劃是尋求投資者，成立拉撒路餘油有限公司米德蘭分公司，目標為在西德州及新墨西哥州開採史普拉貝瑞探明儲量的八十—九十億桶。另外為成立拉撒路餘油有限公司洛杉磯分公司，開採加州文圖拉盆地（Ventura basin）的餘油。最後，拉撒路英國分公司將與美國、英國、中國和歐洲的投資者合作，開採北美地區超過二千億桶的餘油，使美國在未來的半個世紀不在依賴外國進口石油，英國和其他國家可專取足夠的利潤和稅金，逐步平衡預算和償還國家債務。

波斯灣地區的石油業界也與英國拉撒路石油公司聯繫，商談在海灣國家以ROR技術生產石油。OAKH正在等待該委員會有政府代表加入，以便開始重要的談判。

格爾木程序和塔里木礦產開發公司

許靖華已將格爾木程序的鋰提煉的專利（在美國，以色列和中國）獨家代理權指定給塔里木礦產資源開發有限公司（蘇黎世）。本發明可在美國、以色列、玻利維亞和智利的鹽水湖開採鋰。塔里木礦產開發公司將成為控股公司。OAKH的計劃是在中國、美國和玻利維亞成立塔里木鋰開發公司的分公司。

英國塔里木盆地資源回收有限公司

許靖華將滇池程序的專利指定給塔里木盆地資源回收有限公司（英國），該公司將由許靖華院士辦公室管理。OAKH的策略是運用「人民資本主義」，方法是邀請市政官員到澳門論壇，開始商談成立塔里木RR公司和地方（或省）政府的合資企業，以改革供水、污水處理、環境工程等，由中央財政補貼輔助。

許靖華已經與英國雪菲爾德大學的齊默爾曼合作，開發運用碳排放量的滇池程序，用於防治污染及收穫浮游生物，作為生質燃料的原料。這項創新技術將在一年一度的澳門論壇介紹給外國政府。英國商業創新和技能部將支持中小企業主。我們希望「人民資本主義」將在英國啓動，學術、政府和工業界的聯合計畫將開始運用滇池程序，解決社會上的環境、水和能源問題。我們更希望「人民資本主義」將可引發全球工業復興。

蘇黎世風水水水處理技術有限公司

許靖華將石羊河程序的專利指定給風水水處理技術（蘇黎世），該公司將由許靖華院士辦公室管理。

中華人民共和國成立後，中華人民共和國政府建造許多水壩，將水儲存在水庫中，並建造數千公里的運河，將水運輸到河西走廊，用於灌溉。最近的訪視顯示，該地區最淺的水庫和灌溉水渠，夏季已經完全乾涸，許多珍貴的冰川融水在蒸發下消失。農業使用地下水已導致地下水位普遍下降以及鹽化。正如中國國務院總理溫家寶所說，如果目前的做法繼續下去，民勤（甘肅）將成為另一個羅布泊乾鹽平原。國民政府急於以適當的資金用於沙漠綠化，但官僚們沒有該如何用錢的概念。學者提出建造更多的水庫和灌溉水渠，但它們最後也將乾涸。為民勤讓黃河水改道，並不是長期的解決方案。同時，在缺水地區，族群之間的摩擦，也成為政府頭痛問題的來源。

許靖華在民勤試驗了他的節水灌溉程序。他的石羊河程序的實用性相當受到讚賞，並得到甘肅和內蒙古人民政府的稱讚。可惜的是，北京的無能官僚弄丟了開發此程序的研發提案。現在的管理技術將保留ＯＡＫＨ手中，並將在澳門論壇討論此發明的適用性。我們樂觀地認為，地區和國家政府之間的溝通可以改善。風水公司和地方政府的合資企業可以開始商談，他們的努力也可獲得中央財政補貼的支持。

旱地供水是世界性的難題。有許多慈善組織，例如比爾蓋茲基金會，投入了反飢餓戰爭。ＯＡＫＨ正與香港的慈善家接觸。我們計劃在美國和英國的大學建立Ｗ＆Ｋ機構，以改善石羊河程序技術。同時，風水公司的工作人員已經開始商談，希望在美國西南部、非洲東部、澳洲、中東和其他地區運用石羊河程序，進行沙漠綠化。

綠色改革拯救歐元

當歐洲陷入債務危機、企業資本主義停滯，人民資本主義將結出果實。

他們可以從歐洲央行或從國際貨幣基金組織獲得幫助，但貸款不是全部用於保釋不稱職的政府，而是投資在綠色改革。採用長慶程序開採餘油，將可挹注一百兆美元的自然財富。這些資金應該投資於建立生質燃料工業，應用滇池程序，解決全球環境和能源危機。工業將會蓬勃發展。失業率將降到最低。社會福利可以繼續下去。消費者信心將可恢復。使國家預算平衡，可以償還國家債務。最後，應用Alaxian程序可能引發一場新的殖民運動：失業的歐洲年輕人可能會再次移居海外，將沙漠地區開墾為農田和牧場。他們不會成為帝國主義者，他們將成為和平公司的核心，在反飢餓戰爭中幫助當地人。